本书系国家社会科学基金重点项目“人工智能对劳动力市场的冲击及劳动者知识技能转换应对研究”（19AGL025）的成果

人工智能经济学

生活、工作方式与社会变革

人工知能の経済学

【日】马奈木俊介——编著

何勤 李雅宁——译

经济管理出版社
ECONOMY & MANAGEMENT PUBLISHING HOUSE

北京市版权局著作权合同登记：图字：01-2022-3641

图书在版编目（CIP）数据

人工智能经济学：生活、工作方式与社会变革/（日）马奈木俊介编著；何勤，李雅宁译.—北京：经济管理出版社，2022.5

ISBN 978-7-5096-8424-5

Ⅰ.①人…　Ⅱ.①马…②何…③李…　Ⅲ.①人工智能—经济学　Ⅳ.①TP18-05

中国版本图书馆 CIP 数据核字(2022)第 078345 号

责任编辑：胡　茜
责任印制：黄章平
责任校对：张晓燕

出版发行：经济管理出版社
（北京市海淀区北蜂窝 8 号中雅大厦 A 座 11 层　100038）
网　　址：www. E-mp. com. cn
电　　话：（010）51915602
印　　刷：北京晨旭印刷厂
经　　销：新华书店
开　　本：720mm×1000mm/16
印　　张：19.5
字　　数：372 千字
版　　次：2022 年 8 月第 1 版　　2022 年 8 月第 1 次印刷
书　　号：ISBN 978-7-5096-8424-5
定　　价：98.00 元

联系地址：北京市海淀区北蜂窝 8 号中雅大厦 11 层
电话：（010）68022974　　邮编：100038

译者序

呈指数级快速增长的人工智能将深刻改变人类经济活动和社会生活，并深刻改变世界。“人工智能技术创新在宏微观层面会改变哪些经济活动?”“人工智能的‘双刃剑’效应将引发什么样的社会问题?”“应如何设立新的法律制度和经济体系，完善其他基础设施，使我们有充足的准备来应对?”“如何促进人工智能技术的开发和普及?”上述问题是我们在智能经济时代以及人与人工智能体共同协作的“共存性社会”面临的新挑战。

人工智能新技术革命将打破各国间的经济平衡，给各国的经济环境带来巨大影响，也将深刻改变人们的经济活动。本书从经济学的视角，分“是什么”“做什么”“怎么样”“怎么做”四个部分对人工智能引发的经济活动变革及应对进行了系统性的分析，主要内容包括：人工智能在微观企业的应用现状；应对人工智能的法律体系中监管思路、商业资金筹措、损害赔偿等关键问题的解决思路；人工智能普及带来的失业、收入差距、环境问题、信息技术利用成本等经济社会影响；如何构建促进人工智能技术开发和普及的经济体系。

在新发展阶段和新发展理念下，我国新一代人工智能的发展要由并跑向领跑阶段迈进，为抢抓人工智能发展的重大战略机遇，推动人工智能技术的持续创新以及与经济社会的深度融合，构筑我国人工智能发展的先发优势，“如何加快培育具有重大引领带动作用的新一代人工智能产业，促进人工智能与各产业领域深度融合，形成数据驱动、人机协同、跨界融合、共创分享的智能经济形态，创造经济发展的新引擎”已成为经济社会发展的一个重要议题。同时，人工智能技术创新要充分发挥对经济社会的“赋能”和“增强”作用，需要与之配套的法律体系、经济体系和基础设施。我们需要放眼全球，了解发达国家人工智能经济社会的动向、应对措施与竞争政策，以主动把握人工智能发展新阶段下的国际竞争情况以及可借鉴的应对经验。经济管理出版社在这个时机引进了本书，希望对探索“引入AI后的经济社会变化所带来的问题以及如何实现我国人工智能在经济社会中的高度普及”相关问题的政府机构、企业与读者有所助益。

感谢经济管理出版社的支持，还要感谢对本书版权引进和出版工作付出辛苦努力的胡茜女士和编辑校对老师。

希望每位阅读本书的读者能从中得到启发。

2022 年于北京

序

迄今为止，人类所开发制造的工具及技术不仅扩大了自己的生活圈，还丰富了日常生活。在人类的技术革命进程中，凭借“创新”对我们粮食生产、卫生环境以及交通方式等进行的变革不计其数。这些“变革”也给人类社会以及经济活动带来了巨大的影响。其中，以蒸汽机为代表的第一次产业革命不仅急剧扩大了我们的物质生活范围，还影响了我们至今尚未实现的各种“创新”，突破性地改变着世界范围内的各种经济活动。

然而，伴随着急剧的经济变化，这种新技术的变革却犹如“双刃剑”般，在带给人类社会积极影响的同时，也引发了各种社会问题。劳动问题就是其中之一。蒸汽机的发明及普及使原本从事商品制造业的劳动者们面临解雇危机。结果就是有着这种“失业恐惧”的劳动者们，打着“摧毁机器设备”的口号，在英国掀起了一场“卢德运动”。这种来自劳动者自身的“危机感”也在之后的几次技术革命中备受重视。在 20 世纪 90 年代后半期开始进行的 IT 革命，以及现在备受议论的人工智能技术（AI）的开发普及中，有很多人都对这一问题表现出强烈的关注。

除此之外，伴随着新技术的普及，还有可能产生其他问题。比如在发展中国家以及新兴国家中日益严峻的大气污染等环境问题，以及由于信息化发展带来的隐私问题、网络犯罪以及信贷问题等，都是在新技术的诞生以及普及中产生的。因此，我们有必要建立新的法律制度和经济体系，完善基础设施，使我们的社会有充足的准备来应对。

此外，新技术革命有可能打破各国间的经济平衡，给各国的经济环境形势带来巨大影响。在过去的几年，日本汽车企业成功开发出低能耗汽车，占领了世界技术性优势。正如席卷世界汽车市场一样，汽车开发在汽车产业领域极有可能刷新各国技术的优势地位。因此，“如何促进人工智能技术的开发及普及”“是否应在世界范围内构筑能够应对经济变化的体制”这两点就成了亟待解决的议题。

本书内容是对独立行政法人经济产业研究所（RIETI）《关于人工智能等对

经济的影响研究》（研究期间：2016 年 1 月 18 日至 2017 年 12 月 31 日）研究项目成果的总结归纳。对此，我想向能够提供这次研究机会的研究所诸位，特别是大桥弘教授（东京大学教授 · RIETI 项目监督）、矢野诚所长、藤田昌久原所长、森川正之副所长、星野光秀研究协调指导以及高桥千佳子女士致以深深的谢意，十分感谢诸位对本书研究成果的鼎力协助，不辞辛苦地定期参与研讨会。最后，谨对参与本书出版的东寿浩先生（密涅瓦书房）致以深深的谢意。

马奈木俊介

目　录

第二部分　关于人工智能的法律课题

第三部分 AI普及带来的影响

第四部分　AI技术开发的课题

序章　人工智能给我们的社会和经济带来了什么影响

马奈木俊介　田中健太

一、AI开发普及的现状及今后发展

随着人工智能发展以及对普及的可能性的考量，考虑到今后可能会因此而产生的种种变化，日本为此展开了一系列关于“应对措施”的讨论。另外，为充分展示对这一系列社会经济变化的具体研究分析结果，本章最后的内容介绍中将会对其进行说明展示。

如今，凭借ICT技术（信息通信技术）的发展，企业已然进入了大规模应用大数据的新时代。随着人类对机械机器的学习以及数据开发技术的进步，人工智能技术也由探索阶段进入到具体的社会应用阶段。虽然只是实证试验阶段，但无人驾驶车辆的构想已经实现。由此我们也可预见，急剧发展的人工智能技术在今后也可能被广泛应用于各个领域。关于这一内容，在科学技术·学术政策研究所汇总的报告书（科学技术·学术政策研究所，2015）中，就对AI技术在之后应用中的具体实例进行了论述。概要内容如表序-1所示。

表序-1　AI技术的实际社会应用时间预测概要

年份	进程
2020	是一种通过广播、通信以及多媒体等媒介，将已发送的图像、影像、声音文字的数据，进行高度存储归档，并对其进行检索、分析、传送等的技术
2021	该技术将针对元数据（图像、视频、音频数据），利用媒体识别技术以及手动的社会化标注技术，自动生成数据

续表

年份	进程
2022	是一种对社交网站等的社会媒体数据进行分析以及发展预测的系统（例如：对犯罪的预测以及消费者购买意愿的预测）
2025	应用于足球等的体育比赛中，代替人类进行裁判的智能技术
2026	在外语教学（语言学校等）中，替代老师进行授课的智能技术（社会中的实际应用：包含语言学校在内的外语教学中，超过一半的授课者将被 AI 教师所替代）
2030	· 不仅能够理解话题内容以及谈话者间关系，还能自然而然地参与到话题中来 · 在国际贸易等场景中，充当同声传译，进行实时翻译 · 对重要的基础建设的软件进行分析，并确认其是否符合相关法律规定 · 基于 HPC（高性能计算）技术，实现真正意义上的便携式机器人
2037	首先实现与幼儿具有同等知觉能力、基础学习能力和身体能力的智能机器人的制造，在此基础上，使其可以在接受人类指导和收取外界信息的基础上，成为能够获得成人相应能力进行作业的机器人

资料来源：科学技术预测调查第 10 回。

例如，我们可以预测，在 21 世纪 20 年代初期，AI 技术已经由社交媒体的“数据分析”发展到“行动预测”这样的系统（犯罪预测或是购买行为预测等），在现实中正在被开发的模式识别以及图像识别等技术，也在 AI 的基础上进一步被发展完善。结果就是，在不久的将来，AI 技术虽然发展的领域有限，但在实际的社会应用中，将会得益于人与 AI 技术的共同协作，并有望在经济效率化以及部分社会问题的解决上发挥作用。在 21 世纪 20 年代后半期，AI 技术将被应用在社会的方方面面，如在足球等体育竞技中用 AI 进行评定裁判、在前台或问询处采用交互式虚拟代理、在语言学校等场所外语教学中引用 AI 技术等。我们可以预测，在未来的生产生活中，社会将在更多的领域对 AI 技术进行推广及应用。在此，我们可以假想，未来 AI 的语言理解以及信息传输能力将会大大提高，并且可能拥有等同于人类的信息处理水平：在 21 世纪 30 年代，AI 的语言技能得到发展，实现了实时语音同传功能、重要基础建设的管理技能，以及伴随着可携带便携式人工智能而衍生的“护理机器人”等，推动社会发展成为“人与基于 AI 技术的机器”共同协作的“共存性社会”。也有人提出，AI 技术将在 2030 年之后超越人类的智能并进一步发展。

但是我们所面对的课题是“如何将上述那些预想在实际社会生产生活中加以实现”，即“我们该如何高度普及 AI 技术”。这些对于 AI 来说，也将花费大量的时间让其拥有初步智能以及学习运动技能。也就是说，如果只是像我们所预想的那样，将 AI 技术的进步认定为只是使其拥有像我们人类同样的行为，以及以“劳动为目的”的 AI 机器人的普及的话，是十分狭隘的，因为我们有必要让其拥

有操控支配自身智能以及运动技能的能力，也需要拥有能够使机器人灵活执行工作任务的工程学技术。因此，AI 技术即使在将来飞速发展，也有必要在其更深层次的社会实施中大力发展相关技术能力，因为在将来 AI 技术的社会普及过程中仍存在许多的不确定因素。回看我们在目前的产业生产中所使用的机器人，也只能对非常简单的任务进行机械化的处理而已。因此，AI 的社会实现过程并不会像我们预期的那样发展，但是在不久的将来，除了实际作业（如多步骤作业）之外的简单作业，以及可以通过机械模式识别来处理的简单交互类型服务的普及有望成为现实。因此，我们可以确定 AI 技术的作用将在经济生活中进一步扩大。

二、日本对于有效应用与开发 AI 的对策

1. 日本对于技术以及社会性“AI 热潮”的迟缓应对

在迄今为止的 AI 开发史上大致出现过三次被称为“热潮”的开发盛况期，分别是 1969 年左右的第一次“AI 热潮”，20 世纪 80 年代的第二次“热潮”，以及目前我们正在经历着的，被称为第三次“热潮”的盛况期。特别是，日本目前在 AI 热潮中以其高研究水平，在国际中处于竞争性和技术性的优势地位。

图序-1 是世界主要国家与 AI 相关论文发表数量的变化图（日本经济新闻社，2017）。日本在 21 世纪初是处于世界前列的论文发表国家。但是近年来，日本的论文发表数量有所下降，在 2010 年，不只难以追上中印两国，甚至欧美诸国也远超日本。当然，我们无法知道到底有多少篇重要论文得以发表，但是因为图序-1 是论文发表数量的呈现，所以至少可以看到的是日本相较于榜首的美国来说，数量还是不容乐观的，而我们也由此推测，到 2030 年，两国的论文发表数量差有可能扩大近 5 倍。

各国对于 AI 研究的方法措施存在一定的差异，就美国来说，因为其推行的是国家与企业和大学共同协作的“产学合作”（产业・企业与高校共同协作）的模式，因此，出版发表的论文中约有 11%是“产学合作”的产物。与此相较，中国由这种“产学合作”模式产生的论文约占 3%，而在之后的发展中，中国更可能以国家的名义对 AI 产业进行积极投资。

与此相比，日本国内的“产学合作”和依靠国家构建的积极支援体制尚未完全施行，甚至相应的应对措施都十分迟缓。例如，在 1995 年的科学技术基本法中，就“产学合作”做出了明文规定，指出国家的试验研究机关、大学（含

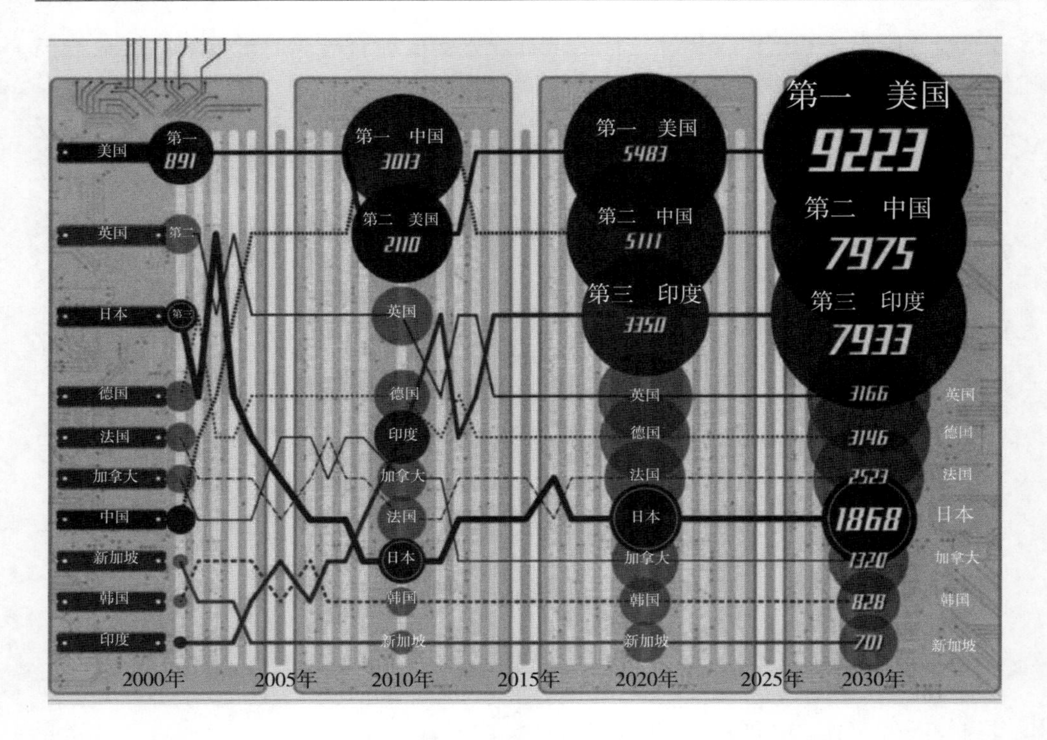

图序-1 世界主要国家与AI相关论文发表数量的变化

资料来源：《日本经济新闻》2017年11月1日朝刊揭载记事。

研究生院在内），以及民间等机构应适当地有机协作。而以此开始，后续相继出台了各种各样的法律制度以及与之相关的扶持政策。依照2013年的“产业竞争力强化法”，国立大学有资格得到风险投资等的出资支持。综观上述情况，表面上似乎是“产学官”（企业、学校、政府）三方协同合作，实际上却并没有有机地发挥协作作用。

在日本，政企（民间企业）学（大学）三方的联合研究项目由2010年的15544件上升到2015年的20821件，数量上增加了5000余件，这也预示着其为产学官合作的平台设立和制度设置奠定了一定的基础。但是，实际中对这种联合研究项目的研究经费投入额度却只从2010年的202万日元/件增长至2015年的224万日元/件。而在同日本民间企业协同研究的过程中，也出现了像是“协作为主且研究周期平均1年左右更新”的问题。AI的相关研究应成为日后长期探究的问题，而研究机构也应为使用民间企业所持有的大数据而与其积极地建立长期合作的联合研究体制。

图序-2展示了世界主要国家的产业界占大学财政来源的研究经费比例。如

图所示，日本的出资比例极低，位于各国最低水平。由此可见，日本在今后长期的 AI 技术开发中的基础还十分薄弱。

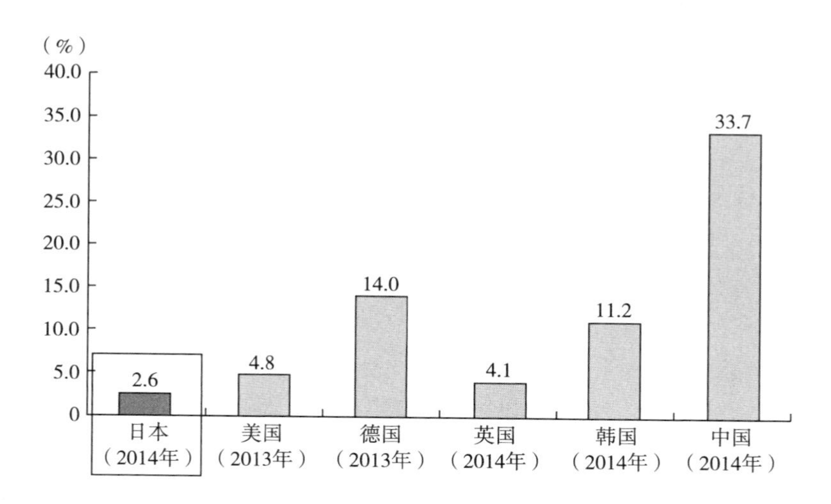

图序-2　世界主要国家的产业界占大学财政来源的研究经费比例

资料来源：节选自经济产业省《与我国产业技术有关的研究开发活动动向——主要指标与调查》(2016 年)。

除上述问题之外，迟缓的人才培养也成了问题之一。图序-3 展示了高端 IT 人才缺口以及由此所推算出的将来人才数量。这一数据虽是由用户公司分类所制，但其中却并没有直接以 IT 技术为主导的公司，而仅是以使用 IT 技术的公司为对象进行统计的。由此推算结果可见，目前已存在的 IT 人才不足现象在将来有可能越发严峻。眼下，应该以“实战型” AI 人才培养为目标，在与数据科学相关的大学院系以及研究中心，建立起基于高等教育的实践性的 AI 人才培养计划。但是，即便是具有 AI 普及所需的 IT 人力资源，也可以推测，在日本国内整体劳动力供应不足的大环境中，要向长期稳定的社会提供 AI 人力资源并不容易。

此外，近年来多位学者指出，这种现象的产生是由于支撑 AI 技术的庞大的大数据供给的问题。为有条件地使用企业的个人信息，美国当前正在建立一套关于活用个人信息的新法规。相较于此，日本基于个人信息保护法，对利用个人信息的第三方进行极力限制，造成了大数据整合的迟缓，使 AI 开发的进程受到影响。随着新修订的个人信息保护法的实施，自 2017 年 5 月起，法律承认第三方可以附有条件（对个人信息公开度进行一定程度的处理）地对国民信息予以使用。此外，在此次个人信息保护法的修订过程中，最重要的是对个人信息的定义

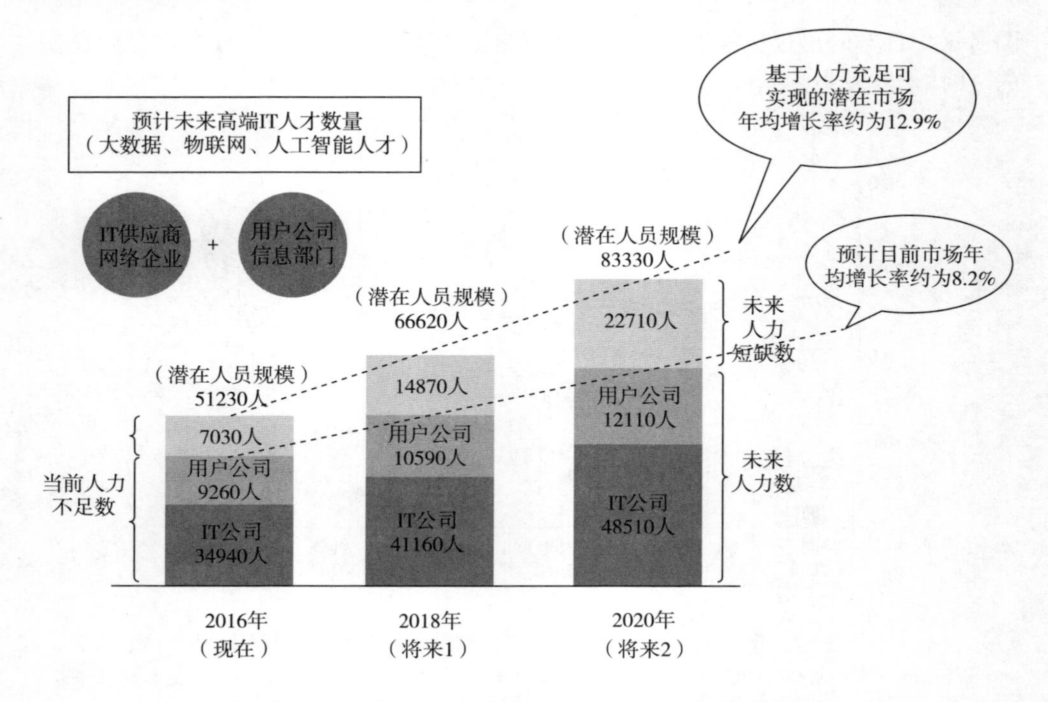

图序-3　高端 IT 人才缺口以及未来人数推算结果

资料来源：经济产业省（委托方：Mizuho 信息研究所）（2016）《为人才育成和保障示范性企业，通过 IT 风险促进技术革新企业报告书第 2 部》。

进行了明确化的规定。迄今为止，在企业或是大学等场合使用个人信息时，只能在相对严格的条件下才能予以使用的情况，也成了至今日本国内个人信息使用迟缓的大背景之一。不仅日本企业被限制数据获取通道，甚至有关企业间信息共享的合作也十分闭塞。在日本落后的信息交互现状中，Google 等美国的 IT 企业却正在全球范围内广泛地应用着大数据。而今后，我们有必要为日本 AI 型社会的利用和适应，建立并采取一套适用于当前落后日本信息现状的策略。

2. 日本今后对 AI 的应对方法

在 AI 开发方面，日本不仅已经落后于美国，而且已经落后于印度和中国等新兴国家。造成这一结果的原因不仅是国家对于 AI 技术的开发和普及方面的资金投入力度远远不够，还与其对研究体制自身的模式、法律制度以及教育等方方面面的迟缓应对密不可分。也就是说，造成日本这一现状的根本原因是“国家对科学技术日益积蓄的不健全”的应对措施。因此，日本今后不仅应从对科学技术予以支持的教育模式这一根本问题入手，还应具体地对 AI 技术所产生的技术革新的未来发展状况进行充分的考量。更进一步地说，就是我们不能单纯地死抓落后的基础技术，还要考虑到在基础技术应用领域的实施策略的有效性。当然，目前我们所面对的现状是以Google为首的、在全球范围内持有大量数据信息的超大型企业，而想要像这种企业一样进行数据的采集和收集，从而在基础技术领域的AI开发上保证一定的竞争优势是极其困难的。因此，可以考虑应用现有的AI基础技术，并就"在社会上（应用领域）如何使用这一技术"的策略中，提升竞争力。

伴随这一过程，我们还有可能从目前日本已有的机器人技术和其他物品技术的广泛应用中，发掘出新的需求。当前状态下的AI技术在大量数据的法则化中，发挥着积极的作用，为了使AI在现实世界的日常生活中发挥积极作用，并在21世纪20年代全面发挥作用，需要有一种新型设备将这种既有技术予以应用。但是，在目前情况下，人工智能很难模仿人类的行为，为了实现这一目标，需要进一步发展基础工程技术和用于人工智能的控制材料。因此，开发也应考虑到如AI载体的机器人等各种各样的工程领域的技术开发。

三、如何应对AI带给社会的各种问题

今后，日本将会对AI技术进行战略性的开发和普及，力争构建能够应对世界大变革的新型经济社会。但是，我们在接受新型技术革新带给我们的莫大恩惠的同时，也会遇到各种各样的问题和冲突，而这些问题和冲突是常规社会系统中无法预料的。本节内容将会就之后由于AI技术开发所带来的问题，以及我们应预先做好应对措施的方面进行分析。

1. 由AI普及所引发的失业以及收入差距的问题

随着社会和经济的技术性重大改革，人们对失业的恐惧与日俱增。而让人们近来对此越加恐惧的源头则是从20世纪90年代开始，直到21世纪初才结束的IT革命，这一过程中信息化技术的发展以及普及让普通民众不由得担心：新一轮的"技术革命"会不会重蹈这一历史。到目前为止，我们已经就"IT技术的普及给生产以及劳动需求带来了怎样的变化"这一问题做了大量研究（例如Black and Lynch，2001）。而从这一研究成果中，我们也能够将其大致概括为：在信息化技术的大规模普及背景下，由于经济规模自身的扩大创造了社会新的需求机会，因此社会失业问题并未加剧。

但是，从收入差距的观点来看，也不断有人指出，作为经济信息化的结果，随着 IT 革命的进展，社会上出现了更大的问题（例如 Autor et al.，1998）。结果表明，IT 的发展和由此带来的经济结构的变化将导致收入差距的产生，这有可能成为加重各国贫富差距问题的重要因素。由此可见，我们并不能否认伴随着 IT 革命所出现的经济结构的变化所带给劳动的影响。

就像截至目前文章所展示给大家的那样，一方面，在 IT 革命自身的发展过程中，并未给社会带来严重的失业问题；另一方面，也指出了随着日本 AI 的普及，也有可能引发大规模失业的问题。Frey 和 Osborne（2017）就将来随着 AI 和 ICT 的发展，对 702 个工种的不同职业进行概率推算，尝试验证将来可能发生的失业可能性。虽然在此次研究结果中表明了“技术革命”可能会带来社会大规模失业的问题，但在此次研究过程中，也言及了在各个工种中并未考虑到的与机械化速度相关的多种不确定性因素。例如，随着未来劳动需求变化的薪资变动及资本费用的变化，以及伴随着政治决策过程的机械化延迟，还有技术进步自身的不确定性等诸多不确定因素。因此，即便是诸多学者考虑到现实中并未像该研究结果一样，给社会带来严峻而迅速的失业问题，但不能否认的是，在现实中，某些工种在长期的机械代替劳动中，有机械代替劳动力的可能。同样，和 IT 革命后的状况相同，这种转变也可能加剧工种间的收入差距问题。

2. 与 AI 有关的法律完善以及伦理问题

随着针对自动驾驶汽车实用化的研究实验在全球范围内的测试推进，交通法律法规同自动驾驶之间的关系问题也日渐棘手。因为在汽车处于自动驾驶状态时所发生的事故，无法从法律上明确其责任方（驾驶者或是自动驾驶汽车制造商）。另外，在驾照制度方面，如果今后的自动驾驶确实渗透到社会中，那么，是否会像目前的驾照制度一样，同以道路交通法为首的“现行既存的法律制度”之间存在权衡模糊的现象？在加州等先进地区，无人驾驶汽车的示范测试已经在进行中，而州政府也正在完善自动驾驶的法律体系，但是在日本，目前却尚未对法律相关内容进行充分的讨论。

此外，以自动驾驶为例讨论的问题是“应该如何让人工智能做出伦理判断”。其中，最为著名的案例就是“电车问题”。在轨道上行驶的电车失控了，而前方却有 5 名作业工人。当更改线路时，虽能救下那 5 名工人，但更改后的线路前方也有 1 名作业工人，在这种情况下，是否要更改线路的决定在伦理层面上就成了难以抉择的问题。再比如，同样地，若是无人驾驶汽车继续前行的话就会撞到多人，而为避免碰撞调整方向的话，就会撞到另外一人，在这种情况下，我

们不能将决定权交给 AI 让它进行判断与选择。如果无人驾驶汽车真的面临这种情况时，法律上应该如何进行判定，又该由谁来承担责任？在使 AI 理解这些伦理道德问题的同时，有必要讨论有关正确决策的标准。Bonnefon 等（2016）在今后的自动驾驶汽车开发中，为了考虑到像电车问题那样的事故发生时人们面临的社会困境，从网络调查结果中阐述了开发基于伦理争议的自动驾驶汽车的必要性。

3. 竞争政策问题

截至目前我们所讨论的一直是“将 AI 问题作为政治问题进行讨论”的问题。另外，就经济活动中将会产生的问题，现在社会上已经存在关于其更直接且更具体的讨论。2017 年，以公正交易委员会为中心，发表了《关于数据和竞争政策的研讨会报告书》（公正交易委员会 · 竞争政策中心，2017）。在这一报告书中，阐述了在数据价值变得越来越重要的经济竞争中，如果发生诸如采取不正当手段收集、存储有价值的数据信息之类的行为的话，则有可能阻碍公司之间的自由经济竞争。针对这种情况，有关部门就现行《独占禁止法》（或称《日本垄断禁止法》）的适用条件及方法，以及竞争政策方面的论点问题召开了专门的研讨会，并对其进行了总结。在讨论的议题中，例如，某具有市场支配力的企业对客户公司以合作等方式，将获取的新数据强制性地归为自己公司所有的行为。在日本公正交易委员会所经手的案例中，近来也存在多起企业“合规却以不当手段”进行恶意竞争的案例，除这种打法律“擦边球”行为的案例之外，我们也不由得担心，之后是否也会发生“受公正交易委员会监管但无法认定企业行为是否触及法律”的事件。

例如，在企业并购的判断上，就可以通过合并后企业市场占有额的实际市场支配力来进行判断。但是，随着数据重要性的提高，就需要对合并企业间的后续数据的有效利用进行判断。实际上，欧洲委员会和美国联邦贸易委员会已经为合并审查开创了先例，其中不乏以某些 IT 公司（谷歌、微软、Facebook 等）为中心的数据利用。

此外，关于数据交易问题，该报告指出：虽然企业有权利选择是否要将收集之后的数据进行公开，但是当数据的公开对该市场的进入有致命影响时，就有可能归于《独占禁止法》的范畴。同时，该报告也指出：有必要就数据交易问题制定某种方针和政策。

因此，数据的使用将会给市场以及公司绩效带来怎样的影响？又将会怎样影响市场架构和最终的市场绩效（价格形成等）？考虑到 AI 特性的经济学将在这些竞争性问题中扮演更重要的角色。

四、浅析AI所带来的各种影响

本章将就日本应怎样应对AI革新的技术，从国际竞争的角度，对AI导入时社会应怎样应对的问题展开讨论。AI的发展给我们今后的社会带来了各种各样的不确定性，在其技术开发已经引起国际激烈竞争的情况下，我们不难想象，之后的AI技术研发之路依旧充满竞争。但同时人工智能在社会中的普及却可以为解决日本正在发生的和日益严峻的各种问题提供广阔的前景。为此，我们有必要摸索出一套方法，既能消除社会对AI开发的迟缓问题，又能在之后的AI开发中，预见到其对现实社会的应用机遇，进行AI技术发展升级，还要找到一种不同于其他国家的AI开发和传播的方式，以便它可以为社交应用所需的其他技术的发展做出贡献。为此，随着AI技术的普及和发展，尝试“弄清楚现在条件下AI所带来的社会问题，并明确其与各种社会制度间的关系”就成了经济学和法学上的重要课题。

本书不仅详述了实际AI开发以及社会普及方法的现状和将来，还言及了关于今后AI技术设想的相关问题，以及为普及AI而进行的政策措施，从多种角度展示了相关研究成果。

在第一部分，就有关“日本目前企业实际AI技术运用”的问题进行探讨。第一章中，以AI和ITC（联合国开发计划署）的发展所引发的劳动问题为中心，基于各国有关AI及ITC的动向，对今后社会政策的实施方法进行讨论；第二章中，就“为何AI不能完全适用于日本企业”的重要因素进行考察；而在第三章中，不仅从企业等级的方面，还从都市智能化的相关方面，对其可实践性以及现状进行探讨。

在第二部分，对有关未来AI的问题从“法律层面上考量的现状”和“对个例的法律解释方法”等方面进行具体讨论。具体来讲，本书第四和第五章从统一的观点出发，围绕人工智能应用的法律现状进行讨论，并在第六章中，以具体案例为例，从现行法律的角度对因无人机等造成的事故以及其赔偿等情况进行解读。

在第三部分的第七、第八章中，将以正在研发中的无人驾驶汽车为例，并对其今后的需求趋势以及普及后带来的影响进行相关分析。具体来说，在第七章中，分析基于全国规模下的调查问卷，就消费者对无人驾驶汽车的潜在需求进行计算，并进一步对消费者的购买倾向进行分组，通过分析，明确无人驾驶汽车潜

在消费者类型，从日本本土出发分析无人驾驶汽车的普及条件。在第八章中，对未来无人驾驶汽车带来的汽车行驶距离的变化问题进行了问卷调查，并对诸如温室气体排放量增加等外在问题的发生可能性进行了分析。

在第九、第十章中，分析了人工智能等技术的普及会给人们生产生活以及劳动问题等带来的影响。例如在第九章中，就对 IT 使用以及企业提高标价的定量关系进行了分析，并试图阐明 IT 使用给企业生产活动所带来的影响。因为市场标价的提高暗示着市场支配力的变化，且会随之带来巨大的产业结构变化，因此可以说其对日本今后的竞争战略具有重要意义。在第十章中，以劳动经济领域的理论模型为基础，对伴随 AI 普及而产生的失业和收入差距的可能性进行了解释和分析。

在第十一章中，着眼于 AI 技术引入后我们所面临的社会生活变化，就劳动时间减少给我们带来的生活内容丰富的变化，从国民幸福度的角度，对“人工智能究竟给我们的生活本身带来了多少好处”进行了分析。对于今后因劳动需求降低给人们生活所带来影响的问题，在问卷调查中也从国民幸福度和劳动间的关系进行了分析，验证了 AI 普及后因劳动方式变化所带给人们生活丰富性的影响。

在第四部分的 IT 技术题材中，尽管认识到了其在世界中的重要性，但是随着阻碍革新技术普及的这一重要原因的讨论，也展示了对“影响具体普及的因素”以及“AI 技术开发的要因”的分析案例。本书第十二章总结了迄今为止的所有研究，回顾了即使有划时代的技术，IT 普及仍然不够先进的原因，并给出了 AI 普及的政策建议。本书第十三章着眼于在经济学中被广泛讨论的“人们与劳动法规”的关系，这是近年来 IT 技术普及的一个重要原因，特别是本章还分析了日本劳动法规变化对技术引进和传播普及的影响。第十四章作为本书的最后一章，分析了影响各国人工智能技术专利数量的重要因素，指出了今后日本人工智能相关技术的发展方向和发展方式。

从上述各章节的主要内容可以看出，我们正在对本书序言中所提到的“引入 AI 后给社会经济变化所带来的问题”以及影响进行多方面的具体验证，其中也涉及具体影响的研究内容。因此，我们认为本书中所涉及的讨论以及研究成果也能为今后的政治探讨做出一定的贡献。

• 参考文献

Autor, D. H., F. L. Katz., and B. A. Krueger (1998) “Computing inequality: have computers changed the labor market?”, The Quarterly Journal of Economics, 113, 1169-1213.

Black, S. E., and L. M. Lynch (2001) “How to compete: the impact of workplace practices and information technology on productivity", The Review of Economics and Statistics, 83, 434-445.

Bonnefon, J. F., A. Shariff and I. Rahwan (2016) "The social dilemma of autonomous vehicles", Science, 352, 1573-1576.

Frey, C. B., and M. A. Osborne (2017) "The future of employment: how susceptible are jobs to computerisation?", Technological Forecasting and Social Change, 114, 254-280.

科学技術・学術政策研究所（2015）「第 10 回科学技術予測調査　分野別科学技術予測」。

経済産業省（2016）「我が国の産業技術に関する研究開発活動の動向——主要指標と調査データ第 16 版」http://www.meti.go.jp/policy/economy/gijutsu_kakushin/tech_research/aohon/a16zentai.pdf。

経済産業省（委託先：みずほ情報総研）（2016）「ITベンチャー等によるイノベーション促進のための人材育成・確保モデル事業事業報告書第 2 部」, http://www.meti.go.jp/policy/it_policy/jinzai/27FY/ITjinzai_fullreport.pdf。

公正取引委員会・競争政策センター（2017）「データと競争政策に関する検討会報告書」http://www.jftc.go.jp/cprc/conference/index.files/170606data01.pdf。

日本経済新聞社（2017）「Innovation roadmap2030-AI? IOT 変わる世界，米中印の3 強に（ニッポンの革新力）」『日本経済新聞』朝刊，23ページ（2017/11/01 掲載記事）。

第一部分　AI 在企业中的应用及其课题

第一章　人工智能等技术对雇佣的影响及其社会政策

岩本晃一　波多野文

一、本章内容

2013年9月，牛津大学的Frey和Osborne以美国为背景，发表了一篇关于其10~20年内自动化替代人力的推算预计（Frey and Osborne，2013），在这次推算中，预计美国将有47%的劳动人口被机器所替代，而这种风险则高达70%以上。以此为契机，之后在世界范围内爆发了“就业的未来”的研究热潮。但是，日本似乎无缘这场研究热潮，取而代之的是媒体用高达“47%”这个数字煽动人们不安而恐慌的心情。那么，47%真的是一个真实的信息吗？对于这一问题的疑惑则是本次调查研究组建开始的动机所在，我们有必要在事实的基础上，以科学的眼光客观冷静地对其进行讨论。而本章就将从下述四点对其进行探讨。

第一点，迄今为止全世界范围内的相关论文数不胜数，这些论文从多个角度对这一问题进行了解读，当然，其中也不乏观点一致的文章。而当下对于这一问题的研究热潮也已达到顶峰，各国也正在将从中得到的对策付诸实施。在此，笔者想列举一下这些已发表论文的三个特征：①研究者遵从科学研究者的本心，秉持着自身所肩负的责任，最大限度地对未来20年左右的情况进行预测，此外，我们很难找到以不知道在那遥远的将来会出现什么样技术的时代的空想故事为前提的讨论；②我们在论文等刊物中找不到类似“AI”或“机器人”的用词，对于相关的事物，只是以“自动化”（automation）这一词语笼统概括，即以生活在西方文明之下的人们来看的话，“过去，现在，未来”这三个一贯而通的“技术进步”就是“自动化”，而像是IT、AI以及机器人等只是其中的一部分罢了；

③日本目前存在的特征为世界仅有，即对“AI 是否掠夺了人们雇用机会”的两极对立的观点，在论文等刊物中这些问题被设置为“就业质量”和“就业的结构性”问题，如果“自动化”发展，这将对“就业的未来”产生影响。

第二点是德国的动向。德国是所有国家中认识最深刻也是紧抓“就业的未来”这一课题的、由政府主导的国家。而德国人似乎和笔者有着同样的疑问，但是他们的研究规模却不及日本。德国政府实施了《劳动 4.0 计划》（Arbeiten 4.0，Work 4.0）。笔者认为，德国人的脑海中存在着一种恐惧，那就是在有着一枝独秀般强大经济力的制造业中，如果发生第二次“卢德运动”（Luddite movement）的话，可能会带给经济毁灭性的打击。约 200 年前在英国所发生的卢德运动，至今仍在欧洲人的脑海中留有印记，并有可能一直流传下去。德国也于 2016 年 11 月发表了《白皮书：劳动 4.0》，并完成了调查分析，本章写作时正处于进行具体措施的实施阶段。

第三点是日本企业的动向。作者曾实地探访日本企业，对“日本雇用模式下的新技术是如何引用的”这一过程进行了实地调查，并在 2017 年以约 1 万所企业为对象进行了问卷调查。

第四点是以上各调查研究的结果及其得出的政策性措施。

对比曾经的土木建设、施工现场，大批劳动者为之劳役，如今的建筑机械将人们从重工劳动中所解放出来。汽车、飞机、电脑、手机等远超人类自身能力的“超机械”的出现大大丰富了人们的日常生活。人们通过控制和使用诸如火之类的危险物品来丰富自己的生活。这种技能手段被称为“技术”。而这种人类的行为也将继续流传下去。

二、历史研究的回顾

1. 工作自动化对就业的影响

随着 AI 等技术的普及应用，大量的工作已经被自动化所替代，而这些转变又将给就业带来什么样的影响呢？美国、德国等国家对这一问题进行了研究（Autor，2015；Frey and Osborne，2013；Lorenz et al.，2015；OECD，2016）。其中，Frey 和 Osborne（2013）的研究可以说是开创了该类研究的先河。他们基于机器学习以及大数据模式识别的进展，指出“目前为止人们所认为的那些无法由自动化取代的工种（非常规性职业）很有可能在未来也将被自动化所取代”。此

外，基于美国 O*NET（Occupation Information Network，美国职业信息网）职业数据库，将美国现存的职业进行逐个分析，把工种机械化的难度指数进行数值化呈现，并推算出各职业未来自动化的可能性。在包括非常规性职业的模型基础上，将“社会智能”“创造力”和“感知与操作”作为变量纳入其中，这些变量成了机器替代人类工作时的瓶颈，并由此推算出，美国将有可能出现全工种自动化的情况。由此推测，美国约 47%的工种在今后的 10~20 年内实现自动化的可能性将超过 70%（见图 1-1、图 1-2）。

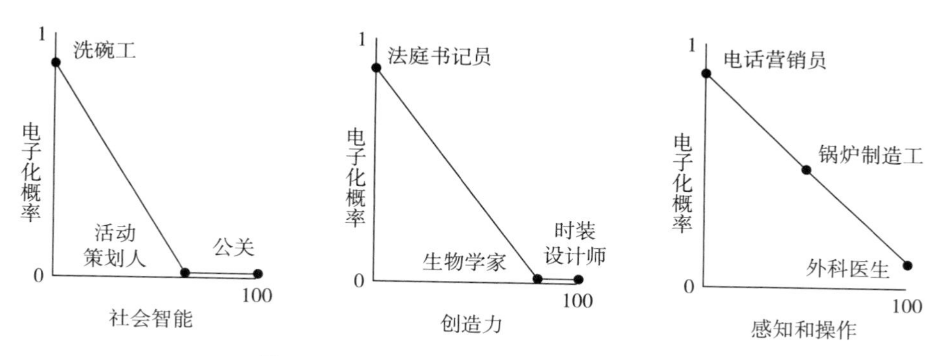

图 1-1　机器代替人工的瓶颈变量示意图

资料来源：Frey 和 Osborne（2013）。

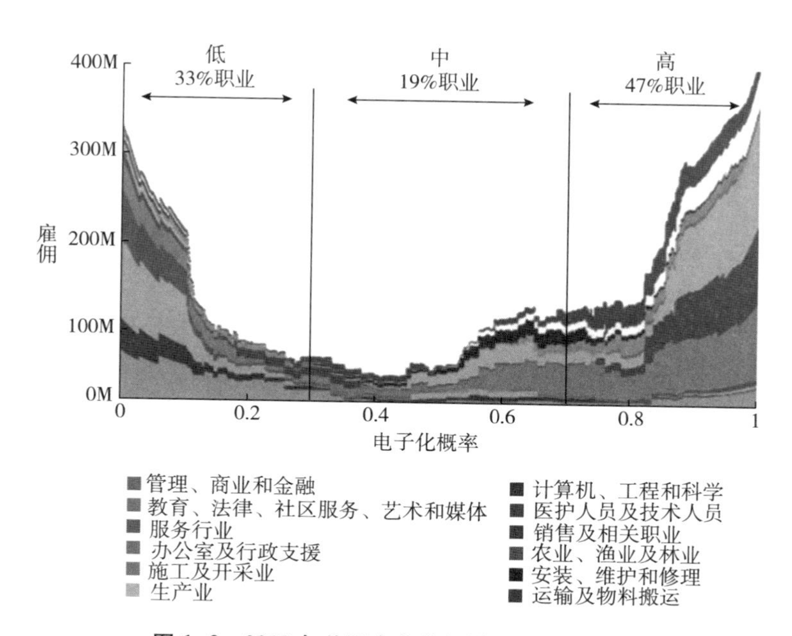

图 1-2　2010 年美国全业种机械化可能性分布

资料来源：同图 1-1。

自 Fred 和 Osborne（2013）发表文章之后，相继有多家研究机构发表相关报告，就工作自动化是否会增加未来就业机会以及什么样的工种才是容易被自动化替代的职业的问题进行了多方论证。一些报告预测，尽管自动化会带给劳动者工种任务的改变，但不会像 Frey 和 Osborne（2013）预测的那样，出现极端的工作岗位减少的现象。例如，Arntz 等（2016）主张不应该只是估算各职业的自动化可能性，而应该研究每个工种并还原于各职业进行思考，因为劳动者所从事的各工种在多数场合中都被细化成了各种各样的工作内容。他们报告说，以工作内容为基准推算 OECD 成员国（21 个国家）职业自动化可能性时，自动化可能性超过 70%的职业只有 9%。在他们的报告中，即最可能被自动化的职业占比中，最高的为奥地利，达到了 12%，而最低的是韩国，仅有 6%（见图 1-3）。而大部分的职业其自动化可能性只有 50%，也就是说，在各工种的工作内容上，仅有一半会被自动化所替代，剩余的那一半则为从业者自己人工完成的部分。在 OECD 的报告中，虽然通过他们的研究发现，自动化并不能大规模减少就业，但是因为多数职业因自动化使其本身的工作内容发生了一定的变化，所以劳动者有必要对工作内容改变的这一情况予以适应（OECD，2016）。

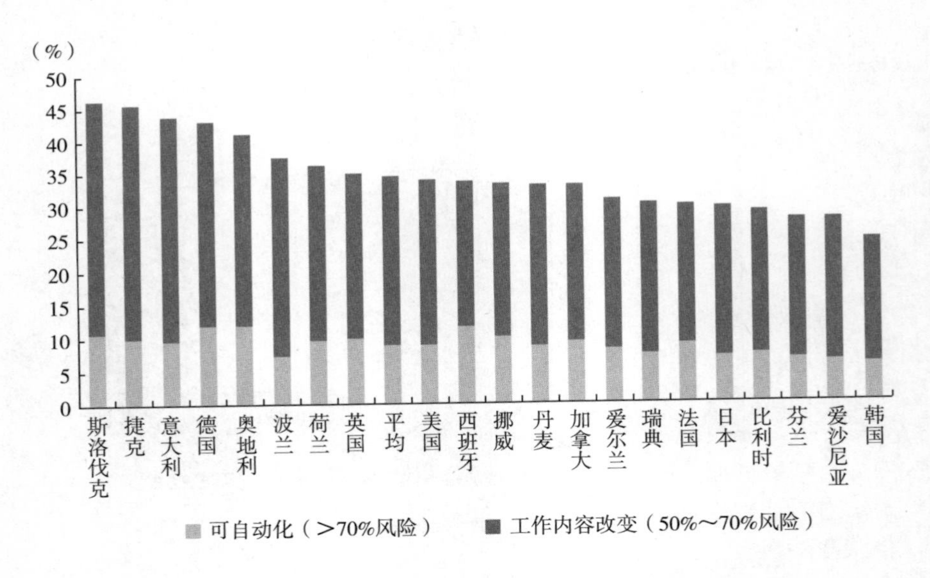

图 1-3 从事自动化风险高、中程度职业的劳动者比例

资料来源：OECD（2016）。

有人认为，随着自动化带来的生产效率的提高，将创造出新的工作岗位。波士顿咨询报告（Lorenz et al.，2015）在自动化普及率以及自动化下销售额的年均增长率的基础上，对 2014～2025 年德国产业劳动在自动化方面所出现的各种变化进行了预测。从分析中得知，当销售额的年均增长率为 1%且自动化普及率为 50%时，将能创造出 35 万个新就业岗位（Lorenz et al.，2015）。但是，应注意的是，这种就业增长因行业而异。该报告还称，随着劳动自动化、机械化的普及，有望增加就业岗位的领域有 IT 和数据集成领域、研究开发及人机交互相关领域。与此相反，生产、质量管理、维修相关的工种预计将减少就业岗位。

Bessen（2016）也得出了同波士顿咨询报告同样的结果，即自动化会同时给就业岗位带来增加以及减少的影响。Bessen（2016）假设频繁使用计算机的职业是最有可能被自动化代替的行业，在各职业和产业内将劳动者使用计算机的频率作为独立变量，构建了产业各职业雇佣需求的简单模型。结果表明，使用计算机的工种与不使用的工种相比，就业增长率较高（样本均增长 1.7%）。但是，就业增长同时也伴随着雇佣的替代效果，也就是说，只要同一行业中有另一个使用计算机的职业，其就业增长率就趋于下降。因此，计算机行业的就业增长被雇佣的替代效果所抵消，且年增长率被控制在 0.45%左右。所以，个人是否能够熟练运用计算机成了决定其是否会失去这一工作的决定性因素。

总体来讲，工作自动化会创造就业还是剥夺就业这一问题，很多人认为这不会像 Frey 和 Osborne（2013）所预测的那样成为一个极端性事态。Arntz 等（2016）认为，因为技术在实际应用中所能够达到的实用率，以及研究者与其本身所陈述的可能性都有所偏差，所以应该在考虑到劳动者有通过学习新技术来适应新工作的可能性的基础上，对自动化以及未来就业问题进行必要的考量。但是，他也指出，教育水平差距的增大，以及对低技能劳动者的教育培训和时间成本有可能超过技术的进步。此外，我们也不可否认，机器所不擅长的交互、对环境反应的灵活性、适应力，以及问题解决能力也正在通过环境维护以及机器学习（例如 Google 的无人驾驶和人工智能 Watson）逐步尝试自动化（Autor，2015）。在预测就业岗位的报告中也说，并不是所有职业的工作岗位都会增加，而是出现了工作岗位增加和减少的行业。具体来讲，自动化技术所提供的工作机会使就业岗位（IT、数据集成、研究开发领域等）得以增加，同时我们也能预见，在制造、物流、品质管理、维修、造纸印刷业等领域的就业岗位会相应地减少。而我们在由德国劳动社会保障局所发表的白皮书 4.0（2016）中也能看到相同的预测。此外，在 IAB 报告（Wolter et al.，2016）中也曾指出，因常规性工作被机器所替代，服务业的就业结构可能会发生一定改变。因此，我们有必要做好应对情况变化的准备。

2. 伴随工作自动化产生的就业结构的变化

因自动化而产生的影响不仅是就业岗位的增减。正如波士顿调查报告指出的那样，工作岗位的增加取决于工种。因此，围绕劳动者的雇用情况也会发生变化。OECD 报告指出，因劳动自动化的影响，就业会出现高技能工作和低技能工作两极分化的局面（OECD，2016）（见图 1-4）。也就是说，需要专门技能的高技能工作需求和无须专门技能的低技能需求会有所增加，而需要中等技能的工作将减少。像这样的就业两极分化产生于 21 世纪伊始至 21 世纪 10 年代后半期，而需要中等程度技能的工作则在近 20 年有所减少。OECD 报告指出，虽然机器的替代不怎么会改变“解决高端问题”的认知技术，但 Autor（2015）指出，在中等技能工作中出现的就业机会减少现象早在 2007~2012 年，就已蔓延到了需要具有专门技能的高技能工作中，而且目前尚不清楚机器技术的进步对工作技能的影响究竟到了哪种程度（见图 1-5）。

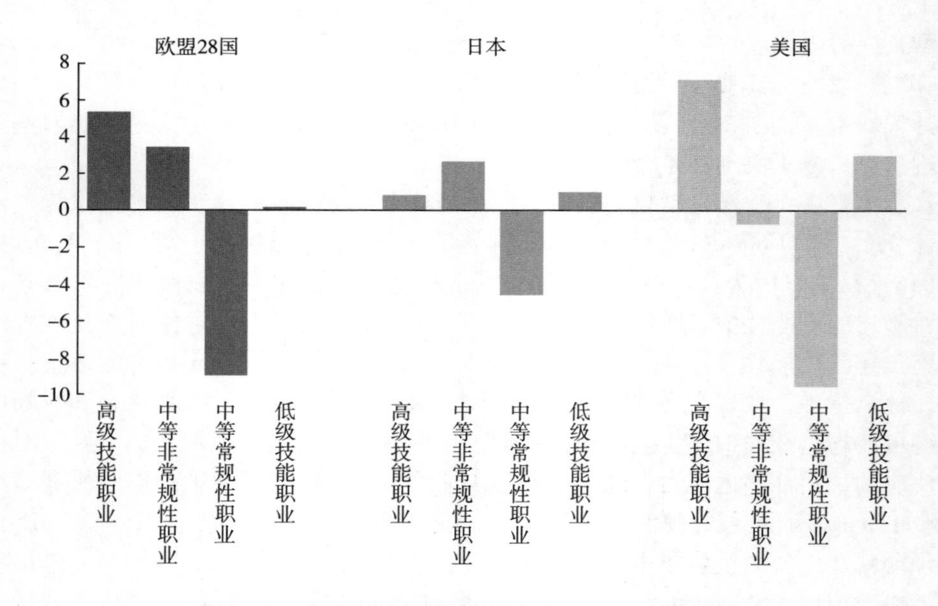

图 1-4　欧日美被雇佣者比例变化（2002~2014 年）

资料来源：同图 1-3。

另外，不仅是工作类别，就业形势也有可能出现两极分化现象（OECD，2016）。具体来讲，就是因为互联网的普及，可以有效完成劳动者、产品和技术的匹配，所以劳动者的就业形势可能具有不稳定性。近年来，除了社交通信和数字市场平台（Facebook、Twitter、eBay 等）以外，还发展出了诸如 Uber 和 Airbnb 等中间平台，以及诸如 Amazon Mechanical Turk 和 Upwork 等云工作平台（White Paper Work 4. 0，2016）。在中间平台和云工作平台中，提供平台的企业将复杂烦

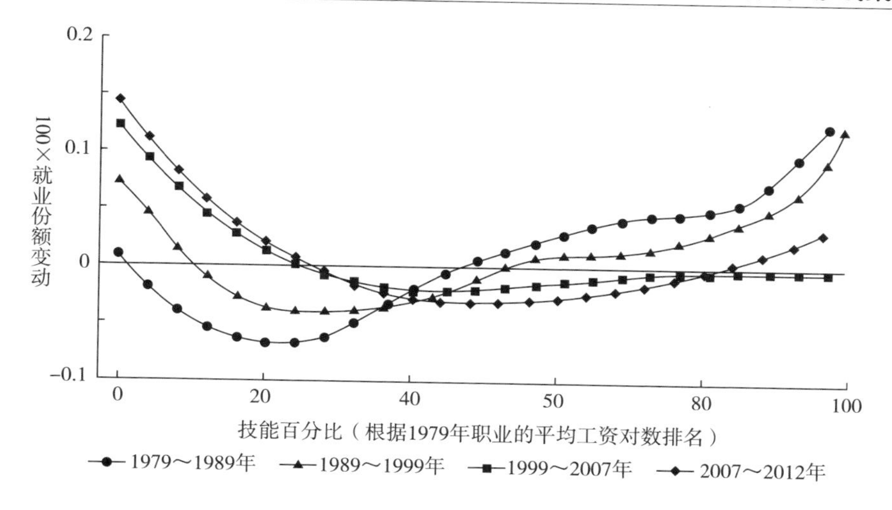

图 1-5 1979~2012 年按工作能力划分的雇佣比例变化

资料来源：Autor（2015）。

琐的工作任务进行细分，并按比例分配给劳动者。劳动者将承担更加简单化的廉价劳动，而这些工作也会弱化其之后的职业发展。同时，尽管劳动者和平台提供方的企业并无明确的雇佣关系，但详尽的绩效评估体系实质上很容易对劳动者进行自由上的限制，当然，其中也指出了雇佣形态的安全性问题（White Paper Work 4.0，2016）。从事此类平台业务的劳动者不必仅从事一种具有雇佣关系的工作，除主要工作外还可以拥有其他的收入来源，并且可以有多种非正式工作的收入。这样，雇佣形态就具有了不稳定性。

当然，目前尚不清楚这些“多面手”劳动者将如何影响未来的劳动力市场。但是，正规雇佣和非正规雇佣的两极化很有可能招致高收入和低收入这种薪资形式的两极化。这种非正规形式的劳动形态，因为一般的法定劳动时间、最低工资、失业保险等是依据单一的雇佣关系所形成固定模式的，所以很难成为欧盟多数国家的保护对象。将来，此类的公共服务还必须考虑到劳动力的流动性，对其产生的不稳定性采取积极有效的应对措施，并有必要对劳动保护难以涵盖到的劳动者采取一定的保护措施。

Autor（2015）从供给灵活性的角度出发，详细探讨了低技能劳动和高技能劳动所产生的薪资及劳动者供给的变化。因为高技能工作往往需要那些接受过本科或研究生教育的人来承担，所以在接受高技能职业培训时，对人才的需求不会立即增加，这也就进一步提高了对 IT 相关的高技能人才的需求。相对应地，因为低技能劳动对就业者受教育程度并未有很高的要求，因此劳动者很容易从其他工作领域流失，所以即便是生产积极性提高，也会由于存在单价降低的倾向，导致工资上涨被抑制。即虽然雇佣会形成高技能和低技能劳动力需求上升的两极化趋势，但只有从事高级技能劳动人员的工资会上涨，而从事低技能劳动人员的工资却不会增加。

The Annual Report（《美国经济白皮书》）（2016）指出，有必要改变互联网使用环境的差距。该报告中的一项调查显示，当宽带普及率上升10%时，人均收入增长率就会上升0.9%~1.5%，调查显示，互联网利用率与收入成正比，即当互联网利用率提高时所得收入也会随之升高，而当互联网利用率下降时所得收入也会随之降低。如果无法使用互联网，则可能会在求职、其他服务和教育方面遭受各种不利影响，因此有必要缩小两者之间的信息鸿沟。

也有人指出，由自动化导致的就业增加和减少也与教育程度和工资水平有关。Frey 和 Osborne（2013）指出，平均年收入和教育水平越低，被替换的风险就越高。对于这一结论，其他报告和研究也有类似的发现（Arntz et al.，2016；经合组织，2016）。受教育低的劳动者大多从事低技能、低收入的工作，这也导致他们成为最有可能被机器替代的高危风险人群。

3. 所要求的劳动者工作内容的变化

工作自动化的转变有可能使市场对于劳动者个人能力需求发生改变。在世界经合组织所发表的报告中指出，即便是在自动化风险较低的职业中，因这一职业大部分的工作内容都有自动化的可能，所以劳动者有必要适应这些工作内容的变化。同样地，我们在世界经济论坛（Word Economic Forum，WEF）的报告中也能看到相同的内容。在许多行业中，除了社交技能（情绪控制能力和沟通能力）以外，还需要具备IT素养和操作计算机的认知和信息处理能力，而这些也被作为核心技能成为考量员工的标准之一。当然，这些对员工个人的要求也影响到了就业录用的结果。对人才需求急剧增加的计算机、理工相关专业、建筑以及其他具有战略性和专业性的职业，人才掠夺战蓄势待发，而这种状况有可能到2020年更加严峻（World Economic Forum，2016）。值得注意的是，在就业紧俏的需要高级技能的工作中，人才的培养往往需要花费大量时间，特别是近年来，因为技术更新换代速度加快，导致这种人才培养愈加困难，人才输出远满足不了市场的高需求量，致使这种人才竞争更加严峻。

White Paper Work 4.0（2016）指出，这种工作内容的变化可能阻碍劳动者作为职业人的成长。例如，如果劳动内容的机械化导致劳动者所承担的工作任务过于简单的话，就有可能导致该劳动者的问题解决能力下降。相反，工作自动化也可能使劳动者的工作相较之前更加复杂。但是，无论是这两种状况中的哪一种，都有可能带给劳动者工作上的新的精神压力。所以，我们需要一种可以在不

损害熟练工人所需知识和经验的前提下进行操作的人工智能。

此外，技术的进步还有可能带来劳动者劳动时间以及劳动场所的转变（White Paper Work 4.0，2016）。信息通信技术的进步使人们的工作场所发生了改变，这让远程办公（在家或公司之外的地方）更容易实现。我们可以预见的是，劳动者不拘泥于性别，在从事工作与料理家事的过程中，劳动时间以及工作地点将更具灵活性。不过，也有人担心这会使工作和个人生活的界限变得模糊。此外，公司期望通过利用弹性劳动时间来降低成本，提高工作效率和人员可用性，而员工则可以保留对工作时间的决策权，以及对"工作生活平衡"状态的期冀。因此，有必要仔细权衡双方的利益并使之制度化。

4. 针对自动化的对策

如上所述，伴随着技术进步而发展的工作自动化不仅影响着市场的劳动需求和工作内容的变化，还影响着就业形势等方方面面。而对于如何应对这些变化，如何保证劳动者的生活水平，如何使企业最大限度地享受自动化带来的好处，需要采取什么样的对策等问题，我们也已在先前的研究中进行了讨论，并给出了适当的建议。在此，我们对人才管理以及雇佣对策进行讨论。

（1）对人才管理以及就业的对策。

对于人才管理、录用以及劳动者的教育来说，工作方式相关的领域才是解决措施的重中之重。WEF（世界经济论坛）报告中提出，为应对今后可能出现的招聘难问题，应采取以下措施：①更新人事功能；②灵活运用数据分析；③多样性的应对方式；④灵活运用流动性的工作形式和人才平台（World Economic Forum，2016）。人事功能的及时更新以及对数据分析的活用，旨在"将重要人才的管理及其评价电子化，以此实现更加高效的人才管理及劳动计划"。如上文所述，因劳动自动化和机械化所产生的"高级人才"紧俏问题，社会对高级人才的"供给"可能不会立马增加。因此，人事部门应对这一问题尽早采取措施。而对于这一问题的解决，世界经济论坛报告中给出的解决方案是，在现有的评价方法和管理方法中引入数据分析，构筑新的分析工具，以聚焦提供人才供给和企业需求的技能差距分析。同时，通过这一新的分析工具，可以得到与创新以及人才管理战略相关的信息。

此外，基于数据的人才管理也能够应用于多样性应对方式方面。对于人才不足的问题，我们有必要吸纳多种劳动力。现在可以依据数据进行人事评定，所以可以在排除无意识偏见的情况下，公平地对员工予以录用。另外，灵活运用流动性的工作形式和外部人才平台也是解决人才不足的重要对策。互联网技术的进步使远程办公更加便捷。人们不应拘泥于办公场所，而有必要在这种大环境下考虑同自由职业者以及独立专家进行协同工作。波士顿咨询报告（Lorenz et al.，2015）提出了针对现有就业岗位的再教育对策。综上，就业市场环境将会因为技术等的发展，使劳动者至今为止所熟悉的工作内容发生变化，对劳动者的决策能力以及问题解决能力等提出了更高的标准，并对其技能的广泛多样性也有了更加严格的要求。对此，我们有必要对他们采取“现场教育”（使用增强现实，在真实环境中学习，并观察熟练工人的工作等）以及“讲座”相结合的模式，使其能够在更加真实的环境下掌握技能，以此来达到“再教育”的目的（Lorenz et al.，2015）。为实现这种“再教育”，保证其在过程中的时间和教育上的动机以及意义就变得十分重要了。除此之外，再教育也是对缓解社会少子老龄化问题的一种措施。我们有必要通过这种生命周期（Life circle）对现存已雇用的大批劳动者进行再教育（World Economic Forum，2016）。

在 White Paper Work 4.0（2016）中，也阐述了教育尤其是职业教育的重要性。在该白皮书中，以在使用移动计算机以及线上资源中所必备的知识（数字素养）为首，指出了对各行各业中共通的基础技能的重要性。另外，该报告还指出，我们有必要保证专业能力的开发、通过生活课程发展技能及其系统性援助，这样就能使全部的劳动者通过这些措施获得其应有的受援助机会。德国劳动社会保障局为保障劳动者在被雇用后仍具有的个人权利（获得工作指导和培训的权利），计划将原有的失业保险过渡到“雇佣保险”的范围，并准备将这两者合并，出台新的制度。

（2）对隐私问题以及劳动者健康问题的对策。

White Paper Work 4.0（2016）为确保劳动者雇佣以及教育机会，针对劳动自动化和电子化，以在商业平台上居于弱势的劳动者为首，对类似的自营者增加了相应的保护措施，此外，由大数据的使用造成的隐私问题，因工作场所、时间多样化以及工作环境所导致的员工健康问题等其他报告中未提及的问题，也进行了一定的讨论。以下是该白皮书中有关隐私和健康问题的介绍。

劳动的自动化、劳动者以及消费者行为的电子化，这些对于工作来说，都能给企业带来劳动效率以及消费行为可预测的利益。但同时也会给劳动者以及使用者的隐私及自由带来安全威胁：非法分子错误地使用从数据中得来的预测信息，能够轻易地操纵消费者的喜好以及行为。由于所有数据（例如位置信息和生物识别数据）都在云端进行管理，因此存在数据所有方监视数据来源人行为的风险。因此，有必要通过法规对政府使用和拥有的数据范围进行一定的管制。但是，不应因这一规定而损害本应获得的利益。考虑到各种各样类似“根据数据使用目的改变限制强度”等的举措，有必要在今后重视数据使用的调查，从法规上讨论数据使用者对个人信息使用的范围界限。另外，因为电子化而导致的劳动内容的变

化，可能会带给劳动者更大的精神压力。进一步来说，劳动者能够自己选择同自己生活方式相适应的工作时间和场所，确实在一定程度上提高了劳动者的生活质量，更进一步来看，这件事本身就是将劳动者的工作和余暇时间的界限进行了模糊化处理，这就有可能带来“过劳”的问题，给劳动者的健康带来消极影响。因此，雇佣方有责任遵守法规，也必须比之前更加遵守法规，同时有必要营造一种环境，使雇佣双方能够很好地协商劳动时间和工作地点。

国家也有必要完善与保障劳动者健康相关的调查研究以及相应制度。这种研究之所以至关重要是因为我们无法确定灵活性的工作方式是否会给劳动者的健康带来积极影响，所以有必要弄清工作内容的变化将会给劳动者身体健康带来怎样的影响。另外，提高劳动者自身的身体健康素养也十分重要。

5. 小结

以上内容概述了关于工业 4.0 和劳动自动化与雇佣关系的研究，总结了自动化将对劳动者的劳动环境和雇佣环境产生怎样的影响，以及企业应该如何应对自动化。虽然劳动自动化给工作机会带来的影响褒贬不一（创造就业还是减少就业），且其主张的内容仍有差异，但大多数的研究报告中对于这一改变带来的影响仍然认为“自动化会减少一些工种，也会增加一些工种，但总的来说还是以增加就业机会为主”。自动化的影响可能扩展到需要灵活性和交互性的工作，而这些工作直到现在对于机器来说仍然是很困难的。同时，在应用于现实社会方面，还存在技术和伦理上的障碍。笔者认为，我们不要因为上述种种困难就持过度悲观的态度，而是应该积极面对自动化，对相关从业人员进行再教育，或是采取一些能够让他们熟练掌握新技术的措施，这些才是当下我们能够做的。截至目前，我们所列举的大多数报告中，都将劳动者的再教育当成了之后重要的研究课题之一。

一般情况下，以常规性作业、行政辅助性工作为代表的，要求中等程度技能的工作被认为极易被自动化以及机械化影响，导致工作内容发生变化。同时，也有部分人认为，管理人员、商业交易、演员和科学家等创造性和需要决策的职业风险较低（Frey and Osborne，2013）。但是，我们仍未明确的是，自动化给医师及金融领域相关职业带来的影响中，已经被自动化的案例究竟有多少（Stewart，2015），从严格意义上来讲，有多少职业因影响而被替代，又有多少工作不会被自动化机械化所替代。但是在有些报告中也指出，即便是有些对教育程度或是薪资水平要求不高的工作，也极易被自动化所替代（Arntz et al.，2016；Frey and Osborne，2013；OECD，2016）。所以，我们也可以说“为了有效应对自动化和就业的未来，如何对高风险的劳动者进行再教育，是政府和企业共同努力的课题”。

三、世界的共识

1. 技能水平与就业之间的关系

截至本章写作时，与“就业未来”相关的主要论文已超过100篇，如果把稍有关系的文章也算在内，恐怕有成百上千篇了。在这些文章中，Frey和Osborne虽然可以作为全球研究热潮的先驱者而被评估，但同时他们的估计值也是最极端的。在2016年10月Michael Osborne副教授访日之际，笔者曾有幸向其就“您是抱着怎样的研究目的，又是在怎样的前提下进行推算的呢”进行了提问，当时Osborne教授很沮丧地回答道“只是揭示了技术层面上的可能性，但是就业增加的部分完全没做考虑”。他在这里所说的“只是揭示了技术层面上的可能性”是指，如果在实验室层面也开发出自动驾驶技术，那么在那一瞬间，全世界所有的司机都有可能100%被机器代替。

基于对这些论文的分析结果，已经建立了对过去趋势的全球共识。具体内容如下所述：第一，就工作技能度来说，中等技能的就业岗位会减少，而要求低技能以及高技能的就业岗位则会增加；第二，失业界限正在转移向高技能的工作（例如律师事务所的法律检索、会计师事务所的会计事务处理、证券公司的股票交易）（见图1-6）。

受这种技术进步影响的就业变化是拉大发达国家经济差距的一大重要原因。《通商白皮书2017》指出：“国际货币基金组织以1980~2006年由20个发达国家和31个新兴国家构成的51个国家为对象，对基尼系数变化的主要原因进行了分解，结果得出‘对经济差距影响最大的是技术变革’的结论。即发达国家经济差距扩大的主要原因是技术变革（IT投资）。”

在中等技能的工作岗位中，就业岗位减少的是“常规性工作岗位”。以正在发生的事件为例，例如：①是否要将客服中心的女性话务员由人工智能加以代替；②是否要将证券公司的股票交易员转变为人工智能（称为“极速交易”）；③是否要将律师事务所过去的案件检索换为人工智能检索；④是否要将会计师事务所已定型的会计等事务的处理工作交由人工智能系统代以操作；⑤证券分析家通过人工智能阅读企业的结算报告并制作图表；⑥在医院，运用人工智能了解过去的病例，查看患者的检查结果，并就疾病的名称和治疗方法向医生提供建议。

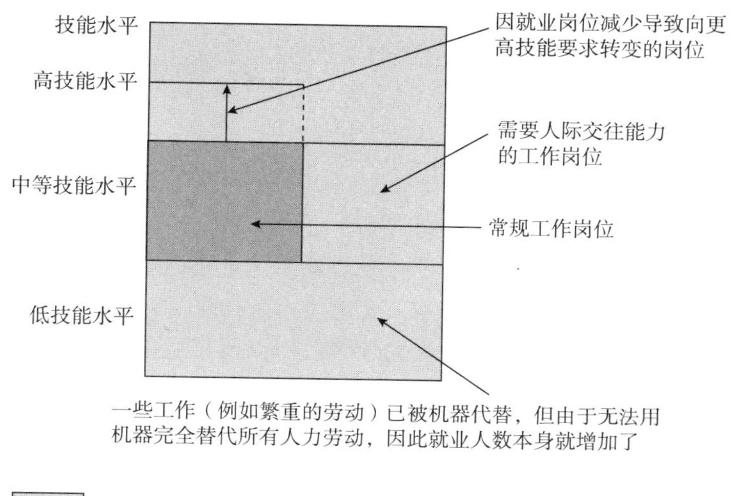

图 1-6　就业机会先是增加随后又减少的岗位

资料来源：作者制作。

对于常规性工作来说，因为其本身就是基于逻辑性进行的，所以也更容易被程序化。从事这一工作的人群往往被要求具有更高的工作能力，但即便是需要时间来加以训练才能胜任的工作，只要是这种常规性工作，都有极高的可能性被机器所替代。另外，在要求中等技能水平的职位中增加了“需要人际交往沟通的职位”。

虽然现在仍有部分人对“今后低技能的工作机会将会增加”这一说法抱有质疑态度，但一部分重体力劳动等工作性质的岗位，即便是自动化也不会被机器替代全部的劳动者，随着工作量的增加，就业机会会增多。如厕所或楼层清洁员，虽然他们也正在因机器的使用（自动化后的清扫工具）而从重体力劳动中所解放，但因为厕所和建筑比例的增加，所雇用的清洁员数量也在增长。但是，由于机器 100%代替人的日子“一定会到来”，因此以这一天为界限，技术水平较低的业务其工作岗位将由增加转为减少。

2. 各国动向和企业竞争力

从图 1-4 中欧日美被雇用者比例变化趋势来看，美国的变化是最大的，当然，这也可能是就业形势随着技术进步的变化而相应产生的结果，这也难怪美国正在经历着日益扩大的经济差距。日本的就业形势变动较小，且有很大的趋势能够继续维持现有就业形势，在本该由机器所替代完成的那部分工作中，仍由人力完成，同时也并没有高技术人才正在被培养。由于并没有对技术进步下的就业形势进行追踪，所以导致生产力以及企业竞争力低下等问题。在这一大背景下，企业内部掌握着雇佣大权，所以无论在自动化还是效率上，为保护内部就业，他们会选择人为保留低效率的工作。这可能是阻碍企业创新，在与美国企业等的全球竞争中失败的因素之一。因此，我们需要不阻碍技术进步的“工作方式改革”。

人力被机器所代替带来的几个可能性结果就是企业竞争力提高、销量增加以及被雇用者总数增加。为了保护员工，无论技术怎样进步与发展，企业依旧维持着往日的雇佣形态，这就导致了企业生产落后，以及其竞争力下降等问题，最终可能达到不得不裁员的地步。也就是说，与其担心自动化会剥夺就业机会，倒不如说因放弃自动化会落后于国外自动化先进企业，最终导致大规模裁员来得更加悲惨。从工业统计数据可以看出，由于全球竞争，过去 30 年来，日本的电机工业已经几乎消失。所以笔者不禁想到，若是现在日本的唯一支柱性产业——汽车产业也发生点儿什么的话，那么未来日本的经济走向又将何去何从呢？在未来的 10~20 年中，汽车行业将不得不应对诸如电动汽车、AI 安装和 3D 打印机之类的重大结构性变化，所以我们不知道有多少零件供应商可以灵活应对，在这种行业背景下生存。

3. 平台商业模式下的就业

在过去的几年中，出现了一个以美国为中心的新的经济分析领域，它被称为“平台经济”，该领域分析了由 Uber 和 Airbnb 等平台业务的商业形式而引起的各种经济现象。与就业有关的重要点是，在平台商业模式下工作的人们由于工资低而陷入了不稳定的就业状态，并最终由于人工智能的普及而被机器所取代。在欧美，移民主要选择的职业就是司机，所以如果因为无人驾驶汽车的普及导致移民工作消失的话，欧美的社会将变得更加不稳定。因此，欧美的 AI 发展对就业的影响之深，非日本可比。

另外，在引进新技术的情况下，那些之前无法进入劳动力市场的人可以重新进入劳动力市场。例如，那些习惯于使用电脑以及手机的年轻人可能无法在满是油烟的工厂中工作，但是他们却喜欢并整天从事一些电脑软件程序开发的工作。像这样，我们不能关注于那些失去的工作岗位；相反，我们应该更加关注在现有技术下不能工作的人们可以在新的技术下进入劳动市场的现象。

4. 对未来发展趋势的预测总结

我们现在来看一下有关其未来发展趋势预测值的论文。

（1）高技术水平岗位：继续过去的增长趋势，人才需求量持续增加。

（2）中等技术水平岗位：照旧是在常规性工作中出现机器代替人类的情况，相关岗位需求量减少。一旦出现岗位停止招工或是相关工作失业的情况，人才需求将向高技术水平工作移动。同时需要“人际交流”的雇佣岗位将增加。

（3）低技术水平岗位：随着技术进步，机器代替人工作业的比重将增加，不久的某一天，所有的工作将都由机器100%替代。届时，雇佣数量将由增加转向减少。

（4）在新商业经济模式下，雇佣数量以及相关产业的雇佣数量将增加。

（5）从职业工种来看，工作岗位减少最多的是生产现场。过去，福特汽车厂的生产方式运转时，厂内需要大量的操作技术员，而现在一条生产线上只需要几人便可以完成工作。这种倾向的产业转变将来还会继续下去。

如上所述，根据工作岗位的减少和增加的速度以及测量的时间轴剖面等的选取方法，每个研究人员都会得出不同的推算值。由于可以大致推算出将来的就业形势，所以世界各国都在着手制定下一步应对未来就业市场的对策。

四、德国的发展情况

1. 德国的“工业4.0”

接下来将介绍由德国政府主导的，意在指向“就业未来”的德国工业革命的情况。作为德国主力产业的制造业，德国为增强其国际竞争力，开展了工业4.0项目。但由于德国工会具有很强的力量，因此雇佣问题是影响德国产业竞争力的极大问题。

德国在2013年4月发表了构建全自动化无人工厂的“工业4.0”的构想。在其发表后的5个月，Frey和Osborne的论文出版，某德国专家就此称“国内因此陷入了一种恐慌”。对此反应最为激烈的是德国金属工会（IG metal）和以工会为基础的联合执政的社会民主党。随后，金属工会出身的社会民主党劳动社会部部长安德烈亚·纳雷斯发起了“劳动（工业）4.0”计划。

当德国政府委托ZEW研究所在同一前提下研究Frey和Osborne的理论时，得出了美国为9%而不是47%，德国为12%的结果。两种试验计算方法大不相同的主要原因是，当某个“职业”（job）的“工作”（work）被分解为许多的“任务”（task）时，每个任务都被机器替代，随后，他们进行了进一步精密的演算，即当这种验证过程中全部的任务都被机器100%代替时，就将失去原本的这个"职业"（job）。

另外，德国政府劳动社会部IAB（工作、雇佣）研究所于2016年12月发表推算称，到2035年，德国国内将失去工作岗位1460万个，创造就业岗位1400万个（见图1-7）。另外，即使是没有直接导入数字化的领域，受数字经济化的影响，工作岗位也会增加。这个推算值可以说是德国政府的决定版。另外，其还发表了调查结果称，IAB对进行数字化处理的公司进行了调查，这些人员和工作都必须具有高度的灵活性，而数字化处理技术先进的公司则具有更高的沟通能力和人际交往能力。

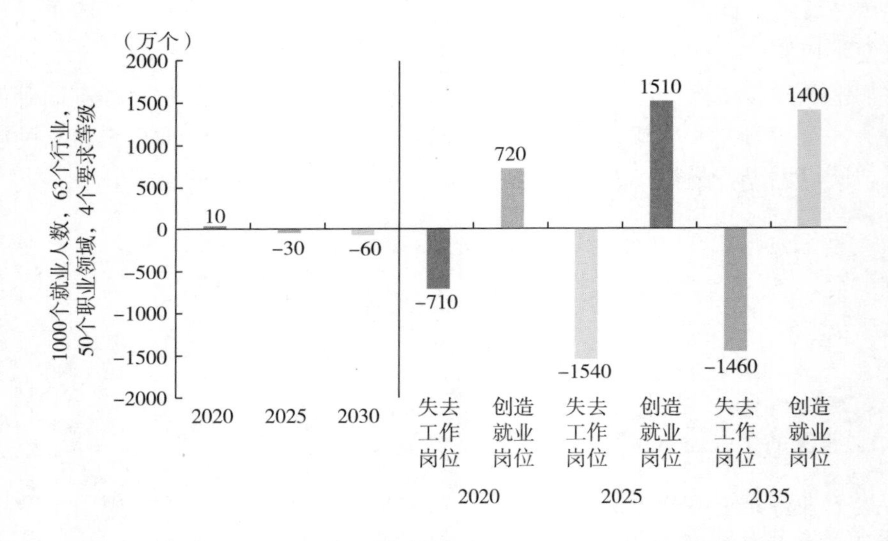

图1-7　德国政府劳动社会部（IAB）未来雇佣计划

资料来源：Wolter等（2016）。

Fraunhofer IAO（劳动）研究所称，"就目前情况来看，我们很难推算出未来的情况。推算出的数字有可能使那些无法与科技发展所适配的人群面临失业的风险。而其中最重要的是充实并完善社会上的职业再培训体制，从而降低一直失业的可能性"。当前我们仍然很难预测到未来电子商务模式的发展情况，新技术可以投入实际应用的时间就是成本效益高的时间和更换旧机械设备的时间。加之目前为止所使用的机器设备如果仍能继续使用的话，为什么企业或工厂还要换购新设备呢？鉴于类似的反对意见和实际过程中存在的诸多不确定性因素，这种产业设备更新的过程还具有一定的局限性。

金属工会认为，德国要想保持国际竞争力，工业4.0的推进是不可缺少的。

如果德国制造业丧失竞争力，工会成员就会被解雇，而他们决不允许出现这种情况。但是，为了保护工会成员的工作岗位，他们一直呼吁充实职业培训所，让他们在新技术下也能工作。

2016 年 11 月，劳动社会部发表了讨论的集大成之作《白皮书：劳动 4.0》，该书一经发表，立刻引起了德国国内的激烈讨论。一位德国专家说："现在的环境可以让我们冷静地讨论就业雇佣的问题了。"

2. 数据科学家（Data Scientist）的培养

自 2016 年起，德国慕尼黑工业大学（Technische Universität München，TUM）、慕尼黑大学（Ludwig Maximilian Universität München）、慕尼黑专科大学这三所学校都开设了数据科学家硕士培养课程，开始为第四次产业革命培养领头人。从该专业硕士课程毕业的学生自 2018 年开始进入社会工作。可以预想的是，随着接受过此类专门教育的年轻人进入社会，日德两国间的差距会逐渐被拉开。仅在 2013 年 4 月德国宣布了"工业 4.0"概念后，关于培养领导第四次工业革命的领导人的必要性的讨论就从这三所大学的教职工会议开始。这意味着这种相关的讨论要比日本早得多。

在美国，已经有 70 多个培训数据科学家的硕士课程点。它们中的每一所大学都具有自己的特点，例如专注于实习的大学和提供成人在线课程的大学。再比如，在卡内基梅隆大学（Carnegie Mellon University），谷歌和亚马逊等大型国际公司提供实习机会，学生可以接受长达 16~20 个月的实践培训。另外，西北大学也开设了面向制造业的数据科学课程，并且允许学生根据自己的职业规划选择学习课程的环境。在这些课程已经投入使用这一点，以及在世界上领先进行 AI 等先进技术开发的大企业成为实践训练的场所这一方面，可以说美国的人才培养比日本领先很多。在创建新的培训课程后，《福布斯》的记者和其他人对目前提供优质课程的大学进行了排名和介绍。

五、目前日本国内发展情况

接下来，我们一起来看一看目前日本的发展趋势。由于各国的就业实践、就业制度、就业政策等差异很大，因此笔者认为日本引进新技术的就业环境可能与德国或美国不同。经过对该网站的多次访问以及反复采访，笔者认为，截至本章写作时日本只有十多家具有良好业绩的大型制造公司真正地引入了新技术，为此我们逐一拜访了每家公司，以调查日本的新技术发展趋势。

总的来看，这次的调查结果，我们发现，当今的日本由于人口减少以及社会老龄化问题，导致能够从事熟练实操工作的技术员数量不足，因为用机器代替了相关的部分人力劳动，并且在产品的生产上增加了多品种少产量的产品，从而增加了劳动者的压力，本着“以人为本”的理念，在操作过程中引入了新技术，并且受到了大家的欢迎。20 世纪 90 年代，日本工厂的机械化、自动化、省力化投资很是盛行，而现在有一种观念，即认为机器（人）擅长的工作应交给机器（人）来做，这被称为“人与机器的协调”。更有某公司高层强调：“本公司的物联网理念是‘以人为中心’。”而这其中包含着珍惜作为企业竞争力根源的熟练工人的想法，可以说这就是“日本式物联网”。

以上内容就是一些具有代表性的大型企业制造商的情况，为了更好地掌握日本企业整体的发展动向，该研究所在 2017 年 8~10 月，以大约 1 万家企业公司为对象进行了问卷调查。在有关“物联网引入后随之产生的雇佣变化”的问题上，共有 213 家公司进行了相应的回答，其中增加用工岗位的有 43 家，减少的有 34 家。其中，专业以及技术岗位的用工数量增加得最多，与其相关联的“管理岗位”以及支持其工作的“行政岗位”也随之有所增长。而岗位减少最多的也是“行政岗位”。从整个日本的趋势来看，可以说物联网正在朝着重视专业技术人员、减少日常工作的行政工作的方向前进。上述结果表明，调研结果预期的方向与各种论文中预期的方向正好相反，因为这些论文都认为采用物联网的公司的就业人数正在增加。

六、社会政策应对

从上述各国的调查分析结果以及日本国内的问卷调查结果中可以得知以下几点今后应采取的措施。

（1）培养在全球竞争中胜出的领军人物。在引领第四次工业革命的新时代，培养在全球竞争中胜出的领军人物。在德国，从慕尼黑工业大学以及慕尼黑大学完成硕士课程毕业的年轻的数据科学家们，在企业中担任干部或是职员，引领企业发展。

（2）培养能够开拓新未知时代的人才。具体来讲，就是用 AI 技术将过去那些已经被“学习”的先例进行再次扩展，从而代替这些“判定”以及常规工作，这样一来，就会使以下几点成为今后必不可少的因素：①过去没有先例或是新创

造出的工作岗位；②熟练使用数字机器，进行数据分析，提供科学管理的人才；③具有沟通和人际交往能力的人才。在这种大变革的时代中，我们仅凭过去的先例以及经验之谈完全不能对未来的发展进行预期。因为这种工作属于可能被 AI 技术代替的职业，所以倒不如将其托付于机器，并寻找能够开辟新未知时代的人。

（3）在 AI 系统中充分利用熟练操作工。日本有重视熟练操作工的历史，而现在引入该领域的人工智能新系统也可以充分利用他们。目前，人工智能新系统已经实现了“可视化”，熟练的技术人员仍然负责通过查看数据来采取相应的措施。但从过去的案例中进行学习，并从数据中进行判断的“可推测性”作业也终将被 AI 所取代。当下，由熟练技术工担任的大部分工作都将被 AI 技术替代的时代即将到来。在德国，如何安置生产基地的技术工人已经成为一个严峻的问题。他们在引入新技术后，越来越认识到有必要对新技术进行再教育和再培训，以保护以前使用旧技术工作的工人的就业。而在日本，我们也必须考虑当能够代替这些熟练操作工的 AI 技术出现时，我们该如何保证这些员工的工作意愿，保障他们的就业岗位。

（4）促进金融机构行政部门员工的再就业。从问卷的调查结果中，我们得知银行等金融机构的行政部门也出现了解雇员工的现象。在银行等金融机构中，就业岗位并没有相应地增加，而是趋向减少。各国论文中所预期减少的“常规工作的行政岗位”由于在被解雇群体中占大多数，所以如何使其再就业就成为一个重要的课题。

（5）增加 IT 投资追求创新的同时，考虑财富的再分配，减少收入差距。正如国际货币基金组织指出的那样，IT 投资是造成经济差距的最大因素，但由于创新是企业竞争力的源泉，因此阻止创新以防止收入分配差距加大其实是一种本末倒置的操作。在通过 IT 投资追求创新的同时，我们必须考虑如何重新分配财富，以减少由此产生的差距。从每个国家的收入再分配前后的基尼系数趋势来看，在时间上，美国在收入再分配之前存在很大的差距，但是再分配功能较弱，并且差距随着时间的推移而扩大；德国虽然在重新分配之前存在很大的差距，但是重新分配功能很强，并且差距越来越小，但是时间序列上的差距却越来越大；在日本，尽管差距几乎不会随时间变化，但重新分配几乎不起作用，并且差距保持不变。

最后，我们能够推断出“就业的未来”问题与人口减少、人口老龄化以及社会少子化问题非常相似。日本人口的急速减少以及少子化、高龄化现象在三四十年前就已被精准地预测出来了。良知派主张，人们应该在有足够财力的情况下采取行动，但是直到这种声音被淹没并且出现危机之前，日本人才采取行动。许多调查和分析在一定程度上预测了就业的未来，并且几乎明确了必要的措施。如果我们从现在起不认真对待，那么在这次面临实际危机之前，日本这艘舰船就会沉没。

● 参考文献

Arntz，M.，T. Gregory，and U. Zierahn（2016）“The risk of automation for jobs in OECD countries：A comparative analysis”，OECD Social，Employment and Migration Working Papers，2（189），47-54.

Autor，D. H.（2015）“Why are there still so many jobs? The history and future of workplace automation”，Journal of Economic Perspectives，29（3），3-30.

Bessen，J.（2016）“How computer automation affects occupations：Technology，jobs，and skills”，（15）.

Frey，C. B.，and M. A. Osborne（2013）“The future of emplyment：how susceptible are jobs to computerization? Oxford University Programme on the Impacts of Future Technology”，Technological Forecasting and Social Change，114（C），254-280.

Lorenz，M.，M. RüBmann，R. Strack，K. L. Lueth，and M. Bolle（2015）“Man and machine in industry 4. 0”，Boston Consulting Group，18.

OECD（2016）“Automation and independent work in a digital economy”，Policy Brief on the Future of Work（Vol. 2）.

Stewart，H.（2015）“Robot revolution：rise of lthinkingz machines could exacerbate inequality”，The Guardian. Retrieved from https：//www. theguardian. com/technology/2015/nov/05/robot-revolution-rise-machines-could-displace-third-of-uk-jobs.

The annual report of the council of economic advisers（2016）Economic report of the president（美国经济白皮书）.

Wee，D.，R. Kelly，J. Cattel，and M. Breuing（2016）Industry 4. 0 after the initial hype：Where manufacturers are finding value and how they can best capture it，McKinsey Digital.

White Paper Work 4. 0（2016）Federal Ministry of Labour and Social Affairs，November.

Wolter，M. I.，Mönnig，A.，Hummel，M.，Weber，E.，Zika，G.，Helmrich，R.，Maier，T.，Neuber-Pohl，C.（2016），Economy 4. 0 and its labour market and economic impacts：Scenario calculations in line with the BIBB-IAB qualification and occupational field projections，No. 201613，IAB-Forschungsbericht from

Institut für Arbeitsmarkt-und Berufsforschung（IAB），Nürnberg［Institute for Employment Research，Nuremberg，Germany］.

World Economic Forum（2016）The future of jobs：Employment，skills and workforce strategy for the fourth industrial revolution. Geneva，Switzerland.

Working Group（2013）Recommendations for implementing the strategic initiative INDUSTRIE 4.0，Final report of the Industrie 4.0 Working Group，April.

通商白皮书（2017）经济产业省通商政策局，6月。

第二章　为什么多数企业要将 AI 应用于自己的经营中

松田尚子[①]

一、企业采取技术创新的三个重要因素

1. 什么是 AI 经营

“想要把 AI 应用到企业的经营中”，恐怕很多企业都这么想，但为什么很多企业不把人工智能技术应用于经营呢？为什么“AI 经营”这么难呢？

无论图像识别或交互机器人的功能如何，AI 的应用必定伴随着性能提升的大数据分析。换句话说，大数据的利用可以说是公司利用 AI 的门户。因此，本章介绍了在日常经营管理中所应用的 AI 技术，特别是对人工智能领域之一的、如机器学习（machine learning）之类的用于数据科学分析的数据等进行了一定的解析，对有关用于业务经营判断的企业经营方式进行了一定的说明。因为大数据在企业经营方面的应用，经营者可以通过对这些所得数据的分析，对业务进行预测判断，并将其结果应用于企业的决策，从而提高业务绩效。也可以说，今后 AI 经营将被运用于更多的企业或公共机构（Lazer et al.，2009）。

就像是“久悬账户”[②] 一样，日本在近代以前就有企业将收集的数据作为经营判断材料的案例。但是由大数据所得到的解析结果精确度更高，可以给企业带来更大的额外的价值（Wu and Brynjolfsson，2015）。实证研究也表明，将大数据分析嵌入价值链的企业与其他企业相比，生产率高出 5%～6%（McAfee et al.，

---

① 本章全部为笔者个人在独立行政法人经济产业研究所的研究成果，并非所属机构的见解。

② 久悬账户指的是权利人长时间未办理过业务的处于休眠状态的账户。

2012），生产增长率高出3%（Tambe，2014）。

例如，全球最大的连锁酒店万豪国际集团多年来一直致力于向客人提供最优化的房价。在10年前，他们就对老顾客建立了一种提出最佳价格的方法，该价格比其他竞争对手的酒店更便宜，而万豪也可以从中受益。据说，随着最优价格建议的准确性进一步提高，住宿收入提高了近10%（Davenport，2006）。换句话说，通过根据每个客人的特征准确地提出客人愿意支付的最大金额，来增加酒店收入。这是客户数据和对过去庞大的价格以及各顾客对价格接受/不接受的实际数据进行仔细分析的成果。此外，全球石油和能源公司雪佛龙（Chevron）为每个潜在的开采地点收集了超过50TB的地质数据。通过对这些数据进行分析得出，每笔耗资1亿美元的开采试点成功率已经由每5次仅成功采集1次，上升到了每3次成功采集1次（Kiron et al.，2012）。

2. 日本企业的AI经营现状

日本企业的实际经营情况如何呢？森川（2016）对约3000家日本企业进行问卷调查，结果显示，其中28%的企业认为AI的使用对他们的管理具有积极作用，只有3%的受访者“将大数据用于管理”，而40%的受访者表示“我不知道如何使用它”①。此外，根据野村综合研究所（Nomura Research Institute，2015）的一项调查，在销量最高的1000家日本公司中，有5%的企业表示“已经进行了大数据应用”，有44%的企业表示“没有计划引入或没有考虑过”②。另外，IBM和MIT在2010年对1000家全球企业进行的问卷调查发现，有20%的企业考虑引入大数据应用（LaValle et al.，2011）。综上，尽管一些日本公司认为AI管理是可取的，但大多数公司仍然没有意识到这一点。

3. 技术经营学模式

技术管理是企业管理的一个领域，它与人才和金融资本一样，是经营管理的一种，是一种有效利用技术，思考如何经营的学术领域。它涵盖了广泛的范围，从生产管理领域到如何有效地运行工厂线，再到战略和组织问题，例如如何引发创新和技术商业化（Nookoka，2006；Niwa，2006）。在本节中，我们将基于这种技术管理概念考虑为什么许多公司都难以运用AI进行管理。

---

① 对“是否使用大数据”的问题一共设置了四种回答：“已经使用”“想要尝试使用”“大数据使用和企业经营没有关联关系”“我不太清楚”，从这四种中选择一种。

② 就“对新技术的关心和认同”这一问题，向与大数据关联的数据采掘、非结构化数据库，物联网，人工智能与机器学习的更多领域中进行了探究。答案是从“已经引进了（正在推进引进）”“正在讨论引进”“今后想考虑引进”“没有计划引入或没有考虑过”四项中选择一项。本章对这四个领域中的回答进行了平均阐述。

技术经营，即“企业采用新技术创新”的现象，将在“体制框架”的“创新扩散模型”（Innovation Diffusion Model）（Rogers，1983）和“技术—组织—环境模型”（Technology-Organization-Environment Model）（Tornatzky et al.，1990）中进一步说明。而本章中的AI以及大数据的解析也属于技术创新的一种。

基于“技术—组织—环境模型”，将企业是否采取新技术的决定性因素分为以下三点：①引进方的技术因素；②引进方的制度体系因素；③外部因素。具体来讲，包含以下内容：一是技术与利益的联系、使用方便（例如兼容性）；二是人才的数量和质量、经营体制、企业规模；三是政府的政策和竞争企业的动向等。正如Schilling（1998）所指出的，创新能否被引入经营，并不仅仅取决于企业因素，也不是与企业无关的随机结果。

1990年以后，对上述这些因素的研究十分盛行。这一时期，仅是在IT相关技术的领域内，就进行了诸如云计算（Oliveira et al.，2014）、B2B电子商务（Chong et al.，2009）、RFID（Wang et al.，2010）等引进的实证研究（参见Fichman，1992）。

在本章中，将基于上述三个决定性因素，以日本企业为研究对象进行论述。在第二节中，将结合技术方面的主要原因——大数据特有的解析结果，对经济价值与其结合的难点进行讨论。公司需要可以解决此类技术问题的人才，但是，AI数据科学家和指导他们的管理人才都十分短缺（见第三节）。另外，在第四节中，将阐述可让媒体充分发挥作用的灵活的组织体制的必要性。除了这些内在因素外，第五节还整理了政府引入AI的政策和个人信息保护的动向。

如上所述，公司进行创新的因素很多，但在本章中，基于这种技术管理模型，在第二节介绍了大数据分析的技术因素，第三节介绍了人力资源，第四节讨论与公司相关的管理系统，第五节讨论外部因素，尤其是政策方面的问题，第六节进行一般性讨论。

二、技术因素

1. 什么是大数据

正如本章第一节中所讲到的，多家全球性企业根据数据解析结果解决了自己经营管理上的问题。一般情况下以下五点问题可以被解决（Akter and Wamba，2016）：

（1）提升管理透明度，应对脆弱性问题。

（2）发现新客户需求。

（3）对客户行为进行分类，为每个客户提供相应的服务和产品。

（4）代替或辅助劳动者的判断。

（5）开发新的商业模式和产品。

为了实现经济价值，大数据解析就成了最重要的课题。在本节内容中，将从AI技术对企业“AI管理难”的问题进行论述。

首先，我们从大数据的4V（Volume、Variety、Velocity、Veracity）特征，即海量、多样性、时效性、准确性来了解什么是“大数据”。其中Volume是指数据量大。例如截至2015年，全球范围内移动手机的签约数约为79亿部（矢野经济研究所，2016），我们能够从所有的使用终端获取数据。当然，这也不意味着数据量越多就越好，数据能够正确代表想要分析的现象（representative）即可，另外，没有偏差且随机取得的数据也非常重要（Boyd and Crawford，2012）。

Variety代表数据种类多。大数据中涵盖从各种各样提供者那里获取的数据，这些数据不仅拥有多种多样的形式，还具有多样的内容。例如，“销售交易、信贷、广告、人事、工厂、影像、音频、教育、医疗、SNS”的数据种类，当然，因为这些数据的种类不同，其数据形式也是各种各样的。比如在超市就可以根据顾客的购买数据、天气、媒体信息等，优化商品的品种和库存量。

Velocity指数据的即时性（时效性）。如截至2017年，全球最大的社交网络服务平台Facebook，在全球范围内每小时就有5800万用户对其进行访问（Facebook，2018）。也就是说，以1小时5800万人的高频度生成SNS数据的话，就可以在用户访问的同时取得并统计该数据。如果能对这种即时性高的数据进行分析，就可以预测消费者的行为，及时更换商品。这样的数据分析可以创造出一种与传统分析方法不同的价值，而传统方法却无法同时分析过去存储的数据并用于业务判断（Davenport et al.，2012）。

Veracity代表数据的准确性。大数据分析并非总是能网罗所有数据，得出100%正确的结果，但它始终旨在从数据中找到有价值的信息（Liu et al.，2016）。

对具有这种特征的数据进行数据分析的数据科学家使用分类问题、优化问题、问题聚类分析、文本挖掘和协作筛选①之类的方法，从数据收集到分析结果的过程（见图2-1）。随着该过程的来回重复进行，不断进行分析。而大数据分析的技术难点则隐藏在这种“来回反复”中。

① 该方法详见Provost和Fawcett（2013）、Rossant（2014）、Grus（2015）。

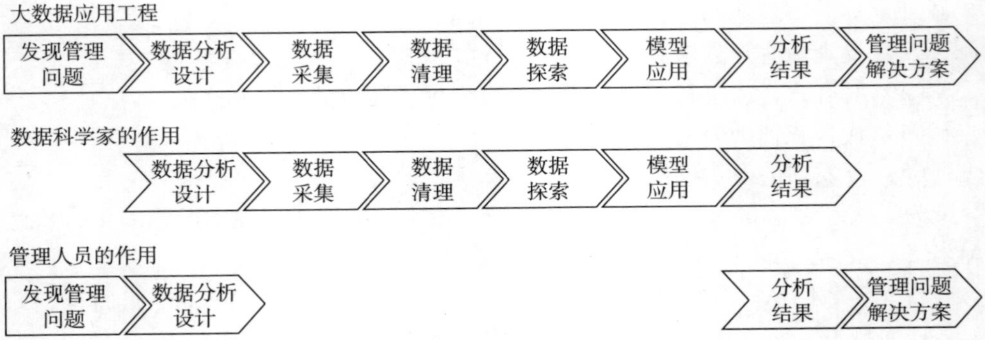

大数据应用工程

发现管理问题 → 数据分析设计 → 数据采集 → 数据清理 → 数据探索 → 模型应用 → 分析结果 → 管理问题解决方案

数据科学家的作用

数据分析设计 → 数据采集 → 数据清理 → 数据探索 → 模型应用 → 分析结果

管理人员的作用

发现管理问题 → 数据分析设计 … 分析结果 → 管理问题解决方案

图 2-1　利用大数据进行分析的过程

资料来源：作者编制。

2. 将大数据分析与管理问题解决联系起来的困难

使用获得的分析结果，公司最终可以将其联系到管理问题的解决方案上。但是大数据分析并不能和经营管理上的优先级问题完全契合，甚至不满足经济合理性的情况也很常见，那么在这种情况下我们就无法解决经营问题了。

如果大数据分析与亟待解决的经营管理问题不相符该怎么办？在从数据探索到分析结果出来的这一过程中，有一系列基于机器学习的明确方针，如预测精度或计算缩短时间等。但是，预测精度和计算时间有很多种组合方式，具体应该优先考虑这些组合中的哪个组合，应直接与管理问题联系在一起进行判断。

例如，即便是电商网站为推广商品提高了推荐商品的精准度，使商品主页的综合浏览量增加，但实际上这种操作与顾客实际的购买行为并没有关联，这种信息推荐精准度也不会产生相应的经济价值。我们有必要清楚地认识到，这种情况下增加的页面浏览量并不是真正的产品销售量，能够让阅览该网页的人群成功下单，购买量增多才是确保利润率上升的关键。另外，假设要开发一款在观看视频的同时可以查找旅行目的地的网站。这种情况下，比起用推荐让用户直接查找到想要去的旅行目的地，网站运营更期望的是让这些用户为查找相应的信息而多次浏览想要旅行目的地的相关信息，从而增加浏览量。这是因为相较于让用户快速查找到旅行攻略相比，让其对出行保持期待感以及网站滞留的时间越长，越能够增加他们的满意度和企业方的利益，所以在这种情况下只专注于提高推荐精准度这一个点是完全不对的。

谷歌出现过开发出的大数据分析不能解决最重要的管理问题的情况。谷歌过去对流感流行的预测过于注重预测发病率，而无法预测任何反季节的流感流行（Lazer et al.，2014）。与地震和心肌梗死一样，反季节流行病很少发生，但却具

有极高的预测价值。谷歌面临的业务挑战是为用户提供有价值的信息，而反季节的流行病预测与发病率一样具有研究价值，或者说反季节流感预测更能预测发病率。但是，因为后者被预测准确性提高淹没，而忽略了前者发生的可能性。因此如上所述，即使是世界上最先进的公司，采用大数据分析来解决管理问题也不容易。

接下来介绍大数据分析在经营上没有利用价值的情况。一个例子是因为其分析结果具有极其复杂的特性，让人不能轻易理解。有时即使无法理解，只要能进行预测就可以，但在天气预报的情况下，气象预报员无法理解的预报就不能产生相应的经济价值（McGovern et al.，2014；Rudin and Wagstaff，2014）。另外，在使用大数据预防犯罪时，即便是可以准确预测案件发生的可能性，但是如果无法从分析中提取出人们容易理解的信息，例如案件可能发生的位置和时间点，那么它也无助于犯罪的预防（Menon et al.，2014）。在这种情况下，即便是提升了预测精确度，也无法将其同管理问题的解决相联系①。另一个例子是企业利用大数据分析的费用过高而无法实现的情况。就像是线上定向广告的案例一样，即便是可以通过数据的查找显示最合适的广告，但为了让定向的客户能够看到这一广告而花费了大量的数据量以及高额的经费，则可能无法使用这种方式了（Perlich et al.，2014）。

在数据解析的最后过程中，分析结果与管理问题的解决无法联系起来的情况并不少见。但是如果我们能够克服这一难题，采用大数据解析的企业将得到更大的收益，正如在前文所讲的那样，企业的增长率每年将相差几个百分点。

接下来，我们将重点分析创新的组织因素——人才的经营体制。

三、人才因素

关于人才，笔者将从数据科学家以及经营管理人才这两方面分别进行论述。因为这些人员所产生的工作价值有所差别。

1. 数据科学家

图2-1中的数据科学家们承担着“数据收集”“数据清理”“数据探索”以及“模型应用”的任务。管理人员则承担着最初的“管理经营上的问题发现”

---

① 机器学习的学术领域是测量预测准确性和计算时间的基础，旨在发现新的算法、模型和理论，但其对提高人们对数据的理解没有什么意义（Rudin and Wagstaff，2014）。例如，即使机器学习在区分百合花图像方面的性能有所提高，也很少考虑其对植物学的贡献（Wagstaff，2012）。由于数据分析的决策在很大程度上依赖于机器学习，因此大数据分析不符合管理优先级这一事实，与机器学习的学术性质无关。

和最后的“管理经营上的问题解决”的任务，而没有必要承担中间过程的部分。“分析设计”和“分析结果”这两个步骤需要管理人员和数据科学家共同协作完成。所以不论是哪一方的人手不足，都不能完成图 2-1 中的过程，企业也就不能将 AI 应用到管理过程中了。

数据科学家的技能包括三个部分：了解统计信息、计算机科学的理解和技能以及发现问题和解决问题的能力（Dhar，2012）。统计包括概率分析、分布、假设验证等，用于包括机器学习在内的数据分析。计算机科学是理解数据结构和程序代码算法的基础。计算机科学的技能包括掌握诸如 Python 之类的编程语言和针对 Hadoop 等大规模数据的分布式数据处理软件框架的技能。最终发现问题以及解决问题的能力是执行适合于数据分析目的的分析能力，这是管理人员必需的技能。所以也可以说是将第二节中描述的大数据分析与管理问题联系起来的能力。

Google 的首席经济学家 Hal Varian 说：“20 世纪 20 年代的广播、50 年代的汽车和 90 年代的数字技术，对学生来说是必不可少的知识。而这些情况在 2010 年以后已经转变为‘AI’技术是学生不可缺少的知识了。”（Varian et al.，2004）Manyika 估计，美国缺乏 14 万~19 万的数据科学家和 150 万对数据科学缺乏了解的经营管理人才（Manyika et al.，2011）。

即使在日本，人才短缺也很严重。大部分数据科学家都在大学专攻理工类。如图 2-2 所示，与 20 世纪 90 年代后半期相比，日本的科学与工程专业毕业的学生人数仅略有增加。其中，数学和统计学专业的学生人数截至 2012 年在美国为 27000 人，在英国为 10000 人，在德国为 15000 人。OECD 的数据中尽管没有关于日本的内容，但即便日本首个数据科学学院于 2017 年 4 月在滋贺大学开设，其人数也不足 10000 人。因此，想要引入人工智能的日本企业将不得不争夺这些稀缺的数据科学家。

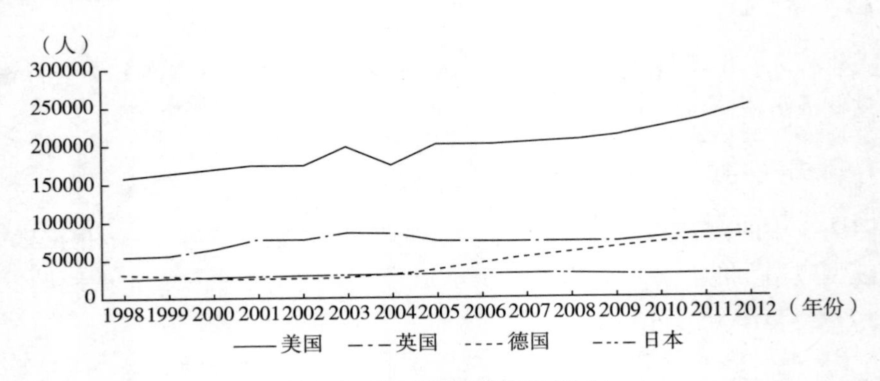

图 2-2　理工科学生数量的变化

资料来源：作者根据经合组织统计局（http：//stats. oecd. org）资料创建。

正如前文所提到的，数据科学家们大多数都是理工科出身，若是更加细化分类，也可以分成更多的学术领域。图 2-1 中所示的数据分析过程就贯穿了工程、生物学、医学和经济学等许多学术领域。但是，不同的学术领域在每个过程中可能会有不同的分析策略。例如，在金融工程中，当要预测某一天特定公司的股票价格时，考虑诸如公司财务状况以及其他公司的股票价格趋势和天气等因素对股票价格的影响就更为重要，重点是通过更改条件组合，选择可以正确预测股价的模型来完成各种预测。但是，在经济学中查看相同的数据时，比起模型整体的适用程度，上面提到的对股价影响最大的因素则显得更加重要。根据作者关于学术领域不同而导致的数据分析策略差异的经验，在工程中，如果所收集的数据存在缺失值，则可以估算并应用该缺失值，而将其用于估算也不会影响数据的总数。而在经济学领域，将缺失值与推测值进行替换的情况十分罕见。工学本来就是以人造物为对象的学科，而经济学则是以经济这一人类活动为对象的学科，后者通过推测其行为，避免在推定的基础上重复推测。

在数据分析过程中，分析者们有着各种各样的方法，而这些不同方法所得出的结果也不尽相同。Leek 和 Peng（2015）认为，当把数据应用于管理中时，其得出的解析结果并不是由担任分析的数据科学家们所使用的学术分析方式所决定的，应该以基于数据的性质以及分析目的，选择适合的分析方法，所以这种分析结果往往能够给企业的管理经营带来利益最大化。斯坦福大学的吴恩达是全球在线教育内容提供网站 Coursera 的共同创始人，曾担任百度的首席顾问。他也指出在各个阶段选择大数据分析策略的困难，并亲自在 Coursera 上提供了关于大数据管理的教育内容。在其提供的教育内容中，在数据探索过程中涉及了数据量的增加、数据范围的拓展、数据丢失以及机器学习方法变更等内容，有人指出，即便是有经验的数据科学家也很难快速正确地选择它们（Ng，2017）。

如上所述，能够将合适的战略方法与数据完全适配并进行筛选的数据科学家们，仍然是十分缺乏的人才。图 2-3 展示的是在英语圈以及日语圈中谷歌检索对数据科学家关注的统计监测数据。图中显示了在 2004～2007 年以月为单位表示的谷歌搜索数的相对值。在此期间，搜索量最大的月份中的搜索量为 100 次，而在全球英语国家中，搜索量的绝对值更大。尽管对数据科学家的需求不等于在网络上进行搜索的次数（关注度），但自 2012 年以来，世界英语国家的关注度持续增加，而日本对数据科学家的关注度在 2013 年中期急剧增加之后又重新回落。

2. 经营管理人才

经营管理人才的工作是在采用数据科学的时候辨别成果与局限性，制定明确的目标，参与采用信息后的过程，其目的在于帮助相关数据科学的成果被数据科

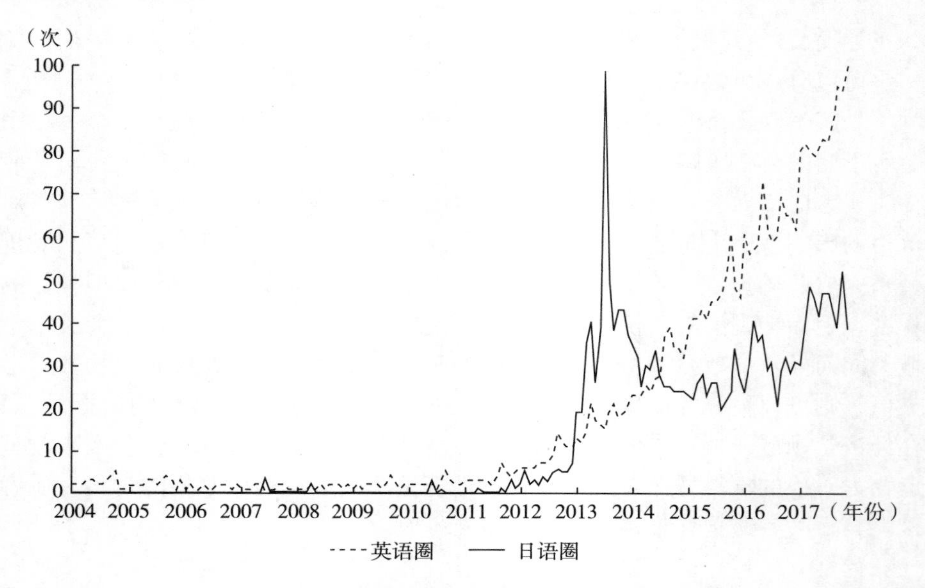

图 2-3 英语国家和日本对数据科学家的关注度

资料来源：作者根据 google trends（https：//trends. google. co. jp/trends/）的数据创建。

学家以外的劳动者所接受。如图 2-1 所示，作为企业产品以及服务的提供者（责任者），他们不仅肩负着大数据应用初期管理问题的发现以及分析设计的责任，还担负着最后阶段分析结果的检验以及问题解决的重任。在分析设计以及结果检验的过程中，他们验证这些专家级别的数据科学家们的提议是否能够解决管理问题，如果没有关联且无法解决，则决定了再次执行数据分析过程的程度。他们无须亲自进行图 2-1 中所示的数据收集、数据清理、数据探索或模型应用等工作，当然他们也无须编写代码。

像是这样能够指挥数据科学家的经营管理人才在日本还是十分少有的。首先，因为日本主要企业的经营者中有理工科背景的人在近半个世纪中仅占不到 30%（田中 · 守岛，2012）。而本章中所讨论的经营管理人才不仅局限于经营管理者，还涵盖了执行员工以及管理级别岗位的员工，但他们中不少都是理工科出身。其次，即便是他们都有理工科学习背景，如果他们自学校毕业后就不再增加或提升信息技术相关知识的话，对大数据分析的理解就不会像人文科学系的毕业生那样深刻。而即便他们进行了相关内容的学习和提高，课程设置也是以海外及日本的理工科学生为主的。那些包含了研究生水平的概率论和数学，对于大部分企业的经营者来说最初的门槛就很高。为了让这些理工科学生更好地学习数据分析，那些实际被用于本科以及研究生的教学内容等（Rossant，2014；Grus，2015），必须由自己编写代码，并收集完成数据，否则仅按照书本上的内容进行

理解的话是十分困难的。

类似这样适应于经营管理人才的教育课程内容仍未被完全开发，这些亟待完善的方面，不仅存在于教科书以及其他的相关书籍中，在大学及线上教育中也同时存在。据称美国目前使用真实公司数据对管理人才进行数据分析管理技能的培养，并称这种公司内部的培养方式对于培养领导数据分析的管理人员十分有用，并且该培训是在化妆品品牌 Tiffany 等大型企业内部进行的（Shah et al.，2012）。

专栏

在AI管理中管理人才的占比

有关在 AI 管理中管理人才的占比问题我们在这儿以 Uber（注 1）为例进行分析。

Uber 利用大数据在出租车行业中开创了一个新的领域。机器学习（machine learning）掌握司机和乘客的位置信息、预测供需平衡、在线结算与支付以及预先显示目的地费用。与之前的出租车从业者不同，现在的商业模式是车辆等待乘客时无须附加费用（注 2），无线电管理调度员和驾驶员管理部门的人员数量很少。

如果一家传统出租车公司的管理人员引入了上述自动化技术，那么首要任务就是确定 AI 的开发和引进成本，同时考虑与预期利润之间的平衡。引进后，反映自动化的合同司机数、配车数和工作率也需要进行相应调整。关于自动化，并非只有一个解。检验与各种项目相关的自动化是管理人员的责任，他们有义务构建企业利益以及同客户间的长期信赖关系，弄清其将对劳资关系带来怎样的影响，并全面确认与企业想要解决的管理问题是否契合。

假设有人想通过自动化来提高每月的利润而提出增加司机的到岗率。这种提议虽然能在短期内提高月度利润，但从长远来看，过高的到岗率会使驾驶员精疲力尽，反而使公司失去信誉。此时，管理人员有必要将乘客投诉的内容、重复率和直到下一次使用为止的时间长度合并为新数据，并再次指导分析过程以解决管理问题。

注 1：运营 Uber 的 Uber Technology 于 2009 年在美国旧金山成立。截至本章写作时，它在全球 70 个国家和地区的 450 多个城市提供汽车调度网站和应用程序。乘客通过 Uber 软件分享自己所在地的位置信息，并由 Uber 系统发至可信赖的出租车司机，之后 Uber 将把想要搭载乘客的司机信息以列表的方式发送至乘客手机，最后由乘客选择并指明司机前来接送自己。汽车驾驶员既有出租车司机，也有私家车车主。通过预先设置费用并用信用卡支付，以及公开过往乘客对司机评价的方式，避免乘客遭遇黑车宰客事件，还可以作为乘客打不到车时的替代方式。而司机也可以在闲暇时候用自己的私家车挣钱，而且不用被出租车公司收取押金。

注 2：据称，日本出租车调度公司的使用率为 70%～80%，由于维修或驾驶员长期短缺，剩余的车辆一直在车库中等待。但即使在等候期间，也需要交付一定的停车费和车辆维护费用。

四、经营组织

迄今为止，我们已经讨论了管理因素下的人才问题，接下来我们将要说明的是管理结构的问题。

首先，AI 在管理上的应用伴随着经营组织的变革（Bresnahan et al.，2002；Somers and Nelson，2001）。作为 AI 管理的重要开始，大数据分析因为其具有复杂的问题构造以及高度不确定性，在这一问题的解决方法上我们不得不引入启发式推理逻辑来解决问题（Nogi，2016）。例如，在使用模型解释目标事件时，需要能够假定良好初始值的工程直觉，并且要求组织结构具有执行此推理过程的灵活性和适应性。同样以世界最大的商业特定型社交网络服务 Linkedin 为例，数据科学家被认为应该提供一个可以自由用数据进行实验的环境（Davenport and Patil，2012）。在实际的实验性环境中，利用数据反复进行非演绎性的归纳性假设验证是很重要的（Constantiou and Kallinikos，2015）。原因在于，大数据的应用并非那种需要花费时间写出所需代码就能完成的传统 IT 产品的生产方法，而是具有很强的反复实验和验证的研究性质的过程（Provost and Fawcett，2013）。越是优秀的数据科学家，就越重视数据分析的挑战和好奇心，因此从确保优秀数据科学家的角度出发，允许进行此类实验的组织是理想的选择（Davenport and Patil，2012）。

其次，企业内部有必要改变以往的决策方法。从数据中导出的“正确结论”有时与此前在很多企业内部受到尊重的企业干部的“直观结论”不同。在这种情况下，以优先考虑前者为原则，如果为了支撑“直观的结论”而使用数据，那么在经营中应用 AI 将会以失败告终（McAfee et al.，2012）。对全球 22 家公司的 500 名员工进行的调查结果显示，在公司内部做出决策时，在“数据是最高优先级”“直觉是最高优先级”“数据是最高优先级，但其他的意见也会听取”这三个选项中，只有 38%的雇员和 50%的高管选择了最理想的第三个选择。但是，我们发现选择第三个选项的员工比例最高的公司的整体绩效得分（包括生产率、市场份额等）要比其他公司高 24%（Shah et al.，2012）。与此相关，数据科学家的所属部门最好是放在商品和服务的开发部门，而不是总务部门（Davenport and Patil，2012），这是因为这些部门比总务部门更容易采用“正确的结论”。

除了组织的决策方式之外，确保能够持续获取必要数据的体制也很重要（小西・本村，2017）。产业技术综合研究所依照之前与企业在共同研究中采用的 28

项 AI 项目，在调查提高服务项目的同时，发现保护必要的数据是能否通过数据分析来改善服务在公司中的实际应用的关键。具体而言，就是我们可以将实现项目目标的可控制变量放入观察数据中，以低成本收集数据，并通过将其合并到业务流程的一部分中来维持数据收集。基于从数据中获得的知识，可以将结果进一步添加为数据，并可以确认管理问题是否已解决。

在建立以这种方式合并大数据系统的同时，对于数据科学家以外的其他员工来说，接受数据分析和工作的结果也很重要。Lee 等（2015）对来自 Uber 和 Lyft[①] 员工的采访中，对基于大数据解析的价格以及司机对汽车调度方案的反馈做了一定的分析。结果就是我们期望能够有一个保证提案内容的说明性，并符合司机感情的提案。这是因为，依靠多年直觉的经验丰富的司机们感到难以接受这种由数据分析后产生的提案。

为了以这种方式将 AI 融入管理中，需要一个允许重复进行实验的灵活环境和一个可以有效地消化从数据中得出的结论并持续利用数据的管理体制。

五、外部因素

我们已经讨论了公司采用人工智能的两个因素：人工智能的技术因素以及公司的人才和组织因素。在本节中，作为第三个重要因素，笔者将列举技术以及企业以外的外部因素。具体来说，我们将同一行业中的其他公司和业务合作伙伴是否采用人工智能技术，以及受到的政策和社会环境的影响称为外部因素（Oliveira and Martins，2011）。

作为一个重要的主题，可能影响企业引入人工智能的政府规章和制度远远超出了本章所能涵盖的范围。所以在本节中，笔者将以公司利用数据的制度性问题作为讨论的切入点，进行举例说明。

以内阁总理大臣为议长的日本经济振兴本部于 2016 年 6 月发表了《2016 年日本振兴战略》（日本经济振兴本部，2016）。其中，为了支持实现 AI 技术的第四次产业革命[②]，列举了需要推进的六个方针之一“推进跨越企业和制度间界限

① 2012 年在旧金山创立的提供配车服务的企业。同 Uber 一样，公司雇佣的司机不仅有本公司的出租车驾驶员，还有一般家庭的私家轿车车主，由他们将乘客送往目的地。

② 在第一次工业革命产生了新的蒸汽动力之后，第二次工业革命通过电力和石油实现了大规模生产，继实现计算机自动化的第三次产业革命后，各种各样的物联网将由人工智能来控制，这被日本政府称为“第四次产业革命”。

的数据实际利用率项目，以及保证数据安全性”。在“2017年未来投资战略”（总理府，2017）中，这一政策得到了进一步体现，国际上开始在供应链中的国内外公司中展示大数据以及基于这些结果的数据。有人提出建议称“应该规定描述格式的国际标准，促进有关公司之间使用数据的权限的合同准则的利用，并修订禁止非法获取数据的《防止不正当竞争法》”。通过这些政策，今后国内企业应用大数据的前景值得期待。

另外，作为外在因素，还有一个需要提及的就是2005年实施的《个人信息保护法》。《个人信息保护法》将个人信息定义为“可以通过信息中包含的姓名、出生日期或其他描述来识别的有关在世个人的信息”。该法规定，使用这些个人信息的目的应符合规定，正常取得这些个人信息，并应在使用时告知相关个人使用目的。但是有些企业由于担心触犯该法而导致数据利用进展缓慢。为了解决此问题，在2015年进一步明确了将匿名处理的数据提供给第三方的相关手续。由于大数据分析很少在公司内部完成，不可避免地要将其提供给第三方，因此认为该制度将为企业应用大数据提供有力支持。

六、创造未来

在本章中，我们已经探讨了确定公司是否使用AI进行管理的三个因素：技术、组织（人才和经营组织）以及外部因素。为了利用AI进行管理，必须全面了解数据分析的目的、意义以及分析方法。企业为了实现这一目标，不得不保证数据科学家以及管理人才的数量，还必须改进决策方法并创建灵活的管理体制，以便确保相关人员可以使用数据分析的结果来解决管理问题。如此一来，日本政府的AI政策和机构的努力也间接影响了企业对AI技术的整合。

如果让我们现在再次回答最初的疑问“为什么很多企业不能将人工智能应用于日常的经营管理”，那么答案可能是“很多企业还没有满足本章所述的引进创新的要素”。

当然，迄今为止的讨论都是基于过去数据的先行研究，并不能保证今后也适用于同样的法则。毕竟AI技术还在继续发展，具有代替人类通用能力的AI和具有接近生物适应能力的人工生命的开发也在继续进行。那么是否有能够承受这种技术进步的AI管理方式？作为本章的结尾，我想引用计算机科学第一人“Alan Kay”的话：

“The best way to predict the future is to invent it”，预测未来最好的方法是创造

它（Greelish，2013）。

笔者希望日本的企业能够满足此前所述的引进 AI 技术的必要条件，让众多企业能够通过 AI 来解决管理问题。

致 谢

本研究成果在由独立行政法人经济产业研究所的教职研究员——九州大学教授马奈木俊介主持的“人工智能对经济的影响”的研究会上进行了讨论。在此，我想向所有参加研究会的与会者们表示衷心的感谢。

• 参考文献

Akter, S. and S. F. Wamba（2016）“Big data analytics in E-commerce: a systematic review and agenda for future research”, Electronic Markets, 26, 173-194.

Boyd, D., and K. Crawford（2012）“Critical Questions for Big Data”, Information, Communication & Society, 15（5）, 1-5.

Bresnahan, T. F., E. Brynjolfsson, and L. M. Hitt（2002）“Information technology, workplace organization, and the demand for skilled labor: Firm-level evidence”, Quarterly Journal of Economics, 117（1）, 339-376.

Chong, A. Y.-L., K.-B. Ooi, B. Lin, and M. Raman（2009）“Factors Affecting the Adoption Level of C-Commerce: an Empirical Study”, The Journal of Computer Information Systems, 50（2）, 13-22.

Constantiou, I. D., and J. Kallinikos（2015）“New Games, New Rules: Big Data and The Changing Context of Strategy”, Journal of Information Technology, 30（1）, 44-57.

Davenport, T. H.（2006）“Competing on Analytics”, Harvard Business Review, 22（January）, 5-20.

Davenport, T. H., P. Barth, and R. Bean（2012）“How big data is different”, MIT Sloan Management Review, 54, 1-43.

Davenport, T. H., and D. J. Patil（2012）“Data scientist: the sexiest job of the 21st century: meet the people who can coax treasure out of messy, unstructured data”, Harvard Business Review, 90（October）, 70-77.

Dhar, V.（2012）“Data Science and Prediction”, Communications of the ACM, 56（12）, 64-73.

Facebook（2018）「facebook 第 4 四半期及び2017 年報告書」https://investor.fb.com/investor-news/press-release-details/2018/Facebook-Reports-Fourth-

Quarter-and-Full-Year-2017-Results/default. aspx（2018 年 4 月 3 日取得）。

Fichman, R. G. （1992） "Information Technology Diffusion: A Review of Empirical Research", Proceedings of the 13th International Conference of Information Systems, 195-206.

Greelish, D. （2013） An Interview with Computing Pioneer Alan Kay. Time Interviews. Time. http: //techland. time. com/2013/04/02/an-interview-with-computing-pioneer-alan-kay/（2018 年 4 月 3 日取得）。

Grus, J. （2015） Data Science from Scratch. O'reilly & Associates Inc. （菊池彰訳（2017）『ゼロからはじまるデータサイエンス——Python で学ぶ基本と実践』オライリージャパン。）

Kiron, D., R. Shockley, N. Kruschwitz, and G. Finch （2012） "Analytics: The Widening Divide", MIT Sloan Management Review, 53（2）, 1-22.

LaValle, S., E. Lesser, R. Shockley, M. S. Hopkins, and N. Kruschwits（2011） "Big Data, Analytics and the Path From Insights to Value", MIT Sloan Management Review, 52（2）, 21.

Lazer, D., D. Brewer, N. Christakis, J. Fowler, and G. King（2009） "Life in the network: the coming age of computational social science". Science, 323（5915）, 721-723.

Lee, M. K., D. Kusbit, E. Metsky, and L. Dabbish（2015） "Working with Machines: The Impact of Algorithmic and Data-Driven Management on Human Workers", In Proceedings of the 33rd Annual ACM Conference on Human Factors in Computing Systems, 1603-1625.

Leek, J. T., and R. D. Peng（2015） "Statistics: P values are just the tip of the iceberg", Nature, 520（7549）, 612.

Liu, O., W. K. Chong, K. L. Man, and C. O. Chan（2016） "The Application of Big Data Analytics in Business World", Proceedings of the International MultiConference of Engineers and Computer Scientists, 2, 16-18.

Manyika, J., M. Chui, B. Brown, J. Bughin, R. Dobbs, C. Roxburgh and A. H. Byers（2011） "Big data: The Next Frontier for Innovation, Competition, and Productivity", McKinsey Global Institute,（May）.

McAfee, A., E. Brynjolfsson, T. H. Davenport, D. Patil, and D. Barton（2012） "Big data: the management revolution", Harvard Business Review, 90（10）, 61-67.

McGovern, A., D. J. Gagne II, J. K. Williams, R. A. Brown, and J. B. Basara

(2014) "Enhancing Understanding and Improving Prediction of Severe Weather through Spatiotemporal Relational Learning", Machine Learning, 95 (1), 27-50.

Mckersie, R. B., and R. E. Walton (1991) "Organizational Change", In S. M. S. Morton (Ed.), The Corporataion of the 1990s: Information Technology and Organizational Transformation. Oxford University Press.

Menon, A. K., X. Jiang, J. Kim, J. Vaidya and L. Ohno - Machado (2014) "Detecting Inappropriate Access to Electronic Health Records Using Collaborative Filtering", Machine Learning, 95 (1), 87-101.

Ng. A. (2017) Structuring Machine Learning Project. Coursera. https://www.coursera.org/learn/machine-learning-projects (2018年4月3日)。

Oliveira, T., and M. Martins (2011) "Literature review of Information Technology Adoption Models at Firm Level", The Electronic Journal of Information Systems Evaluation, 14 (1), 110-121.

Oliveira, T., M. Thomas, and M. Espadanal (2014) "Assessing the determinants of cloud computing adoption: An analysis of the manufacturing and services sectors", Information and Management, 51 (5), 497-510.

Perlich, C., B. Dalessandro, O. Sitelman, T. Raeder, and F. Provost (2014) "Machine learning for targeted display advertising: Transfer learning in action", Machine Learning, 95 (1), 103-127.

Provost, F., and T. Fawcett (2013) Data Science for Business. O'Reilly Media Inc.

Rogers, E. M. (1983) Diffusion of Innovations (3rd ed.). The Free Press.

Rossant, C. (2014) IPython Interactive Computing and Visualization Cookbook. Packt Publishing Ltd. (菊池彰訳 (2015)『IPython データサイエンスクックブック——対話型コンピューティングと可視化のためのレシピ集』オライリー・ジャパン。)

Rudin, C., and K. L. Wagstaff (2014) "Machine Learning for Science and Society", Machine Learning, 95 (1), 1-9.

Russel, S., D. Dewey and M. Tegmark (2017)「堅牢かつ有益な人工知能のための研究優先事項」『人工知能』32 (5), 643-652.

Schilling, M. A. (1998) "Technological Lockout: An Integratice Model of The Economic and Strategic Factors Driving Technology Success and Failure", Academy of Management Review, 23 (2), 267-284.

Shah, S., Horne, A., and J. Capella (2012) "Good Data Won't Gurantee

Good Decisions", Harvard Business Review, 90（4）.

Somers, T. M., and K. Nelson（2001）. "The Impact of Critical Success Factors across the Stages of Enterprise Resource Planning Implementations", In Proceedings of the 34th Hawaii International Conference on System Sciences 8016.

Tambe, P.（2014）"Big Data Investment, Skills, and Firm Value", Management Science, 60（6）, 1452-1469.

Tornatzky, L. G., M. Fleischer and A. K. Chakrabarti（1990）Process of Technological Innovation. Lexington Books.

Varian, H. R., Farrell, J., & Shapiro, C.（2004）. The economics of information technology: An introduction. Cambridge University Press.

Wagstaff, K.（2012） "Machine Learning that Matters", Proceedings of the 29th International Conference on Machine Learning, 529-536.

Wamba, S. F., S. Akter, A. Edwards, G. Chopin, and D. Gnanzou（2015）"How lbig dataz can make big impact: Findings from a systematic review and a longitudinal case study", International Journal of Production Economics, 165, 234-246.

Wang, Y. -M., Y. -S. Wang, and Y. -F. Yang（2010） "Understanding The Determinants of RFID Adoption in The Manufacturing Industry", Technological Forecasting and Social Change, 77（5）, 803-815.

Wu, L., and E. Brynjolfsson（2015）The Future of Prediction: How Google Searches Foreshadow Housing Prices and Sales.（G. Avi, S. M. Greenstein, and C. E. Tucker, Eds.）. University of Chicago Press.

小西葉子・本村陽一（2017）「AI 技術の社会実装への取り組みと課題——産総研 AIプロジェクトから学ぶ」『RIETI ポリシーディスカッションペーパーシリーズ』17-NaN-12。

首相官邸「未来投資戦略 2017——Society 5.0 の実現に向けた改革 ——」https://www.kantei.go.jp/jp/singi/keizaisaisei/pdf/miraitousi2017_t.pdf。

田中一弘・守島基博（2012）「戦後日本の経営者群像」『一橋ビジネスレビュー』52（2）, 30-48。

日本経済再生本部（2016）「日本再興戦略 2016」http://www.kantei.go.jp/jp/singi/kei zaisaisei/pdf/2016_zentaihombun.pdf。

丹羽清（2006）『技術経営論』東京大学出版会。

延岡健太郎（2006）『MOT［技術経営］入門』日本経済新聞社。

野村総合研究所（2015）「ユーザー企業の IT 活用実態調査」。

森川正之（2016）「人工知能・ロボットと企業経営」『RIETI ディスカッシ

ョンペーパーシリーズ』16J005。

野城智也（2016）『イノベーション・マネジメント——プロセス・組織の構造化から考える』東京大学出版会。

矢野経済研究所（2016）「携帯電話の世界市場に関する調査」。

第三章　实现可持续的智能城市*

小仓博行　马奈木俊介

一、实现智能城市的社会

联合国在“2030年可持续发展议程”上选择的17个目标是同时解决城市发展中的经济、社会以及环境问题，是“产学民官”各利益相关者为了实现社会变革的下一代商业模型。

在本章中，如表3-1所示，为解决日本以及世界所面临的社会性以及结构性问题所实施的措施（见表3-1序号⑰），成了“可持续智能城市的实施评估方法”，我们将在展示群马县中之条町示范测试案例的同时具体讨论（减少二氧化碳排放量和节电的社会价值=同时实现负发电的经济价值）。

有关日本乃至世界人民富裕和幸福生活（智能）的社会和结构问题以及社会需求，请参见“新产业结构构想”（经济产业省产业构造委员会，2016）等。整理该“构想”内容，我们可以得到以下几点：①出生率和人口老龄化下降；②灾害应对；③能源及环境限制；④贫富悬殊；⑤水问题；⑥当地人口减少；⑦食物问题；⑧其他（交通拥堵问题、城市人口集中问题、居民需求多样化、信息差异问题等）。

---

* 本章是收录于2017年3月经营情报学会论文杂志特辑（主题：人与IT的共创）的研究笔记，也是在小仓博行、马奈木俊介和石野正彦发表于日本《经营情报学会志》的“基于人与IT之间的共创调查的可持续智能城市实施评估方法——电力示范实验案例的调查”和小仓博行、马奈木俊介、千村保文、石野正彦2017年5月在电子情报通信学会软件公司建模（SWIM）研究会发表的“经济、社会以及环境可持续的智能城市建设运用的评价方法的研究”的成果的基础上删改的研究报告。

表 3-1　可持续开发的 2030 议程（SDGs）摘录

序号	目标	内容
①	贫困	消除所有地区中一切形式的贫困
⑦	能源	确保所有人获得负担得起的，可靠的和可持续的现代能源
⑨	创新及创新的促进	具有韧性的基础设施建设，加强包容和可持续的产业化建设
⑪	都市	实现包容、安全、有恢复力的可持续发展的城市和人类居住区
⑫	生产和消费	保证可持续的生产消费形态
⑬	气候变化	为减轻气候变化以及其影响的积极措施
⑰	实施方法	实施方法（实现方法：MOI），全球合作 （1）到 2017 年，加强信息通信技术等实现技术的利用 （2）到 2030 年，开发和开展除 GDP 以外可衡量可持续发展状况的指标

资料来源：United Nation A. /70/2. 1（2015）。

作为评价这种国家和城市开发的方法，在 2015 年 9 月召开的联合国大会上，通过了可持续发展目标（Sustainable Development Goals，SDGs）（United Nation A. /70/ l. 1，201 5）。“可持续发展”是指联合国环境与发展委员会所定义的（1987）“在不损害子孙后代满足其需求能力的情况下，满足了当代人的需求”。这也是日本《基本环境法》中“循环型社会”的理念基础。此外，国际标准化组织（International Organization for Standardization，ISO）引用了联合国环境与发展委员会在“经济、社会和环境的可持续性”中对“智能城市”中“智能”的定义，制定了“可持续性”标准的指南（ISO Guide 82，2014），提供了包括城市服务、生活质量指标（ISO 37120，2014）和城市基础设施绩效（ISO TS 37151，2015）等单独的指标（国际标准）。

Dasgupta（2004，2007）将上述联合国“世界环境与发展委员会”的“可持续发展（开发）”定义为“在保证人类福利（Human Well-Being：人类的生活质量）从现在到未来都不会减少的前提下，判定是否能够开展经济发展可持续”的基础上，将人造资本、人力资本、自然资本等资本资产（Capital assets）以及应用这些资本的制度（Institutions）统称为“生产基础”（Productive base），即以人均“生产基础”而言是否在增加作为协调基于这一经济理论的可持续发展的三方面（经济、社会、环境）的综合指标，联合国环境规划署（UNU-IHDP and UNEP，2012，2014）提供了关于“总体财富 = 新财富 = 相关评价指标”（Inclusive Wealth Index，IWI）的评价标准。

另外，Porter 和 Kramer（2011）在论文“Creating Shared Value：CSV（创造共享价值）”中指出，公司业务活动本身才是对近年社会、环境和经济问题的最佳解决方案。也就是说，企业对社会价值（福利）和经济价值（激励）的共同追求才是公司新一代资本主义中的目标。

如上所述，为了在2030年之前解决联合国作为可持续发展目标（SDGs）所采用的社会问题，IT被用于维护和改善人民的福利，社会上迫切需要为智能城市开发一种标准的实施评估方法。用于测量和评估生活在城市中的人的生活（福利）的质量指标，有必要被分别制定为类似于“都市服务以及生活质量的评价指标（ISO 37120）”和“都市公共建设性能的评价指标（ISO TS 37151）”的个别指标（国际标准），以及不仅涵盖经济方面，还涉及社会以及环境等多个方面的、被整合后的新国民财富指数（IWI）的统和指标。

本章在回顾与智能城市评估指标和实施模型有关的国内外发展趋势的基础上，用能够同时解决经济、社会、环境问题的生产基础，对作为智能城市幸福度指标的资本流——个别指标（SDGs、ISO 37120、ISO TS 37151），以及作为可持续性发展指标的IWI这两种不同的评价方法进行了说明。此外，我们将通过在人员、IT和公司之间创造共享价值来考虑可持续智能城市实施评估模型的具体示例。

二、智能城市实施评价方法的发展趋势

1. 政府机构智能城市实施评价方法的发展趋势

内阁府（2015）将日本应在2030年左右实现的目标定义为“超级智能社会（Society 5.0）=智能城市”。此外，随着物联网、大数据、人工智能（AI）等的出现，第四次工业革命已经到来，它将彻底改变日本的产业结构和经济社会，它还发表了以2030年经济产业省“新产业结构展望”（2016）为基础，面向2020年GDP 600万亿日元的增长战略（内阁府，2016）。这些作者们在活动[①]中提及“这项研究的目的是弄清与人工智能相关的工业化需求，确定是否要投资于研发、业务以及政策涉及的范围”。

此外，在由总务省情报通信政策研究所举办的“AI网络化研讨会”（2016）上，就有关AI网络化对社会带来的相关影响（①评估AI网络化发展对社会影响的指标；②关于评估丰富度和幸福度的指标），整理总结了如下两点研讨方向：①经济统计数据（如GDP）作为评估财富和幸福感的指标是有限度的。②不仅

① 经济产业研究所“人工智能等对经济带来的影响研究”研究会，2016~2017年，参见http://www.rieti.go.jp/jp/projects/program/pg-06/022.html。

要考虑 GDP 等经济统计指标，还要考虑非货币性、非市场性的因素，希望能为设定这样的指标而进行后续的研究。

作为与财富和幸福有关的评估指标的示例，笔者在此特意列举了幸福生活指数（Better Life Index，BLI）、国民幸福总值（Gross National Happiness，GNH）、经济福利指标（Measurement of Economic Welfare，MEW）、人类发展指数（Human Development Index，HDI）、数字经济与社会指数等（The Digital Economy and Society Index，DESI），以及“幸福指数”（如潜在方法）（见表 3-2）。

表 3-2 与财富和幸福感（幸福感和可持续性）相关的智能城市评估指标摘要

指标名称	关联机构/开发者	主要评论（主要因素或指标）	指标的目的/开发方法	指标的性质	测定标准
幸福生活指数（Better Life Index，BLI）	经济协同开发机构（Organisation for Economic Cooperation and Development，OECD）	生活的 11 个指标种类：①住所；②收入；③就业；④社区；⑤教育；⑥环境；⑦政治；⑧健康；⑨生活满意度；⑩安全；⑪工作与生活平衡	幸福度	经济流通量指标	效用
国民幸福总值（Gross National Happiness，GNH）	不丹 Jigme Singye Wangchuck 国王	涉及四个支柱（可持续公平的社会经济发展、环境保护、文化促进、良好的统治），九个领域（心理幸福，国民的健康，教育，文化的多样性，地区的活力，环境的多样性和活力，时间的使用和平衡，生活水平和收入，良好的统治），覆盖 72 个指标	幸福度	经济流通量指标	效用
经济福利指标（Measurement of Economic Welfare，MEW）	Nordhans 和 Tobin	根据国民生产总值（GNP），重新计算最终支出项目的再分类、耐用消费品等的资本服务、休闲活动和家务劳动等的非市场生产活动，并根据生活环境的恶化以及不快指数的计算进行修正	幸福度	经济流通量指标	收益
人文发展指数（Human Development Index，HDI）	联合国开发计划署（United Nations Development Programme，UNDP）	三个部分：长寿（出生时平均寿命）、知识（成人识字率、总就学率）、人民生活水平（人均 GDP）	幸福度	经济流通量指标	收益

续表

指标名称	关联机构/开发者	主要评论（主要因素或指标）	指标的目的/开发方法	指标的性质	测定标准
数字经济与社会指数（The Digital Economy and Society Index，DESI）	欧盟委员会（European Commission，EC）	基于5个大项：连接性（易连接、连接速度等）、人力资本（通过使用数字技术的技能来衡量）、互联网使用情况（数字内容消费、网上银行等利用各种网络服务的场合）、数字技术集成（公司活动中使用了多少数字技术）、数字公共服务（电子政务尤其是公民在线管理服务的可用性），以及13个小项的33个指标	幸福度	经济流通量指标	效用
潜在方法	Sen，Amartya Kumar	一个人可以通过使用资源实现的一系列功能（如移动、阅读信件、保持健康、参与社交生活）而不是收入或效用（可行选择的范围），是一种评估福利和自由的方法	幸福度	经济流通量指标	潜在能力
可持续发展目标（SDGs）	联合国（United Nations）	联合国作为2016~2030年国际目标所制定的17个目标，由这些目标中的个别目标组成了解决社会性难题的方法，它是新时代的商业模式，是针对产学官民的各利益相关者实现社会创新的具体行动计划	幸福度（作为2030年前的国际目标，它是由联合国制定的个例指标）	经济流通量指标	效用
都市服务与生活质量的评价标准（ISO 37120）	国际标准化组织（International Organization for Standardization，ISO）	关于经济、教育、能源、环境、金融、消防和应急响应、国家治理、健康、娱乐、安全、住房、废弃物、通信、运输、城市规划、废水和水以及公共卫生、环境的17个主题，共100种指标	幸福度（为了用统一的指标比较城市而规定的个别指标）	经济流通量指标	效用
都市智能基础设施建设性能评价指标（ISO TS 37151）	国际标准化组织（International Organization for Standardization，ISO）	基础设施性能评价指标，包括居民（社会）、城市运营者（经济）和环境三个角度，规定了确定城市基础设施适当的评价指标的原则和条件	幸福度（评价可持续城市基础设施性能的个别指标）	经济流通量指标	效用

续表

指标名称	关联机构/开发者	主要评论（主要因素或指标）	指标的目的/开发方法	指标的性质	测定标准
绿色经济指标 Green NNP/NDP[1] 调整国民纯生产/国内纯生产：Adjusted NNP/NDP	联合国环境规划署（United Nations Environment Programme：UNEP）	绿色经济是一种可以显著降低环境和生态风险同时增强人类福祉和社会正义的经济；它是低碳、资源高效且具有社会包容性的；它在绿色经济中可以减少碳排放和污染，提高能源和资源利用效率；公共和私人投资有助于防止生物多样性和生态系统服务的丧失，从而促进收入和就业增长	可持续性指标 对现有经济理论指标的修正	经济流通量指标	收益（消费+投资）
Genuine Savings：GS 调整后的净储蓄 Adjusted Net Saving[2]	世界银行（World Bank）	通过关注福利源泉的储量来对其变化进行测定，包括作为经济指标而被计测的人工资本存量（GDP）、称为教育和健康的人力资本存量、称为环境和资源的自然资本存量以及其他对福利有贡献的有形和无形资本	可持续发展指标 新经济理论指标的创造 ※假设不完全资本的可替代性（临界自然资本的概念）	经济流通量指标	储蓄（投资）
新国家财富指标（IWI）Inclusive Wealth * 2 Comprehensive Wealth，Comprehensive Investment	联合国（United Nations）		可持续发展指标 新经济理论指标的创造 ※假设完全资本的可替代性	存货指标	包容性财富

资料来源：小仓博行、马奈木俊介、石野正彦（2017）。

此外，日本科学技术振兴机构研究开发战略中心（JST/CRDS）（2016）指出以“定义‘软件定义社会’（Software Defined Society）为由实体定义 LENS（软件程序的一种）动态构成的功能生态系统”。这些可以进行多阶段的组合，

① （相应的经济理论概念）联合国统计部门对环境综合经济核算系统（SEEA）的开发可以看作是其标准化。

② （相应的经济理论概念）上述三个经济可持续性指标中，真正能称得上经济可持续性指标的只有后两个。

即便是功能以外的条件（如信息安全、隐私保护、安全、适应力等非功能性条件），也可以通过实体定义 LENS 进行组合，用户可以根据请求的服务选择安全强度。另外，在日本科学技术振兴机构研究开发战略中心（JST/CRDS）（2016）的提案中，表示在"超智能社会的实现概念'Software Defined Society'（REALITY 2.0）"的世界中，"有必要了解人类和群体的行为准则，以实现超智能社会并研究社会应用的可接受性"。

如果"软件定义社会"（Software Defined Society）能够实现的话，就可以根据目的动态组合功能组件构建各种服务。例如可以根据非时间上的防灾或减灾等变化的环境，重新安排如人流或物流、医疗或护理等服务所提供的功能来构建系统。这就可以构建从一开始就难以预测的灾难预防以及缓解系统（如大规模灾难），并且可以响应不断变化的需求。在此，我们以一个具体事件为例，通过在发生灾难时建立信息捕获技术，可以临时共享灾难区域中存在的设备和从灾难设备中获取的数据，并通过动态组合灾区的数据信息，使灾害的信息能够及时被获得和共享，这样可以有效地缩短灾害后没有信息的混乱期（见图 3-1）。

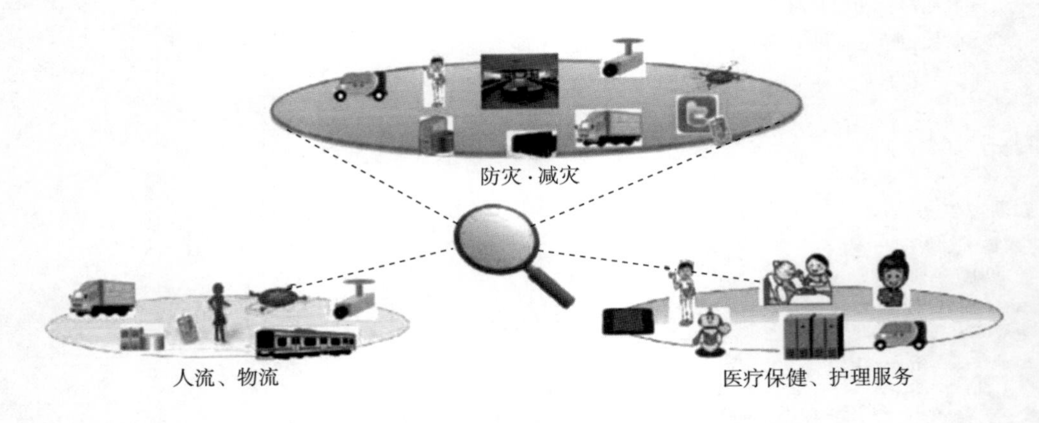

图 3-1 JST"Software Defined Society"的防灾、减灾

注：根据灾害时的信息捕捉技术的确立实现了缩短"失预测期"（灾害后没有信息的混乱期）。

资料来源：科学技术振兴机构研究开发战略中心（JST/CRDS）（2016），22 页。

此外，尽管从未预料到 IT 对经济产生的影响，但 JST/CRDS 的黑田等（2015）在"以评价计算机通信/物联网（ICT/IoT）相关科学技术政策的社会、经济影响为目的的多部门相互依存的一般均衡模型构建"中已经开始了新的尝试。

2. 产业界的智能城市安装评价方法的开发动向

笔者在参加日本电子信息技术产业协会（JEITA）智能社会软件特别委员会（2016，2017）时，从行业的角度对实现“超级智能社会”的软件提出了具体的看法，不仅对正在开展的调查和研究各种技术策略及措施的活动进行了说明，还提出一种起源于日本的具有国际竞争力的智能社会概念模型。支持社会的工业基础设施是根据长期计划设计、建造和运行的，但近年来发生的大规模灾难和恐怖主义却难以预测，由于现有基础设施的过时以及社会少子高龄化导致的工作人口短缺，安全、低成本地维护和运营工业基础设施已成为一个问题。因此，JEITA通过建立一个以社会基础设施领域中的软件为中心的信息利用平台，并建立一个使用IT抵御灾难的“安全、可靠、舒适、便捷”的社会系统，从而创建一个智能社会。为了实现这一目标，我们在利用社会基础设施信息的基础上，开发出了“I-模型（I-model）= 资本I-模型（The Capital I-model）”模型。其中，“I-model”中的“I”表示的是社会基础设施，是“基础设施”（Infrastructure）的首字母，与信息标识“i”不同的是，这里的“I”用了大写字母来表示（Capital），被称为“Capital · I-model”。同时，“Capital”也意味着“社会基础设施资本”。JEITA I-model作为超智能社会（Smart City）的标准实施方法的模型（Reference Architecture Model），笔者在将其翻译成英文后，在日本（JEITA）向负责IT领域国际标准化的ISO/IEC JTC1的智能城市研究小组报告（ISO/IEC JTC 1/SG 1，2014）投稿。之后JEITA智能社会软件特别委员会从商业的角度对“社会基础建设中IT的利用对社会问题解决”的相关方案进行了讨论，并同JEITA软件事业战略特别委员会携手，将包含实现智能社会过程（手工制造）在内的商业模式——“社会基础建设领域的信息利用模式‘JEITA I-model’”进行了提案。也就是说，JEITA I-model模式是由功能层、信息层、通信层以及都市基础建设层（机器、设备层）这五个层面一起组成的智能社会的参考体系结构模型（二维模型）。

此外，JEITA智能社会软件特别委员会（2016，2017）在产业基础建设的硬件上，根据灵活的配置更改软件，以构建社会基础设施“Software Defined Society/Infrastructure”（JEITA I-model）的概念，对有关“IT领域中实现超级智能社会（Smart City）的最新趋势”的调查研究进行了进一步探究（见图3-2）。

如前文提到的“软件定义社会”（Software Defined Society）的理念，在加拿大商务杂志（Canadian Business Journal，CBJ[①]）中也有过类似概念的记述——

---

① 资料来源：http：//www.cbj.ca/welcome-to-the-software-defined-society/，2015年10月。

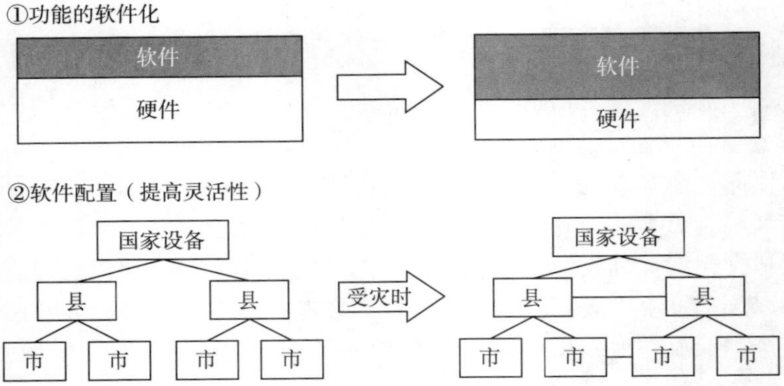

①功能的软件化

软件
硬件
软件
硬件

②软件配置（提高灵活性）

国家设备
县 县
市 市 市 市
受灾时
国家设备
县 县
市 市 市 市

图 3-2　JEITA“软件定义社会”（Software Defined Society）的概念

注：作为具体实施“超级智能社会”的方法，各国正在积极开展智能研究和示范。JEITA 智能社交软件技术委员会将通过推进网络物理系统 CPS（Cyber Physical System）/物联网（IoT）和人工智能技术的发展，根据环境采用多种社交基础设施和设备的最佳配置，以此来提倡“软件定义”（Software Defined）的概念。在日本和海外推广智能城市的研究和项目就是“软件定义”（Software Defined）的具体体现。

资料来源：电子情报技术产业协会（2016）。

“欢迎到软件定义的社会”。这里，我们将软件定义的社会（Software Defined Society）定位为实现“共享经济”的概念，如由美国优步公司（Uber Inc.）推出的拼车服务。本章介绍了 Uber 的乘车共享服务（拼车等）、Airbnb 的住宿服务（民宿等）、比特币（软件定义货币）、PokémonGO（精灵宝可梦，一款由日本任天堂发行的软件定义游戏）和其他经济生态系统（即商业生态系统，数字生态系统即“共享经济”）的发展，探讨了关于实现低碳社会以及灾害响应机制等新的创造价值——“由人与 IT（人工智能等）和企业共同创建的经济、社会、环境生态系统（生态系）”（即“共享社会”）。为了实现这种“共享社会”，有必要将人工智能等新的 IT 社会基础设施信息系统“I-软件”（数字世界）的业务和社会基础设施系统“I-硬件”（现实世界）的业务相整合，并在整合后由“软件整合的社会”向“软件定义的社会/基础设施”进行新的发展（“共享社会”即软件定义社会/基础设施）。

此外，可以在商业流通信息小组委员会中将 JEITA 社会基础设施领域中的信息利用模型“资本 I-模型”“共享经济”和“共享社会”统一整合为“CPS[①]/数据驱动型社会”。换句话说，各企业将自己的产品或服务、技术、顾客、业务

① 即 Cyber Physical System 的缩写。现实世界与网络空间之间的相互关系是数字数据的收集、存储、数字数据分析以及将分析结果反馈给现实世界。尽管同德国发布的工业革命（工业 4.0）具有同一概念，但实际上是以制造过程为中心的。

（基础）等“资本资产”（即生产的基础）“在现实（Real）世界中”进行有效的保护，就可以将其应用到“IoT”（物联网）上了。物联网使用设备和边缘计算①来收集现实生活中的各种实际数据，之后将这些收集来的大数据用AI进行可视化分析处理，并将其转化为社会价值，从而实现将一切都连接到互联网的物联网业务。各企业也依据从现实世界的社会基础设施资产“I-hardware”所收集回的数据（Real⇒Digital：IoT），大数据的储存、分析（Digital⇒Intelligence：AI），以及针对现实世界进行控制、服务（Intelligence⇒Real），通过利用现实（Real）世界的“资本资产”即社会基础设施资产来创造新价值（创新=社会价值+经济价值）（见图3-3）。

图3-3 经济产业省“CPS/数据驱动型社会”提倡的IoT商业模式

注：“IoT创新”是指连接不同领域的设备创造新价值的参考架构模型（2维模型）。展示了与JEITA社会基础设施领域的信息有效利用模型（JEITA Capital I-model）的关系。

资料来源：作者基于经济产业省《CPS/数据驱动型社会》（2015）所撰写。

3. 人、IT、与企业的共创（即创造共享价值）

Porter（2011，2014）在探讨“智能城市等物联网（IoT）时代的综合系统

① 位于设备和云之间的层，具有控制设备或使用云处理数据的功能。

(System of systems) 的竞争战略”的同时，在其另一篇名为《创造共享价值》的论文中，也表明“只有企业的事业活动才能解决近年来的社会问题、环境问题和经济问题，企业追求社会价值（福祉）和经济价值（激励）是新一代资本主义的目标”。Porter（2011）以“重新定义价值链的生产力：采购”为案例，列举了作为世界性食品公司的赢家之一——瑞士“雀巢公司”自2000年以来胶囊式咖啡“雀巢咖啡”每年增长30%的收益。雀巢咖啡以咖啡农户和消费者为首的所有利益相关者为目标，在创造长期积极价值的概念下，推进名为“The Positive Cup”的可持续发展方案，致力于业务发展以减少二氧化碳排放量的同时，旨在实现从咖啡豆到杯子的可持续发展。

在前文所说的“软件定义社会/基础设施”（Software Defined Society /Infrastructure）的低碳社会的实现以及防灾减灾的情况下，很难从一开始就对这些大型灾害进行预判，由于超出了对社会费用增大的经济考察，而被要求作出伦理判断，因此需要客观的评价标准。同时，也有必要同时构建社会价值和经济价值的商业模型。日本的智能城市（即智能社区，也即实现低碳社会）始于保护环境的社会事业（政策倡议），并在利用补贴的同时将技术示范转化为商业示范。近年来，物联网和人工智能等已成为一种趋势，这是实现智能城市的一种方式。

因此，从现在开始，有必要建立从示范到实施智能城市的“区域能源”（主要由地方政府建造的可再生能源/独立分布式能源系统）的商业模型[①]。在建立“区域能源”商业模式的城市发展项目中，公司在保持与城市综合计划和基本计划一致的同时，获得了国家和地方政府补贴等激励措施。同时有必要通过与公共事业必须协调的公共基础设施建设，缓解全球变暖以及适应气候变化等公共利益（福利）项目保持同步，实现共同利益（即创造共享价值）的思想。

① 日本的智能城市（即智能社区）始于向低碳社会转变的口号，即智能电网技术研究，但随着“3·11”日本大地震的发生，大规模集中式能源系统（系统）的脆弱性被暴露出来。由于电力供应的限制，在区域范围内应对节电、调峰和发电的重要性变得更加重要，与此同时，需要抗灾的分布式能源系统和可再生能源比例关于转向高技术质量体系（例如扩大和吸收产出波动）的争论取得了极大的进展。

日本的能源消耗在2013年度的总发电量中，石炭=30.1%，石油·LPG=13.7%，LNG=43.2%，其他气体=1.2%，其中约88%的能源为化石燃料。结果，地震后的化石燃料进口量增加了10万亿日元（2010年为18万亿日元，2013年为28万亿日元），2014年核电站关闭后燃料进口也增加了（火力发电成本），估计为3.7万亿日元。换句话说，每天的国民财富损失100亿日元。

在经济方面，一次能源的高价格给电力公司的管理带来压力，改革电力系统、大量引入可再生能源以及有效利用能源的紧迫性是迫在眉睫的问题。但是，存在“在商业活动和投资方面缺乏吸引力的领域”的风险，因此地方政府本身将是主要的商业运营商或者作为融资者，使用公共土地和公共建筑创造可再生能源，而这种情况也会逐渐增加。这种主要由地方政府构建的可再生能源/独立分布式能源系统被称为“区域能源”。

图 3-4 为基于人员、IT 和公司之间创造共享价值（CSV）概念的“区域能源”业务模型。

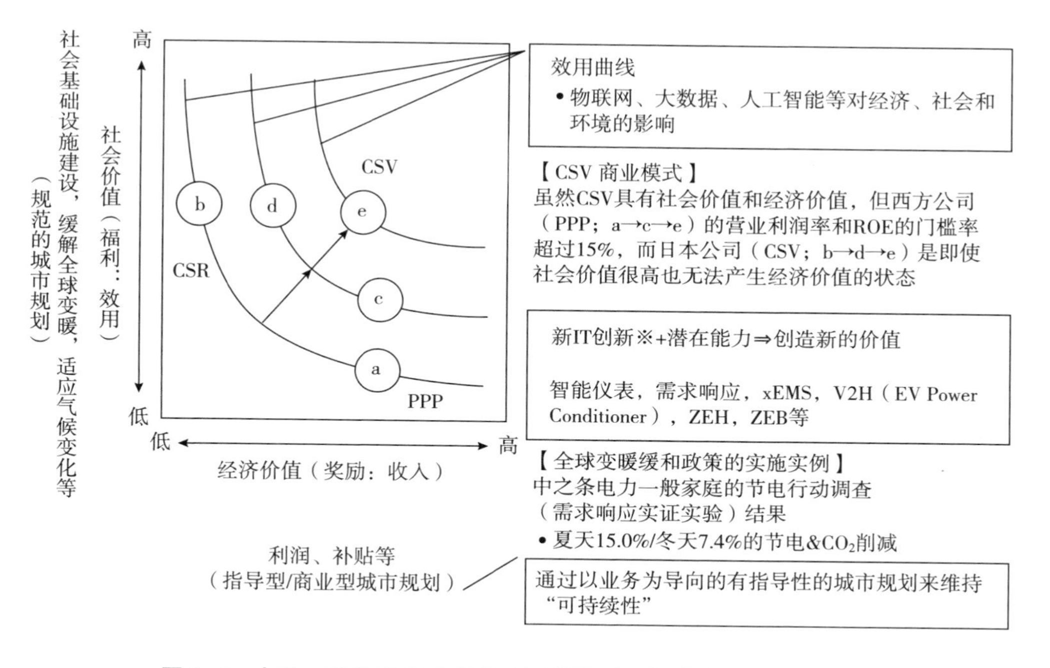

图 3-4 人员、IT 和公司之间的共同创造（即创造共享价值：CSV）

注：CSR：企业社会责任；PPP：product，portfolio，management。

资料来源：作者根据小仓博行、马奈木俊介、石野正彦（2017）和名和（2015）的创作。

为了实现智能城市，有必要考虑公私合营商业计划的多种计划。关于商业模式，每个参与城市发展项目的实体，包括城市（地方政府），都将研究一种可持续的商业模式，在这种商业模式中可以获得经济价值并以双赢的关系共存。例如，在“特许权制度”中，“公共部门建造并拥有设备，以促进私营部门进入，将这项业务权授予私营部门，利用私营的专门知识有效地运作，并收回投资资金”的业务计划。

城市开发项目将探讨项目实施所需的项目收支：首先，研究内部收益率（Internal Rate of Return，IRR）等，计算城市开发项目中从现在到将来的效用（Utility）的折现值。其次，决定该城市开发项目的最低预期回报率（hurdle rate），如果满足“内部收益率 >最低预期回报率”，则进行投资。

三、通过创造共享价值来探讨可持续智能城市实施评价模式

1. 新国家财富指数=引入综合财富指数（IWI）

在内阁府“第5期科学技术基本计划（答复）”（2015）中，“超智能社会（Society 5.0）”将给人们带来丰富的定义。

在本节中，将采用“可持续发展”（Sustainable Development）的概念用作上述“人民的财富”即人类福利（Human Well-Being，人类生活质量）的概念。为此，联合国环境规划署（UNU-IHDP and UNEP，2012，2014）计划引入并制定新的国家财富指数即包容性财富指数（IWI）的“资本存量综合评估指标”，用于衡量未来人民的福利（人类生活质量）。

就有关“福利”的测定标准，即“经济资本（可持续性）”的指标“综合财富指标（IWI）”的理论框架，UNU-IHDP 和 UNEP（2012，2014），植田（2016），山口、佐藤、植田（2016），马奈木、池田、中村（2016），基于图3-5以及表3-3做出了以下说明。

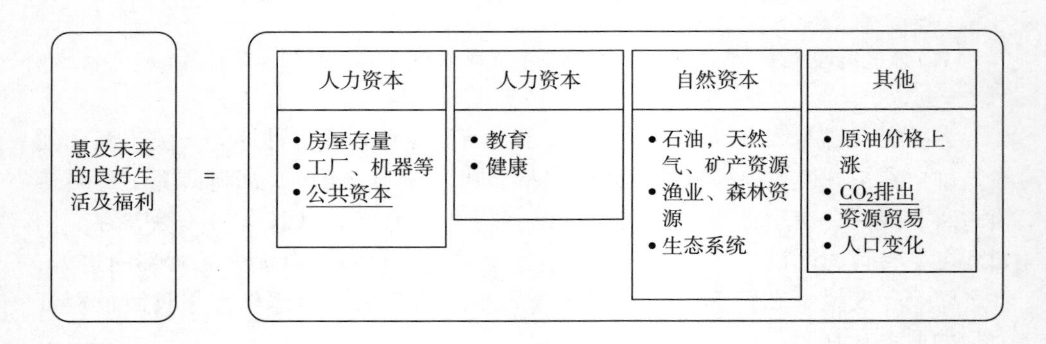

图3-5　福利和财富的等价性

注：带下划线的是中之条町示范实验的情况。

资料来源：作者根据小仓、马奈木、石野（2017），马奈木、池田、中村（2016），山口、佐藤、植田（2016）的研究结果制作。

表 3-3　经济可持续发展的两种基本方法与智能城市实施评估方法之间的关系

方法	强可持续性	弱可持续性
经济学方法（资本方法）（马奈木等，2015）	着眼于福利资源存量来测定其变化，包括作为经济指标被计量的人工资本存量（GDP）、教育和健康等人力资本存量、环境和资源等自然资本存量，以及其他能够对福利做出贡献的有形和无形资本	
可持续发展指数（综合指数）	世界银行提供的真正的储蓄（Genuine Savings）	联合国环境规划署提供的新国家财富指数=综合财富指数
资本的可替代性	假设不完全的替代可能性（临界自然资本的概念）	假定完全的可替代性
资本补充性	考虑补充性	不考虑补充性
环境容量	考虑	不考虑（部分）
理论背景	生态经济学（进化经济学）	主流经济学（新古典派经济学）：经济成长论、福利经济学、资源经济学、环境经济学
指标计量单位	结合数量，数量和金钱进行考量	金钱
经营学方法（Porter，2011）	创造共享价值（CSV） ——追求社会价值（福利）和经济价值（激励）	
会计方法	代数的多重簿记=代数会计描述语言（出口，2015）、区块链（分布式分类账）	复式簿记（BS/PL）的城市公共会计（流程效果和库存效果的复式簿记）
IT 经营评价方法	人和通用 AI（人工智能法）的治理影响评价	IT 治理影响评价，数据治理，AI 治理的国际标准化
工学方法（系统方法）（Chales et al.，2011）	人与 IT（人工生命等）、企业与自然的共创（生物学的方法）	人与 IT（人工智能等）与企业的共创"Software Defined Society/Infrastructure"（物理学方法）
System of systems（INCOSE，2015）	利用通用 AI 实现复杂系统的安装	利用 IoT、Bigdata、AI 的 CPS（Cyber Physical System）安装
人工智能 AI（伊庭，2013）	"强 AI"（全脑仿真）：我做的是智能本身	"弱 AI"（全脑架构）：构建智能机器

续表

方法	强可持续性	弱可持续性
人工生命 AL（伊庭，2013）	“强 AI”的科学目的：比现有生活更深刻的理解，尤其是对生活基本属性的理解	“弱 AI”——工程目的：生成具有一般适应性的工件

注：联合国《2030 年可持续发展议程（SDGs）》（UN A/70/L. 1，2015，pp. 27-281 Goal 17：Technology. Data，monitoring and accoutabilityz）。

《目标 17》：安装方法（Method Of Implementation，MOI），Global Partnership

· 到 2017 年加强对 ICT 等赋能技术的使用

· 到 2020 年增加非汇总数据的可用性

· 到 2030 年，制定和部署 GDP 以外的其他措施，以衡量可持续发展的进展

因在本议程的《目标 17》中有如上记述，因此本章将以“研究 2016~2030 年可持续智能城市实施评估方法”为目的，对“新国家财富指数”（IWI）的“弱可持续性”方法进行探究。这里的“新国民财富指数”（IWI）是指具有理论依据、实践一致性和会计透明度的城市政策评估指数。

资料来源：小仓、马奈木、石野（2017）。

可持续发展目标（SDGs）（UN A / 70 / L. 1，2015）和联合国世界环境与发展委员会（WCED）（1987）意在实现的社会终极目标是“维护和改善人类未来的美好生活”，即改善并提高从现在到未来的人们的福祉（Well-being）。作为体现这一点的指标，最近在国内外引起争议的国民“幸福指数”（Happiness Index）令人关注。虽说实现每个人的幸福可能是社会的最终目标，但这同时也是良好生活和福利的结果。因此可以看出，实现国民幸福的关键取决于政府政策，而不是取决于每个人是否能够在社会和人际关系中开展经济活动并具有生活目标感。相反，不是美好生活和福利本身，而是如何实现美好生活和福利本身的经济活动基础，反而成了福利的指标。因此，我们可以认为保证“基础”稳定不降是确保未来人们过上美好生活的关键。联合国国际全球环境变化人文因素计划（UNU-IHDP）和联合国环境规划署（UNEP）（2012，2014）把“基础稳定不降”作为“可持续开发（发展）”的指标，将这个基础（生产基础）称为包容性财富（Inclusive Wealth）。此定义的最大优点是，如果衡量准确的话，潜在的包容性财富（图 3-5 右侧框架）就等于从现在到未来世代所获得的福利（图 3-5 左侧框架）。

首先，将公用事业从现在到未来的内部收益率（IRR）定义为“（世世代代的）福利”。这种福利也是任何有助于其效用资本（人造资本、人力资本、自然资本等）的函数。因此，只要社会上各资本价值的底价[①]是正确的，通过加上加

① 所谓某一资本资产的底价，就是认为它增加一个单位时，将对人类福利做出贡献的部分。例如，河川流域因能给人的健康带来净化水的生态系统而闻名。这样的河川流域的底价，虽然保全的流域面积增加了，但在福利方面，这里是构成健康要素的纯利益（从利益中扣除项目费用）。

权资本，就可以测量福利。这些资本的总和称为“包容性财富”或“新国家财富”。这种全面财富没有减少的事实可以被定义为可持续发展。如果传统的财富概念是货币财富，那么它还应包括人力资本、自然资本以及社会中可能存在的人际关系，即所谓的社会资本（资本）和制度。应该包括的判断标准是“是否为创造人们美好生活和福利的经济活动所必需的资本”。把个别资本加在一起的包容性财富，从整体平衡的角度来看是一个优秀的指标，但反过来看，个别资本的减少也有被忽略的危险。这一点，如表 3-3 第三列所示，多数会被批评为只不过是承认资本间的可替代性的“弱可持续性”指标。例如，“3·11”日本大地震造成了许多人死亡，海啸造成了巨大的破坏，许多生命因此而丧失，人们认为，综合财富的增长超过这一损失是对灾区社会经济状况可持续性的最低要求。

基于以上解释的经济学理论框架，本章本节将在下面介绍新国民财富指数即包容性财富指数（IWI）的引入。为此，表 3-3 展示了一种经济可持续性的资本方法和利用新 IT（人工智能和人工生活等）的智能城市实施方法（经营学和工程方法）。联合国《2030 年可持续发展议程（SDGs）》（UN A/70/L. 1，2015，pp. 27-28 “Goal 17：Technologies，Data，monitoring and accoutability”）中所指出的“目标⑰”实施方法（MOI），在全球伙伴中，明确列出以下三点：

（1）到 2017 年，加强信息通信技术等赋能技术的利用。

（2）到 2020 年，提高非统计型数据的可获得性。

（3）到 2030 年，开发开展 GDP 以外的衡量可持续发展进展状况的基准。

因此，在本章中，为了研究“2016~2030 年可持续智能城市实施评估方法”，将对表 3-3 所示的“弱可持续性”方法中的“包容性财富指数”（IWI）进行论述。

作为可持续性指数（Sustainable Index）的新国富指数（Inclusive Wealth Index，包容性财富指数），是“衡量经济可持续性的指标=了解经济是否处于可持续发展路径上的指标”。不仅是“人工资本”，在国家或城市层面，“自然资本”和“人力资本”都可以被解释为“资本存量的价值”。包容性财富指数（IWI）基于资本方法，并以货币形式表示，假设所有资本之间都具有完全可替代性（弱可持续性方法）。为了实现智能城市，需要创造人、IT 和企业的共享价值（CSV）。为了实现城市公共事务会计中列入的公募投资效益 ROI［ROE：股本回报率（Return On Equity）+ESG：环境、社会、治理（Environment，Social，Governance］和各企业会计上的 ROI（ROE+ESG）的匹配，需要有效且可接受的政策的评价方法。因此，包容性财富指标（IWI）是具有理论正当性、实践一致性、会计透明性的城市政策评估指标。

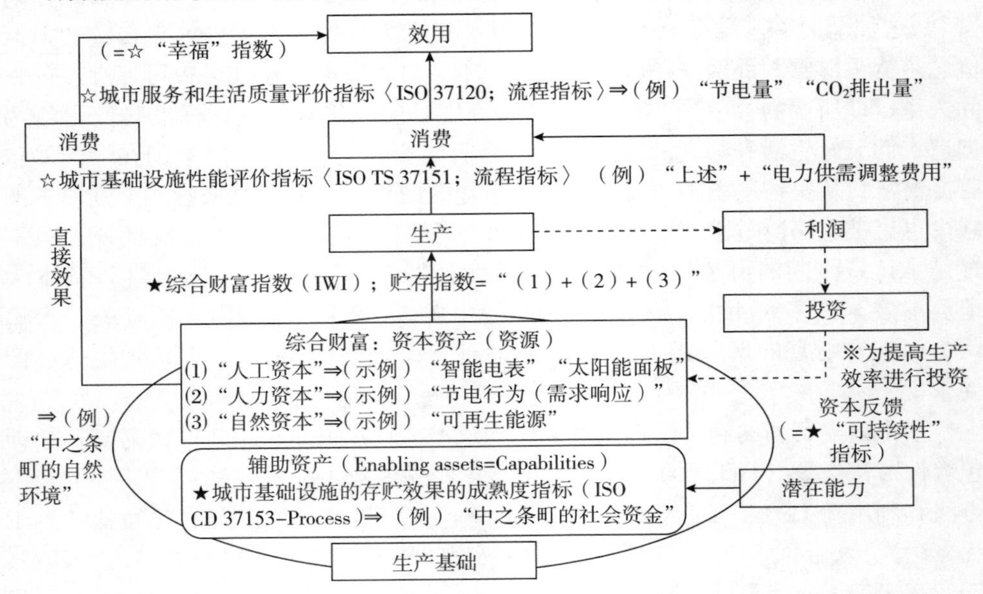

图 3-6　智能城市的经济学模型（综合财富=新国富论设想的资金流和资本存量）

资料来源：作者依据小仓、马奈木、石野（2017）以及 UNU-IHDP 和 UNEP（2014）制作。

换句话说，如图 3-6 所示，综合财富指数（IWI）是经济学家对可持续发展的一种解释，可确保整个世代的福利（效用）不会减少。为了实现这一目标，福利（效用）主要来源于消费，通过世代不减少消费的可能性，无损地把上一代继承的生产基础留给下一代。

这里所说的生产基础是由资本资产（Capital assets）和辅助资产（Enabling assets）构成的：①资本资产的资本概念比以往有所扩展，包括与效用产生相关的所有资本，不仅考虑到了人工资本（包括人工智能和 IT 等），还考虑到了自然资本和人力资本。另外，配合资本概念的扩展，投资概念也被扩展——投资包括资本积累的所有活动。②辅助资产是决定资本利用方式的“社会—环境的过程”，是知识、制度以及社会关系资本（社会资本）等的潜在能力。但是，在实证推算中，这些辅助资产的价值（包含在资本资产的价值中）不独立计算。

也就是说，城市的生产基础是智能城市的实现手段（Enablers），由作为城市的结构性、文化性、技术性、人力资源的经营资源以及社会资本等潜在能力构成。

2. 福利的构成要素（人们的幸福度）和决定因素（城市的可持续发展）

追求可持续性经济学的Dasgupta（2004，2007）把福祉分为构成要素和决定因素。福利的构成要素是指作为经济发展的结果而获得的生活质量本身，具有幸福、自由或健康等内容。与此相对，福利的决定因素是生产决定生活质量的商品和服务的基础。也就是说，衡量人类生活质量（福利）的指标有必要考虑经济流（“幸福度”的指标）和经济停滞（“可持续性”的指标）两方面。在这里，虽然经济流程（“幸福度”）的指标，是可持续开发的目标（SDGs）、城市服务和生活质量的评价指标（iso 37120）及城市基础设施性能的评价指标（iso ts 37151），但经济存量（“可持续性”）的指标是综合财富指标（IWI）。

联合国为解决“可持续发展2030议程（SDGs）”中所提到的城市社会问题，在国际标准化组织（ISO）中制定了ISO“经济、社会、环境的可持续性”规格开发的方针（ISO Guide 82，2014），提供城市服务和生活质量评价指标（ISO 37120/2014），以及城市基础设施性能评价指标（ISO TS 37152/2015）等个别指标（国际标准）。

如表3-4所示，城市服务和生活质量的评价指标（iso 37120，2014）中涉及了有关交通、城市规划、自来水、下水道和公共卫生、废弃物、能源和电力（节能等）、通信和WiFi、经济、金融、教育、健康、娱乐、管理、火灾和紧急事件的应对、安全、避难所、环境：关于人均温室效应气体（CO_2 排放）17个主题，共计100种指标。世界城市数据理事会（World Council on City Data，WCCD）促进城市指标化编制，基于ISO 37120从世界各个城市收集的数据，将其发布为开放数据门户，以使用国际标准指标进行城市比较。此外，ISO 37120也被用作智能城市成熟度模型的评估指标，并在印度进行智能城市的推广①。

如表3-4所示，日本作为理事国主导的城市基础设施能力评价指标（ISO TS 37151，2015）具有经营效率、经济性（节电等）、性能信息可用性、保守性、恢复力、可用性、可利用性、价格适中、安全性和安全保障性、服务质量、资源的有效利用、气候变化缓和（CO_2 排放）、污染防止、生态系统保护14个城市基础设施需求的国际标准。ISO 37153“城市基础设施成熟度模型”（Community Infrastructure Maturity Model，CIMM）（ISO 37151，2018）是为了充分利用ISO TS 37151，满足未来一代需求而进行的城市基础设施持续改善活动的成熟度（阶段

① Shaping New Age Urban Systems Energy，Connectivity & Climate Resilience Evaluating Urban Resilience efficacy in emerging concepts Applying the SCMM to the new ISO Sustainable Cities Standard and the Union Government's Smart City Concept Note Benchmarks，http：//sblf. sustainabilityoutlook. in/file_space/SBLF%20Summit%20Presentations%202014/FINAL%20Smart%20Cities%20MI%20Template. pdf.

性发展评价）标准。

表 3-4 城市资金流量指标与存量整合指标的关系
（下划线是中之条町示范实验的情况）

智能城市评价指标	资本流动指标（幸福指数）			资本存量综合指数（可持续性指数）
	城市整体评价指标		城市基础设施性能评价指标	城市整体评价指标
经济、社会、环境可持续发展的评价指标	可持续发展目标（SDGs） ※联合国 2016~2030 年作为国际目标制定的 17 个个别指标（目标）	城市服务和生活质量评价指标（ISO 37120） ※为了用统一的指标比较城市而规定的 17 个个别指标	智能城市评估指标（ISO TS 37151） ※评价可持续城市的性能的 14 个个别指标（needs）	综合财富指标（IWI） ※衡量国家和城市的可持续性的综合指标 （经济所拥有的与资产相关的投资政策指标）
对象城市的管理领域	以国家和城市经营者的视角进行管理 ⇒投资优化（ROE+ESG）	城市经营者（政府政要）视角下的经营管理 ⇒投资优化（ROE+ESG）	各城市基础设施运营者（公路局长、污水处理厂厂长和自来水公司管理者等）视角下的程序，管理 ⇒实现战略目标和利益	以国家和城市经营者的视角进行投资组合管理 ⇒优化投资政策（资本积累政策）（ROE+ESG）
可持续性经济（Economic sustainability）	城市管理者的观点 ⑥水与卫生：水与卫生的可用性与可持续管理 ⑦能源：现代能源的利用与可持续管理 ⑧经济增长与就业：可持续且全面的经济增长，合适的就业 ⑨基础设施，工业化，产业化，创新：弹性的基础设施，可持续产业化，促进创新 ⑪城市：可持续的城市/房屋 ⑫生产/消费：可持续的消费和生产	城市管理者的观点 ·交通，城市规划，自来水，下水道和公共卫生，废弃物，能源和电力（节电等），通信和 WiFi，经济，金融	城市基础设施管理人/经营者的观点 ·经营效率，经济性（节电等），性能信息可用性，可维护性，恢复能力	人类创造的人工资本 ·住宅存量 ·工厂、机械等 ·公共资本

续表

智能城市评价指标	资本流动指标（幸福指数）			资本存量综合指数（可持续性指数）
	城市整体评价指标		城市基础设施性能评价指标	城市整体评价指标
可持续性社会（Social sustainability）	生活者的视角 ①贫困：结束所有地方所有形式的贫困 ②饥饿：消除饥饿，保障粮食安全，营养摄取，发展可持续农业 ③保健：健康的生活和福利 ④教育：全面、公平、高品质的教育，终生学习的机会 ⑤性别：性别平等，赋予妇女和女孩权利 ⑩不平等：纠正国家内部和国家之间的不平等 ⑯和平：和平全面的社会法治，有效和有用的制度	生活者的视角 ·教育，健康，娱乐，管理，火灾和紧急事态的应对，安全，避难所	生活者的视角 ·可用性，可利用性，价值感，安全性和安全保障，服务质量	代表劳动和智力的人力资本 ·健康 ·教育
可持续性环境（Environmental sustainability）	环境的观点 ⑬气候变化：应对气候变化 ⑭海洋资源：海洋和海洋资源的养护和可持续利用 ⑮陆地资源：保护和恢复陆地生态系统，可持续森林管理，防止荒漠化，防止生物多样性丧失	环境的观点 ·微粒子和微粒子物浓度，人均温室气体排放量：CO_2、氮和二氧化硫等	环境的观点 ·有效利用资源，缓和气候变化（CO_2等），污染控制，生态系统保护	成为未来有价值的商品和服务流程基础的自然资本 ·石油、天然气、矿物资源 ·渔业、森林资源 ·生态系统服务
其他	⑰实施方法：加强实施方法（MOI），全球伙伴关系	—	—	调整项目 ·油价上涨 ·二氧化碳排放 ·资源贸易 ·人口变化

资料来源：作者基于小仓、马奈木、石野（2017），马奈木等（2015），马奈木等（2016），ISO 37120（2014），ISO TS 37151（2015），UN A/70/L. 1（2015）的数据制作。

上述 ISO 国际标准以及第二节中所述的政府机关和产业界正在研究的评价指标作为“城市生活的人们的富裕和幸福 = 人们的福利（人类生活质量）”的测

定尺度（metrics），建议对城市服务的“效用”（Utility）、“收入”（Income）、“潜在能力”（Capabilities）进行测量。但是，这些评价指标只考虑了来自日常城市活动的流通量（即资本存量的变化），没有考虑对于理解城市的经济存量（资本存量）积累的重要的经济理论。

以衡量经济和社会发展程度的国内生产总值（Gross Domestic Product，GDP）的局限性和人们对富裕意识的变化为背景，国际上正在讨论完善 GDP 指标的必要性。特别是最近，如表 3-2 所示，从“幸福”和“可持续性”等广泛的角度来看，经济合作与发展组织（OECD）的“更好的幸福指数”（Better Life Index，BLI）、联合国环境规划署（UNEP）的绿色经济指标、世界银行的真实储蓄率（Genuine Savings，GS）及前文中引入的综合财富指标（IWI）等，国际组织正在做出越来越多的努力，让指标更实用和结构化。另外，作为上述措施的前提，除在自然资本和资源生产性等指标上的处理方面积累了经验外，联合国环境与经济综合核算（System of Environmental-Economic Accounting，SEEA）体系也作为国际标准达成了协议。此外，在 2015 年 6 月举行的联合国大会上通过了 2016~2030 年的联合国可持续发展目标（SDGs）（UN A/70/L. 1 2015）（马奈木等，2015）。

在本节中，为了评估城市的“可持续性”，我们基于上述经济学理论引入了长期的城市级综合资本存量评估指标。也就是说，前文引入的“新国富指标＝综合性财富指标（IWI）”这一概念，除了分析国家级资本储备外，还用于综合性城市级资本储备分析（实证推算），将 IWI 用于制定城市未来计划。作为以城市和地域的综合性财富指标（IWI）为焦点的资本库存分析研究，其包含了：世界城市交通领域的测量研究（Tamaki et al.，2016），基于日本城市的防灾领域的测量研究（Tanikawa et al.，2014），基于宫城县的综合性财富的测量研究（山口、佐藤、植田，2016），以及基于美国州级自然资本、人力资本、生产资本的计量研究（UNU-IHDP and UNEP，2012）等。

日本学者 Fujii 和 Managi（2016）根据数据包络分析法（Data Envelopment Analysis，DEA），利用 IWI 对日本 20 个政令指定城市的总体城市资本存量进行分析研究。通过使用 Fujii 和 Managi（2016）提供的 DEA 模型，可以评估目标城市在资本积累方面的相对优势性、效率性、优先度和规模的变化，并且可以确定决定资本流量变动的因素。城市规划者可以结合这些结果，通过与有效利用资本存量的基准城市进行相对比较，来决定目标城市的资本投资。

此外，九州大学都市研究中心（马奈木，2015）还对都道府县级别和市区町村级别的综合财富指标（IWI）进行了测量研究（例如，东京都的自然价值和 CO_2 损失的推移，东京都下的市区町村的 CO_2 存量等）。

3. 城市幸福度（个别资本流动）和可持续性（资本存量整合）指标并存

根据前文（环境经济学者的）讨论，整理联合国和国际标准提供的测量人们幸福度资本流的个体指标（SDGs、ISO 37120、ISO TS 37151）和测量城市可持续性的综合性资本库存综合指标（IWI）之间的相互插值关系，我们将考虑一种基于城市基础设施会计（两次录入）的评估方法，该评估方法既可以实现城市资本的存量综合指数，也可以实现资本流的个体参数。城市社会基础设施发展的影响可分为形成消费链式效应的流量效应和产生资产价值的存量效应（内阁府，2012）。

如表 3-4 所示，联合国提供的城市“可持续性指标”、综合财富指标（IWI）和可持续发展目标（SDGs）虽然都是在开发经济、社会以及环境这三个方面可持续发展的核心，但存量指标和流量指标之间还是存在差异的。此外，关于城市服务和生活质量的国际标准（ISO 37120）和城市基础设施绩效评估指数（ISO TS 37151）虽然都是基于可持续发展三个方面的个体指标（流量指标），但目标城市的管理区域却不同。SDGs、ISO 37120、ISO TS 37151 等的仪表板型指标是以流程指标为中心的个体指标，即关键绩效指标（KPI）。同时，通过综合性财富指标（IWI）等资本方法实现的关于财富和可持续性的综合指标（股票指标）也是关键目标指标（Key Goal Index，KGI），即存量整合指标。

图 3-7 展示了上述城市资本的流量个体指标和存量整合指标的互补关系。

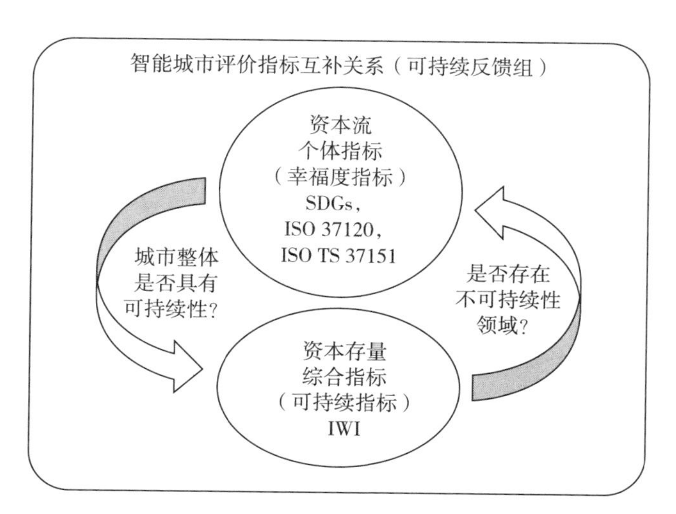

图 3-7 城市资本流动个体指标（幸福度指标）与存量综合指标（可持续发展指标）并存的评价方法

资料来源：作者根据小仓、马奈木、石野（2017）以及马奈木等（2015）的数据所制。

根据表 3-5 所示的个体指标和综合指标的课题和界限，为了有效利用指标实现可持续发展，个体指标（擅长把握各个领域的情况，但总体评价很难）和综合指标（评价资本项目不足，个别领域不可持续的可能性）建立反馈回路，有机地建立互补关系。为了构建图 3-9 所示的个体指标和综合指标之间的有机关系，有必要深入探讨数据变量的共性和可用性。可持续智能城市开发项目中评价指标的作用在于帮助迅速、恰当地进行决策（自治体和企业的经营判断）。此外，如果在 SDGs、ISO 37120、ISO TS 37151、IWI 等领导全球可持续性指标讨论的这些指标之间建立了这样的互补关系，预计今后的国际讨论会更加顺利。

表 3-5　城市资本流动个体指标和存量综合指标的特征

智能城市评价指标的特征	资本流动个体指标（幸福度指标）SDGs，ISO 37120，ISO TS 37151	资本存量综合指标（可持续性指标）IWI
信息量	多	单一
诉求力、信息性	低	高
基于结果的评价的实施（对象全体）	困难	容易
基于结果的评价的实施（个别领域）	容易	困难
城市之间的相对比较	困难	容易
可持续性的多面性、复杂性的反映（评价项目的必要充分性）	可能	发展中
代际和代际冲突的反映	有界限	考量中
特定（自然）资本的不可逆性的反映	可能	有界限

资料来源：以小仓、马奈木、石野（2017）以及马奈木等（2015）的数据为基础，由作者创作。

在本节中，我们将研究评估方法，这些方法可以使这些评估指标兼容，并可以用在规划、建设、运营和使用可持续的智能城市中。在日本，已经引入了一种复式簿记和权责发生制的新公共会计系统，并且正在为国家和地方政府编制财务报表，有必要将城市基础设施资产的价值作为资产负债表的一项进行评估（小松，2014）。因此，作为社会资本（人工资本、人力资本、自然资本）的有效管理的“城市基础设施会计”，也就是说，作为公共会计的子系统，将与城市基础设施建设相关的库存整合指标（IWI）和流程个体指标（SDOs、ISO 37120、ISO TS 37151）这两个方面进行有效管理。其中，城市基础设施会计（复式簿记）是综合性管理的。通过采用城市基础设施会计（复式簿记），可以对流动效果（因需求创造效果而跨城市基础设施领域的价值连锁）和库存效果（因整合效果而导致的经济、社会、环境系统阶层整体的可持续性“生态系统”）的学术报告，提高存量（库存状况，有效利用税金）和战略城市基础设施管理（有效的投资

计划，风险管理）进行有效评估（沟口、荒井，2004）。

4. 城市操作系统（OS）、物联网平台（IoT Platform）

在笔者参与的国际电工技术委员会（IEC）的智能城市白皮书（IEC White Paper，2014）制作项目中，将城市理解为进行社会基础设施运转运用的系统的集合体（Operating Systems，OS），因此，我们提出通过将社会基础设施的运营和运营数据作为大而开放的数据进行处理，以提高整个社会的运营和运营效率以及能源效率，从而使社会基础设施变得更加智能（见图 3-8）。此外，虽然 IEC 关于智能城市的白皮书建议中，城市需求是多种多样的，但“城市发展的三个主要经济、社会和环境支柱是相同的”。

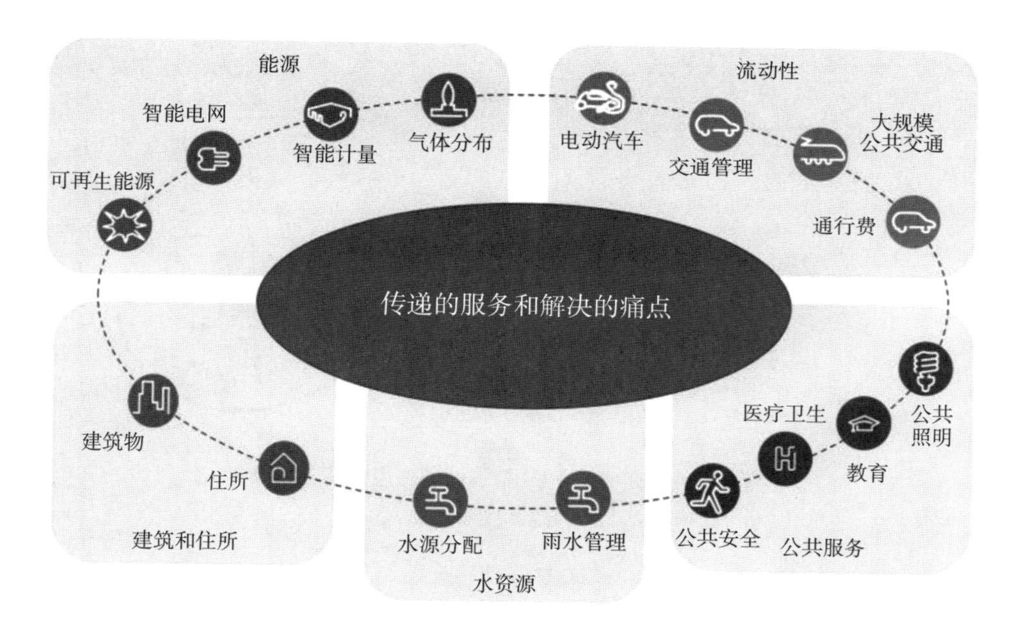

图 3-8　城市基础设施的操作系统

资料来源：IEC 智能城市白皮书（2014 年 11 月出版）。

西班牙巴塞罗那市和九州大学 COI 提出了城市操作系统，（城市基础设施操作系统，Operating System）。巴塞罗那市已被欧盟选为创新之都（Capital of Innovation），并被评为领先城市，其中包括一年一度的世界智能城市博览会。巴塞罗那市正在推进 100 多个与智能城市相关的项目，其中包括智能交通信号、远程看护服务、与电动汽车相关的项目以及随处可见的公共 WiFi。作为支持智能城市的信息基础架构，城市操作系统将开放源传感器平台“Sentilo”和其他城市相关的信息系统以及从社交网络等收集与城市相关的各种大数据，目的是为解决孤立的城市问题做出贡献。

九州大学 COI 提出的城市操作系统预计将以自治体为单位导入，通过城市操作系统网络连接，可以实现在城市间共享数据和服务。对于小规模的自治团体，可以通过从附近的大城市获得服务以减轻行政负担，消除服务差距。另外，在发生灾害时，可以利用城市操作系统网络以及其他自治体的服务代替（见图 3-9）。

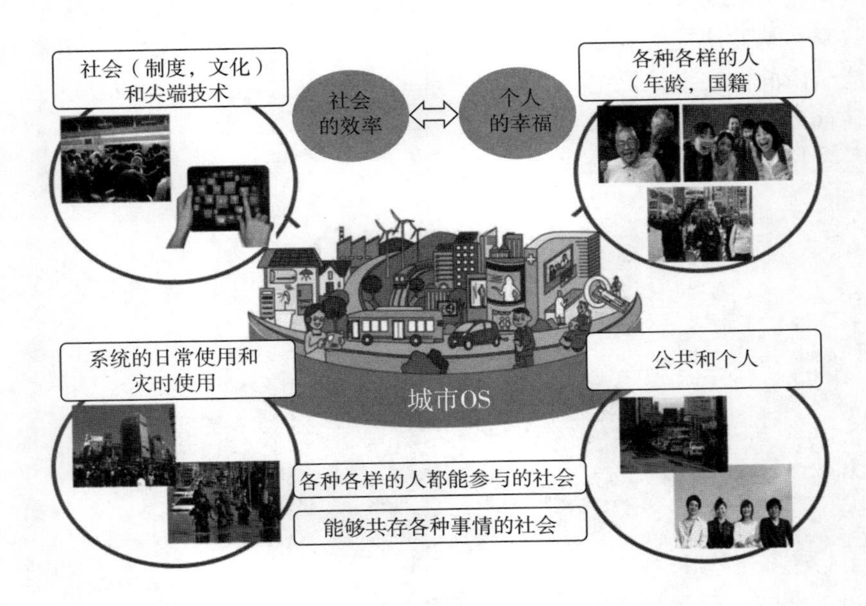

图 3-9　九州大学 COI 构筑的城市操作系统概念

资料来源：松尾、安浦（2016）。

5. 通过人、IT 与企业的共同创造，探讨可持续智能城市的实施评价模型

为了实现前文所述的包含“城市操作系统、物联网平台”在内的人、IT 与企业共创的可持续智能城市，城市的生活者、政策制定者、企业经营者、构筑者及运营商等各利益相关者都必须有一个易于理解的标准“实施模型”和“评估指标”，以使人们能够理解并迅速确定城市的整体情况。特别是作为城市开发项目的地方政府和企业，可以参照这样的“智能实施评价模型”，确认该项目在城市整体形象中的定位，并使用适当的评价指标进行迅速的决策。

符合上述利用目的的“智能城市实施评价模型”的标准化，构建整体架构并推进构成部分联合的标准化的“系统方法”（de Weck et al.，2011；IN-

COSE，2015）是有效的。目前，各标准化机构已开始以确保智能化技术的相互运用性、构建和评价智能城市所使用的系统标准为目标进行开发。系统方法是在进行系统整体设计时，系统的发包人（用户）要求什么样的功能和用途，以及整理其概念的方法之一，这与常规的自下而上的方法（例如可以完成的方法）有所不同。然后，作为这种系统方法的一种手段，在调整用户和利益相关者的需求时会创建用例（具体示例）。近年来，西方公司正在尝试使用系统方法开发各种业务。

也就是说，系统方法是分析和评价智能城市的用例（具体实施例），将标准化的要求事项向架构模型推广，明确不足的标准，整修标准整体的方法（中根、上野、小仓、山本，2015）。特别是，CEN-CENELEC-ETSI（2014）提供了一种三维智能电网架构模型（Smart Grid Architecture Model，SGAM），该模型将“系统方法”应用于电力行业。作为智能城市的标准实现方法（Reference Architecture）的模型，德国提出了 SCIAM（Smart City Infra-structure Architecture Model）（DIN-DKE，2014，2015），这是参考 SGAM 创建的 3D 模型[①]。

与 SGAM 相比，SCIAM 具有几乎相同的互操作性层（Interoperability Layers，语义轴）和系统层（Zone，空间轴），但是在社会基础结构领域（域，时间轴）已经成为涵盖整个社会基础结构行业的模式。日本提案的 JEITA“资本 I-模型”（The Capital I-model）中的“社会基础设施领域的新信息利用模型”基于 EA（Enterprise Architecture）层（Zachman，1987；府省 EA，2006；自治体 EA，2007）[②]，将“I-硬件”（Infrastructure Hardware）层改为“社会基础设施领域”

① IEC（国际电工技术委员会）推进的系统标准实现模型（Reference Architecture Model）包括域、层（设备、通信、信息、功能、业务）、区/使能的三维模型（时间轴、意义轴、空间轴），SGAM（电力 TC8、57、SyC 智慧能源），正在研究的 RAMI 4.0（工业自动化 TC65，SyC 智能制造），AALAM（积极生活支援 SyC AAL：Active Assisted Living），SCIAM（智能城市 SyC Smart Cities），低压直流供电系统 SyC LVDC（System Committee，SyC）。到目前为止，在 IEC（Systems Resource Group，SRG）中，虽然基于 SyC 智慧能源研究了系统应用程序（Systems Approach），SyC AAL、SyC 智慧城市等其他 SyC 已进入了验证阶段。

② EA（Enterprise Architecture）是 IT 系统的标准安装方法（Reference Architecture）。根据 ISO/IEC/IEEE 420：2011（Systems and software enge-neering-Architecture description），“架构”（architecture）被定义为组件（组件），组件和环境之间的“关系”，是指导其设计和发展的原则所体现的“系统”的基本“结构”。

EA 是有关我国政府信息系统的互用性框架和技术参照体系结构模型。EA 不仅是对整个组织的业务和系统进行建模的架构（参考体系结构），还包括管理架构的机制，从业务和体系的现状到“应有的姿态”的过渡计划，并使组织的商业战略和个别系统的目的达成一致，即其意味着所谓的 IT 管理结构等。

中央省厅、地方自治体及企业等经营组织（Enterprise）所致力的业务、系统优化计划（EA）的参考架构模型大致可以分成四种：商务架构（BA：政策和业务体系）、应用体系结构（AA：适用处理体系）、数据体系结构（DA：数据系统）和技术体系结构（TA：技术系统）（将 AA、DA、TA 三种统称为“IT 体系”）。在推进政府信息系统采购时，EA 框架推荐在预算化阶段绘制“结构图”，在计划阶段参考该“结构图”确定确保整体一致的“整体架构”，并基于该架构定义要件。

(Domains),并作为追加为轴的详细化二维模型进行整理(ISO/IEC JTC1/SG1, 2014)。SCIAM 将构成智能城市的“I 硬件”元素绘制到组件层,并将“I 基础设施软件”(Infrastructure Software)层(即每个“I 硬件”层)绘制到组件层,这是一种根据“软件(业务、功能、信息、通信)”层的概念来阐明每个元素的连接(标准)的方法。

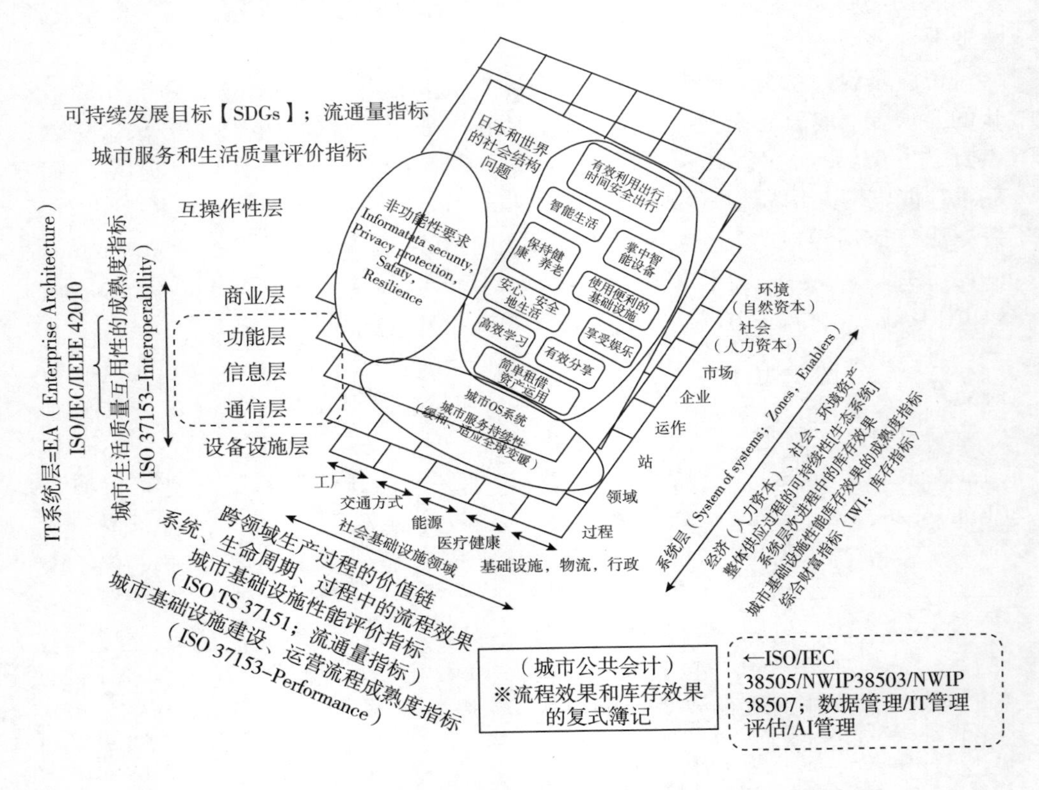

图 3-10 可持续的智能城市实现评估模型(SCSDAM)(三维模型)

资料来源:作者以经济产业省产业结构审议会(2016)、CEN-CENELEC-ETSI(2014)、DIN-DKE(2014,2015)等为基础制作而成。

本节在上述 SCIAM 的系统层(ZONES,Enabers),即经济(过程、领域、站、操作、企业、市场:人工资本)中追加了“社会(人力资本)”和“环境(自然资本)”的系统层,构建了系统层次结构的“智能城市可持续发展体系结构模型”(Smart Cities Sustainable Development Architecture Model,SCSDAM)。SCSDAM 是一种智能系统的实现评估模型,可以使用上述各项评估指标(SDGs、ISO 37120、ISO TS 37151、IWI)和城市公共会计来综合评估经济、社会和环境

三方面的资本储备。图 3-10 展示了可持续智能城市实施评估模型（SCSDAM）。

图 3-10 中所示的 SCSDAM 是整个城市环境系统空间，其中在 SCIAM 系统层次结构（空间轴）的“经济（人力资本）”中添加了“社会（人力资本）”和“环境（自然资本）”，它是针对整个城市环境系统空间的可持续智能城市实施评估的三维模型。

在图 3-10 中表示追加劳动和智力的“人力资本”（Human Capital），对教育、健康、人口、技能等“评价社会可持续性的资本库存综合指标”（可持续性指标：新国富指标 IWI）进行了计测和评价。同时，居住在城市中的人们的福祉不仅是“用于评估可持续城市基础设施的资本流动个人指数”，例如可用性、可负担性、安全保障和服务质量，同时也是城市基础设施评估指数（ISO TS 37151）和“评估可持续城市服务的个人资本流动指标”，例如教育、健康、娱乐、治理、火灾和紧急情况，安全和庇护所（幸福指数：衡量和评估城市服务和生活质量的评估指标（ISO 37120））。另外，测评被称为“评价可持续城市福利的资金流指标”（幸福指数：可持续发展目标（SDGs））。

此外，在图 3-10 中，ISO 37153“社区基础设施成熟度模型”（Community Infrastructure Maturity Model，CIMM）（ISO 37153，2017）描述了城市基础设施的持续改进活动，以满足后代的需求，它是评估成熟度（逐步发展水平）的标准。根据本提案标准，将对城市实施内部的阶段性评价，并改善其目标设定。具体来说，就是在城市基础设施（Domains）的“效果”（Performance）、多个基础设施相互作用的“相互运用性”（Interoperability）以及经济、社会、环境的系统层（Zone，Enabers）中的城市基础设施的计划、开发、运用的组织活动“过程”（Process）对这三方面的成熟度进行评价。该城市基础设施评价的三个方面的“进程”成熟度评价指标是针对城市基础设施的计划、开发、运用过程有贡献的可能化资产（Enabling assets），即潜在能力（Capabilities），计算包含在综合财富（IW）的资本资产的价值中。此外，ISO/IEC 38505：数据管理、ISO/IEC NWIP 38503：IT 治理管理、ISO/IEC NWIP 38507：AI 管理，也是目前正在开发的国际标准。

在图 3-10 中，流动效应是指通过公共投资派生出生产、雇佣和消费的任何经济活动，从而使整个经济得到扩大的效果。流通量效应，即需求产生供给的几年的短期效应，是通过跨越社会基础设施领域（Domains）生产过程（life circle）的价值链（value chain），来扩大经济的规模和范围的。通过这种流通量效应，可以在整个社会基础设施领域（Domains）中实现生产过程的价值链。另外，存量效应是通过改善社会资本及其功能可以连续获得的效应，可以提高经济活动的效率和生产率，它的作用是改善卫生环境，提高防灾能力，并创造舒适感。存量效应，即供给产生需求的几十年的长期效应，是在成为经营者（即企业）主体的经济效应（人工资本）之上的，其涵盖消费者（即人）活动主体的社会效应（人力资本）以及以自然活动为主体的环境（自然资本）的系统层，具有全球资源供应链整体存量效应的生态系统。通过这种存量效应，可以实现经济、社会、环境的系统分级（System of systems：Zones，Enablers）整体供给过程的可持续性。

四、能源、环境制约下实施评价模型的案例——中之条电力"一般家庭的节电行动调查（需求响应实证实验）"

针对能源和环境制约问题的全球变暖（气候变化）缓解措施，群马县中之条电力率先致力于区域能源事业模型的构筑，在进行了"一般家庭的节电行动调查（需求响应实证实验）"的基础上，将对在区域能源业务领域的前文中讨论过的实施评价模型（SCSDAM）以及每个评估指标（SDGs、ISO 37120、ISO TS 37151、IWI）的适用案例进行考察。

位于群马县西北部的中之条町与以温泉闻名的草津町相邻，该町也因有四万温泉和泽渡温泉这自古以来就为人熟知的温泉而闻名。而森林占该町面积的八成以上，是一个以农业和旅游为支柱产业的自然资本储备丰富的城市。中之条町于2013年6月发表了"可再生能源城市中之条"宣言，同年8月设立了全国首个以自治体为中心的新电力"一般财团法人中之条电力"，设立了"地域能源"（以地方自治体为主体构筑的可再生能源、自立分散型能源系统），并致力于构建"地域能源"的商业模式。

经济产业省、资源能源厅于2016年9月修订了[①]《负瓦特交易相关指南（2015年3月制定）》。除了举例说明"负电价调整金额"的计算方法外，还更改了基准线（Base Line，BL）（即没有需求响应时的估计功耗（Demand Re-

① 经济产业省修订了"负瓦特交易指南"（2015年3月制定），旨在于2017年建立负瓦特交易市场。通过市场的创设，可以期待今后负瓦特交易的活跃化。电力公司支付消费者节省的电量（"负瓦特"）的"负瓦特交易"准则是为了推广负瓦特交易，对使用负瓦特量的评价方法以及交易实际业务中重要的事项做了指导（出自：http：//www.meti.go.jp/press/2016/09/20160901003/20160901003.html）。

负瓦特（节电）是指由于节电和自耗可再生能源而导致的电力需求量减少。

正瓦数（发电）是指通过产生可再生能源而向电网回流的电力。

sponse，DR））的计算方法①以适应交易的实际情况，这对于从小规模客户（如普通家庭）中收集负值的企业而言，也变得更加容易（在某些情况下，也可以对多个客户进行分组并为整个组设定基准）。为了实现经济产业省和资源能源厅所推进的包括“负瓦特交易指南”在内的电力自由化，中之条电力公司为了验证 DR 的有效性，从普通居民家庭中募集监督员，并于2015 年进行了为期 9 个月的“普通家庭节电行为调查（需求响应验证测试）”。

1. 夏季需求响应（DR）实证结果（见图 3-11）

尽管“夏季的耗电量和气温之间存在正相关关系”，但“需求响应（DR）实施日一般家庭有削减 15.0%的节电效果（利益）和 CO_2 削减效果”。

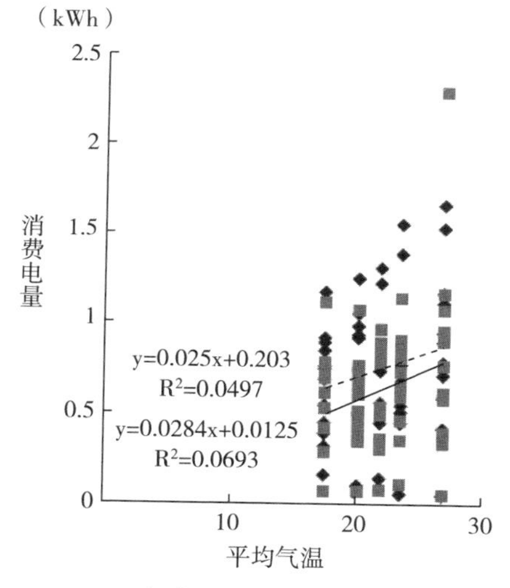

◆ 标准BL电能（kWh）
■ DR期间消费电能（kWh）
----- 线（标准BL电能）（kWh）
—— 线（DR期间消费电能）（kWh）

t-检验（*** 表示有效水平为 1%）

	DR 期间消费电能（kWh）	标准 BL 电能（kWh）
平均	0. 643	0. 757
方差	0. 124	0. 133
观测数	60	60
对等相关	0. 579	
与假设平均的差异	0	
自由度	59	
t	-2. 669	
P（T≤t）一侧	0. 0049	
t 边界值单侧	2. 391	
P（T≤t）两侧	0. 0098 ***	
t 边界值两侧	2. 662	

图 3-11 夏季 DR 实施日“气温与节电行动”的关系（2015 年 8 月 5 日至 9 月 26 日）

资料来源：小仓、马奈木、石野（2017）。

① 基准线（Base Line，BL）的计算方法是标准 BL（High 4 of 5），即最近 5 天中需求量大的 4 天平均（※周六、周日、节假日的话，是最近 3 天中的 2 天）。

本节的基准线（BL）简单地以工作日最近 4 天的平均值或除休息日以外的工作日最近 3 天中需求较多的 2 天的平均值计算。

根据标准 BL（High 4 of 5）正确计算，夏季 DR 削减率 = 14. 8%（本书 15. 0%），冬季 DR 削减率 = 11. 6%（本书 7. 4%）。

夏季需求响应（DR）节电量=需求响应（DR）期间3小时的平均节电量（kWh）=0.12kWh=（0.76-0.64）kWh/家庭（每DR）

夏季CO_2削减量=64g/家庭（每DR）

2. 冬季需求响应（DR）实证结果（见图3-12）

尽管存在“冬季功耗和温度之间存在负相关关系”的事实，但“需求响应（DR）实施日一般家庭有7.4%的节电效果（利益）和CO_2削减效果”。

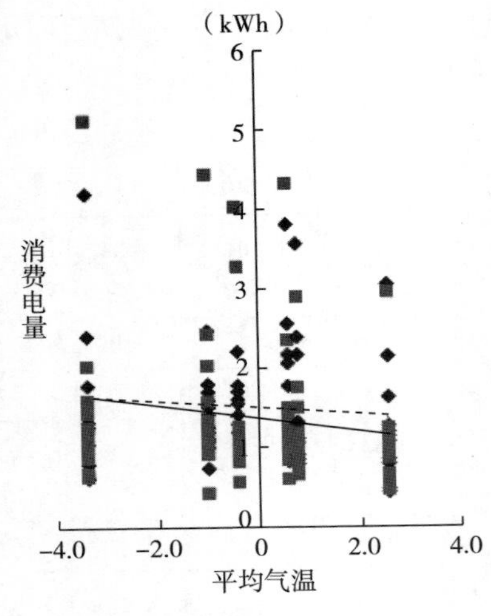

t-检验（*表示有效水平为5%）

	DR期间消费电能（kWh）	标准BL电能（kWh）
平均	1.405	1.517
方差	0.896	0.538
观测数	72	72
对等相关	0.725	
与假设平均的差异	0	
自由度	71	
t	-1.457	
P（T≤t）一侧	0.0748*	
t边界值单侧	1.667	
P（T≤t）两侧	0.150	
t边界值两侧	1.994	

图3-12 冬季DR实施日“气温与节电行动”的关系（2016年1月13日至3月11日）

资料来源：小仓、马奈木、石野（2017）。

冬季需求响应（DR）节电量=需求响应（DR）期间3小时的平均耗电量（kWh）=0。12kWh=（1.52-1.40）kWh/家庭（每DR）

冬季CO_2削减量=64g/家庭（每DR）

根据以上中之条电力需求响应（DR）实证实验的结果，在以面向能源本地生产供应当地消费的新本地电力为目标的地区新电力中，当地居民为了地区的公益性（创造共享价值）而进行节电行动的“潜在能力（Capabilities）=社会资本”（丸田等，2008；樱桥等，2014），在实验数据中也得到了印证①。根据本需求响应（DR）实证结果，中之条电力（山本政雄代表理事）于 2015 年 11 月设立了负责零售电气事业的“株式会社中之条 Power”（山本政雄代表董事），从 2016 年 9 月开始向低压一般家庭供电，并充满干劲地表示“希望与居民共同成长”。截至 2017 年 11 月，“股份式公司中之条 Power”也进入第 3 阶段，正在顺利开展零售电气事业。

如果将前文讨论的可持续智能城市实施评价模式（SCSDAM）应用于本验证实验的结果，则使用用于同时解决中之条町经济、社会、环境问题的生产基础，它可以同时实现“削减 CO_2 的社会价值和节电 = 负瓦特发电”的经济价值。另外，关于个别指标和综合指标的结合（智能城市评价指标的互补关系/可持续性的反馈环），首先，“是否存在不可持续的领域”是运用“ISO 37120：能源和电力（节电等），人均温室效应气体排放：CO_2”，“ISO 37151：经济性（节电等），气候变化缓和（CO_2 等）”来实施的城市规划项目（地区能源项目）。其次，“整个城市的可持续性是什么”是使用综合资本存量指数（可持续性指标）“IWI；公共资本（智能电表，需求响应），减少二氧化碳排放量”，通过复式簿记（城市基础设施计算）来计划和运营城市发展项目（区域能源事业项目）的。

本验证实验的结果是，在以能源地产地消为目标的地区的新电力中，地区居民为了地区的公益性（共有价值创造）而进行节电行动的中之条町民的潜在能力（Capabilities）体现了“社会资本 = 使能资产”（Enabling assets），即中之条町所持有的资本储备人力资本 = 资本资产（Capital assets），利用作为新 IT 的人工

---

① 群马县中之条町“一般家庭的节电行动调查”（2015 年度）

【概要】在地产地消型地区新电力（中之条电力）中，需求响应（Demand Response，DR）作为尽可能不使用来自外界市场的外部采购电源，提高地产地消能源利用率的手段是有效的。

【成果】优先取得了针对地区新电力的低压需求者的服务经验技术。

把握对低压需求者（12 家体验家庭）的 DR 请求时（夏季 5 次，冬季 6 次）的详细行动模式。

关于“在对能源地产消费做出贡献这方面参加者的动机制定”是否影响节电成果这一假设，将从作为地区潜在能力（Capabilities）之一的社会资本的观点进行以下考察：

所谓社交资本，被定义为具有“通过活跃人们的协调行动来改善社会效率、信赖、规范、网络等社会组织的特征”。分析了社交资本对人们节能行动的影响的丸田等（2008）证实了节能行动和社会资本之间存在正相关关系。这表明市民采取节能行动与社会福利等社交资本有着很强的关系。丸田等（2008）表示，“节能行动是由环境意识引发的，但其环境意识与对地区的信赖有着正的关系”。将这些应用于这次中之条町实证实验结果，可以得出以下假设：“在居民和社区有很强联系的地区，人们对能源的地产地消、地域能源事业等对公共利益的贡献这一观点非常关心，即使是需要自己进行节电等个人生活行为的改变也容易被接受。但在以能源地产消费、区域产业和雇佣创造、区域灾害对策等为目标的区域能源事业中，DR 很有可能成为推进事业的有效工具。”

另外，樱桥等（2014）还将以东京都世田谷区二子玉川周边地区为对象，通过取得并分析真实的节电历史数据来研究社会资本与节电行动的关系。

资本=公共资本（智能电表，需求响应）的有效利用，并且能够定量证明其可以实现“夏季15.0%”“冬季7.4%”的“节电”以及“减少二氧化碳”的排放量效果。

五、经济、社会、环境可持续的智能城市实施评估模型

在本节中，基于对与智能城市评估指标和实施模型有关的国内外发展趋势的全面综述，利用可以同时处理经济、社会、环境问题的生产基础，对智能城市的幸福指数、资本流通量的个别指数（SDGs、ISO 37120、ISO TS 37151）和可持续性指数以及综合资本存量综合指数（IWI）相结合的评估方法进行了讨论。此外，还探讨了基于“人、IT、企业的共享价值的创造”（CSV）的可持续智能城市实施评价模型（SCSDAM）的相关内容，并对群马县中之条町的能源和环境制约下的使用案例（见图3-11、图3-12）进行了考察。

表3-6（右侧）显示了传统的基于IT的城市管理评估模型（EA），以及这节讲到的基于IT的新城市管理评估模型（EA+IWI=SCSDAM）的比较和有效性。

评估指标在可持续利用IT的城市发展项目中的作用是帮助迅速做出适当的决策（管理决策，例如对地方政府和公司的投资）。表3-6（右侧）中的评估方法（会计方法）使各个指标和综合指标都兼容，计算了城市开发项目从现在到将来的折现效用的现值。也就是说，对于城市开发项目，将进行旨在实施项目的项目收支研究。我们首先检查内部收益率（Internal Rate of Return，IRR）等，并计算城市开发项目从现在到未来的公用事业折现现值（Utility）。接下来，确定城市发展项目的最低预期回报率（折现率），如果满足“IRR>最低预期回报率”，则进行投资。

此外，本章中研究的智能城市实施评估模型（SCSDAM）是通过将案例研究（示范测试结果）应用于前文所示的中之条町的能源/环境约束（即缓解全球变暖）问题。考虑到有效应用来解决其他城市问题的可能性，如灾难响应（即全球变暖适应问题）和交通拥堵问题（应用程序开发），我们将继续进行案例研究。

超智能社会（Society 5.0）是日本政府和经团联等机构将其定位为解决社会问题和创造未来的成长战略支柱的“概念提案”，是搭载各种传感器的设备连接到互联网的物联网所带来的新资源；它通过利用大数据，融合了网络空间和现实

空间，并优化了整个社会。另外，为了实现超智能社会（Society 5.0），不仅需要开发新技术，而且还需要法律方面的内容，如修改法律和制度（见图 3-13）。简言之，“超智能社会（Society 5.0）是幸福指数达成的社会”。日本作为在该课题领域研究走在前列的国家，在世界范围内率先实现超智能社会（Society 5.0），向世界各国发出信息，为各国在该课题上面临的困难提供帮助，也能为世界的可持续发展做出贡献（山西，2017）。

表 3-6 智能城市 IT 经营评价模型的比较及有效性

智能城市评价项目	现有的 IT 经营评价模型（EA）	新的 IT 经营评价模式的有效性（EA+IWI=SCSDAM）
评价指标	只有资本流通量个别指标（幸福度指标） 【SDGs：⑦⑨⑪⑫⑬】“ISO 37120：能源与电（节电等），人均温室效应气体排放：CO_2” “ISO 37151：经济性（节电等），缓和气候变化（CO_2 等）”	上述指标（资本流通量）和资本存量综合指标（可持续性指标）并存 【SDGs：⑰】 “IWI；公共资本（智能电表，需求响应），CO_2 削减”
核算法	单式簿记 （仅经济流通量的核算）	复式簿记 （综合计算资金流和资本存量的城市基础设施会计：计算智能城市从现在到未来效用的贴现价值）
互操作性层次结构（语义轴）	对每个 IT 系统层和社交基础架构层进行单独评估	对 IT 系统层和社会基础设施层的综合评估
社会基础设施（时间轴）	对每个社会基础设施领域进行单独评估	对整个社会基础设施领域的综合评估
资本资产的系统层次结构（空间轴）	对人工资本的每个系统层进行单独评估	对人工资本、人力资本和自然资本的整个系统层次进行综合评估

注：下划线为中之条町实证实验的案例（见图 3-5、表 3-3）。

资料来源：小仓、马奈木、石野（2017），自治体 EA（2007），府省 EA（2006），Zachman（1987）。

未来，我们将研究利用数据来实现“基于幸福指数的超智能社会 5.0”概念的业务模型，测量和分析特定城市发展项目中经济、社会和环境资本流动存量的物联网数据，并对城市进行评估。通过使用城市评价指标的物联网数据进行实证调研，以及验证智能城市参照体系结构 SCSDAM 和各种评价指标（SDGs、ISO 37120、ISO TS 37151、ISO 37153、GDP、IWI）的有用性，希望对“基于实证的城市政策制定”（Evidence Based Policy Making，EBPM）有所帮助。

图 3-13　基于幸福指数的超级智能社会

资料来源：山西健一郎《Society 5.0 的实现——以实现 SDGs 的社会为目标》（2017 年 9 月）。

致　谢

感谢中之条电力有限公司代表董事/中之条电力有限公司代表董事山本政雄先生和三菱电机公司的丸井一也先生，在创作本章时，提供了中之条电力关于“普通家庭节电调查（实证实验）”的相关数据和资料。同时也感谢（国立研究开发法人）日本科学技术振兴机构研究与发展战略中心、系统与信息科学技术部门（JST/CRDS）的各位，以及（某司）电子信息技术产业协会（JEITA）智能社会软件专家委员会的千村保文委员长（冲电气工业株式会社）等提出了宝贵的意见并提供了材料。此外，关于作为本章基础参考文献的，“小仓、马奈木、石野（2017）”也得到了作为共同作者的文教大学石野正彦教授以及（某司）经营信息学会论文杂志审查委员们的宝贵意见。关于参考文献“小仓、马奈木、千村、石野（2017）”等，（某司）从电子信息通信学会软件用户调制解调器（SWIM）研究会的各位那里得到了宝贵的评价。此外，还感谢日本经济组织联合会的各位和九州大学 COI 的松尾久人先生提供了这些材料。笔者在此十分感谢各位的帮助。

● 参考文献

CEN–CENELEC–ETSI Smart Grid Coordination Group（2014）“SG–CG/M490/H_ Smart Grid Information Security”.

Dasgupta, Partha（2004）“Human Well–Being and the Natural Environment”, Oxford University Press, Paperback edition.（植田和弘監訳（2007）『サステイナビリティの経済学/人間の福祉と自然環境』岩波書店。）

Dasgupta, Partha（2007）Very Short Introductions: Economics, Oxford University Press.（植田和弘監訳（2008）『一冊でわかる 経済学』岩波書店。）

de Weck, O. L., D. Roos, C. L. Magee and C. M. Vest（2011）Engineering Systems, The MIT Press.（春山真一郎監訳（2014）『エンジニアリングシステムズ——複雑な技術社会において人間のニーズを満たす』慶應義塾大学出版会，212–214。）

DIN–DKE（2014–2015）“THE GERMAN STANDARDIZATION ROADMAP SMART CITY”（2014 Ver. 1. 0）（2015 Ver. 1. 1）.

Fujii, H., and S. Managi（2016）“An Evaluation of Inclusive Capital Stock for Urban Planning”, Ecosystem Health and Sustainability.

IEC White Paper（2014）“Orchestrating infrastructure for sustainable Smart Cities”, pp. 3–4, 26.

INCOSE（2015）“Systems Engineering Handbook: A Guide for System Life Cycle Processes and Activities”, clause 2. 4.

ISO 37120（2014）“Sustainable development of communities–Indicators for city services and quality of life”.

ISO 37153（2018）“Smart community infrastructures–Maturity model for assessment and improvement”.

ISO Guide 82（2014）“Guidelines for addressing sustainability in standards”.

ISO/IEC JTC 1/SG 1 on Smart Cities（2014）“N86/N87, Report on standardization needs for Smart Cities- Annexes”, “Annex A. Smart City Models”, “Annex C. The capital I–model”.

ISO TS 37151（2015）“Smart community infrastructures–Principles and requirements for performance metrics”.

Porter, M. E., and M. R. Kramer（2011）“Creating Shared Value”, Harvard Business Review.（DIAMOND HBR 論文（2014）「経済的価値と社会的価値を同時実現する共通価値の戦略」。）

Porter, M. E., and J. E. Hepplelmann (2014) "How Smart, Connected Products Are Transforming Competition", Harvard Business Review. (DIAMOND HBR 編集部 (2015)「IoT の衝撃：第 3 章 IoT 時代の競争戦略」『ハーバード・ビジネスレビュー』ダイヤモンド社，29-62 頁。)

Tamaki, T., H. Nakamura, H. Fuji and S. Managi (2016) "Efficiency and emissions from urban transport: application to world city level public transportation", Economic Analyusis and Policy.

Tanikawa, H., S. Managi, and C. M. Lwin. (2014) "Estimates of lost material stock of buildings and roads due to the great East Japan earthquake and tsunami", Journal of Industrial Ecology, 18, pp. 421-431.

United Nations, A/70/L. 1 (2015) "Transforming our world: the 2030 Agenda for Sustainable Development", pp. 19-23, 26-28.

UNU-IHDP and UNEP (2012) "Inclusive Wealth Report 2012 / Measuring progress toward sustainability", pp. 69-86. (武内和彦監修 (2014)『国連大学 包括的「富」報告書——自然資本・人工資本・人的資本の国際比較』明石書店。)

UNU-IHDP and UNEP (2014) "Inclusive Wealth Report 2014: Measuring progress toward sustainability", pp. 15-44.

UN-WCED: World Commission on Environment and Developmen (1987) "The Brundtland Report / Our Common Future", p. 43. (国連・環境と開発に関する委員会（通称「ブルントラント委員会」）編 (1987)「地球の未来を守るために」，福武書店。)

Zachman, J. A. (1987) "A Framework for Information Systems Architecture", IBM System Journal, 26 (3).

伊庭斉志 (2013)『人工知能と人工生命の基礎』オーム社，22 頁、152-154 頁、158 頁。

植田和弘 (2016)「序章 持続可能な発展から見た被害評価」植田和弘編『大震災に学ぶ社会科学 第 5 巻被害・費用の包括的把握』東洋経済新報社。

小倉博行・馬奈木俊介・石野正彦 (2017)「人と IT と企業との共創による持続可能なスマートシティ実装評価方法——中之条電力実証実験の事例を用いたサーベイ」『経営情報学会誌』25 (4)。

小倉博行・馬奈木俊介・千村保文・石野正彦 (2017)「経済・社会・環境が持続可能なスマートシティ構築・運用のための評価手法の研究（その3）~"システムズアプローチ"による都市問題の解決~」信学技報 IEICE Technical Report。

科学技術振興機構研究開発戦略センター（JST/CRDS）（2016）「JST/CRDS-FY2015-SP-02：IoTが開く超スマート社会のデザイン——REALITY 2.0」1-14頁、21-25頁。

黒田昌裕・池内健太・原泰史・土谷和之・尾花尚也（2015）「ICT/IoTに係る科学技術政策の社会的・経済的影響の評価を目的とした多部門相互依存一般均衡モデルの構築」日本経済学会2015年度秋季大会。

経済産業省商務流通情報分科会（2015）「情報経済小委員会中間取りまとめ（概要）：CPS/データ駆動型社会」2頁。

経済産業省産業構造審議会（2016）「新産業構造ビジョン~第4次産業革命をリードする日本の戦略~」15-37頁、42-47頁。

小松幸夫（2014）『公共施設マネジメントハンドブック——「新しくつくる」から「賢くつかう」へ』日刊建設通信新聞社，86-92頁。

櫻橋淳，神武直彦，石谷伊左奈，三鍋洋司，西山浩平，石寺敏，後藤浩幸（2014）「ソーシャル・キャピタルと節電行動の相関に関するスマートフォンを用いた実証——二子玉川駅周辺地域での節電プロジェクトを中心に」情報処理学会デジタルプラクティス，5（3），189-195頁。

自治体EA（2007）「業務・システム刷新化の手引き（改訂版）」総務省。

総務省情報通信政策研究所（2016）「AIネットワーク化検討会議報告書2016」概要，13-17頁。

出口弘（2015）「IoE時代のもの・サービスの生産支援システム——代数的多元簿記に基づく自律分散協調型システムとして」経営情報学会2015年秋季全国研究発表大会。

電子情報技術産業協会（2016）「JEITAスマート社会ソフトウェア専門委員会——スマート社会実現に向けたユースケース調査・検討報告」i-v，1-56。

電子情報技術産業協会（2017）「JEITAスマート社会ソフトウェア専門委員会——IoT，AIを活用した'超スマート社会'実現への道/世界各国の政策と社会基盤技術の最新動向」インプレス。

内閣府（2012）「日本の社会資本2012」，224-230頁。

内閣府（2015）「総合科学技術・イノベーション会議（第14回）」第5期科学技術基本計画（答申）の概要，1頁。

内閣府（2016）「日本再興戦略2016」。

中根和彦・上野幾朗・小倉博行・山本正純（2015）「スマートコミュニティ/シティの国際標準化」『三菱電機技報』89（7），51-54頁。

名和高司（2015）『CSV経営戦略——本業での高収益と，社会の課題を同時に解決する』東洋経済新報社，1-7 頁、11-17 頁、273-277 頁、307-311 頁。

府省 EA（2006）「業務・システム最適化指針（ガイドライン）」各府省情報化統括責任者（CIO）連絡会議決定。

馬奈木俊介（2015）「九州大学都市研究センター講義資料『新国富指標導入の提案』」。

馬奈木俊介・小嶋公史・蒲谷景・粟生木千佳・松本郁子・岡安早菜・佐藤正弘・佐藤真行・鶴見哲也・溝渕英之（2015）「『高質で持続的な生活のための環境政策における指標研究』最終研究報告書」環境省「環境経済の政策研究・第Ⅱ期（平成 24 年度~平成 26 年度），79-80 頁、82 頁。

馬奈木俊介・池田真也・中村寛樹（2016）『新国富論——新たな経済指標で地方創生』，岩波ブックレット。

丸田昭輝・松橋隆治・吉田好邦（2008）「市民の社会的属性・社会信頼度が省エネ行動に及ぼす影響の分析——ソーシャル・キャピタルによる分析」環境情報科学論文集，Vol. 22，297-302 頁。

松尾久人・安浦寛人（2016）「九大 COI が構築する都市 OS のコンセプト」IEICE Technical Report。

溝口宏樹・荒井俊（2004）「社会資本の管理に会計的視点を取り込んだインフラ会計の構築に関する研究」国総研アニュアルレポート，No. 3，24-27 頁。

山口臨太郎・佐藤真行・植田和弘（2016）「第 9 章包括的富アプローチによる被害の把握」植田和弘編『大震災に学ぶ社会科学第 5 巻被害・費用の包括的把握』東洋経済新報社。

山西健一郎（2017）「Society 5.0 の実現~SDGs が達成された社会を目指して~」日本経済団体連合会 講演資料。

第二部分　关于人工智能的法律课题

第四章　关于 AI 监管的基本思路

森田果

一、AI 法律规范的功能分析

随着深度学习技术的发展而引发的 AI 繁荣时代的到来，各种 AI 的开发正在进行中。与此同时，在开发 AI 的企业中，由于需要在使用 AI 而发生事故的情况下承担某些责任，所以对于这样的风险该如何处理，就成为这些企业新的担忧。如果是由于 AI 的应用而发生事故的话，AI 的开发企业可能担心会对该事故负有无限负责，所以对 AI 的开发可能会产生退缩。然而，到目前为止，法律规则尚不明确 AI 开发人员对在使用 AI 时发生的事故将承担何种法律责任。在这种情况下，除了纯粹意义上的法律风险外，AI 开发人员还承担着法律不确定性意义上的法律风险。上述问题的存在，可能对日本人工智能产业的发展产生不利的影响。

对上述情况的应对方法是，在当前法律的各种规定以及现行法律的前提下，仔细检查并确定将对 AI 的开发和使用产生什么样的法律后果。对于根据应用场景的不同情况，我们将通过提出个别法律修订案和立法来解决这些问题。实际上，作为日本重要产业之一的汽车产业中出现问题的自动驾驶，现在正采取这样的方法来克服一些法律上的盲区和争议[①]。如果明确有关自动驾驶的法律法规，则在某些情况下，汽车制造商和 AI 开发公司可以应对法律风险，例如通过购买保险（责任保险）来应对，这并不违反现行法律。而对于现行法规里不完善的

① 例如，法律杂志《Jurist 2017 年 1 月号》就自动驾驶产生的相关问题做了特辑，其中池田（2017）、藤田（2017）、洼田（2017）、小冢（2017）、金冈（2017）、后藤（2017）就自动驾驶相关的各种法律问题进行了详细的探讨。此外，笔者还参考了藤田（2018）的相关论述。

内容，则有必要对其进行一定的修订。

但是，AI 不仅用于汽车的自动驾驶，它还可以在其他情况下使用和开发。例如，在船舶的航行中，目标是开发搭载 AI 自动避免障碍物的系统，而在工厂内活动的工业机器人则需要增加 AI 自动路线探索等功能。再或者，可以考虑在无人机上搭载 AI，自动搬运行李、收集远程地区的信息，也可以开发委托 AI 进行新产品的开发和投资判断的系统。

对于不同的 AI 使用阶段，分别检查当前法律规则的应用状态，然后考虑理想的法律规则是一项必要的任务。但即使这样，这也并不总是一种有效的工作方法，所以在某些情况下，就需要一种可以基于不同的逻辑，针对每个使用阶段进行一些单独且具有针对性的法律规则设计。为了避免这种情况的发生，并有效地研究现行法规则的适用状态，我们希望在各种 AI 的使用方面，最好对法律规则的可能形式具有统一的评判标准。

作为围绕 AI 使用的法律规则，利用所谓的法律经济分析（法律和经济学）非常有用。法律的经济分析是利用经济学来分析法律规则作为实现某种政策目的的手段是否有效地发挥作用，适合通过多种 AI 的利用来导入统一的视点，即功能性的分析①。

本章的构成如下：首先，在第二小节中，列举了 AI 应用事故的设想情况，并明确了本章特别针对 AI 应用事故中的哪些情况作为研究对象。其次，在第三小节中，我们将从法律的经济分析的角度研究在本章讨论的问题设置中应设置什么样的法律规则的一般性问题。再次，在第四小节中，在将第三小节中的研究讨论应用于 AI 的情况下，明确哪些法律规则是优选的，然后对现行的日本法进行评价。最后，在第五小节将对上述所有讨论进行阐述总结。

二、通过情境设置进行分析

1. AI 使用带来的各种问题

尽管使用 AI 有望为社会带来各种好处，但 AI 的操作并非 100%完美。有时，它可能会发生故障，在这种情况下，使用 AI 可能会造成各种损坏。例如，如果

① 笔者在 2015 年 10 月举办的 The 58th International Institute of Space Law（IISL）Colloquium（Jerusalem）上，就“以 GPS 为代表的卫星定位系统（GNSS）在发生事故时应指定怎样的责任判定”的问题做出了经济学分析报告（Morita，2015）。本章将该报告中的分析案例视为以 AI 形式执行分析的应用。

配备AI的自动驾驶车辆由于AI的故障而导致交通事故，谁来负责？总之，虽说是AI的错误操作，但也有各种各样的状况。除了AI对交通状况判断错误，在做出错误判断后引起交通事故的这种情况之外，当AI判断某种情况是超出了自己控制能力的状况时，它试图将汽车控制权返还给驾驶员，但驾驶员却并没有注意到，最终导致交通事故的情况也可能存在。此外，可能会发生AI设计时未曾预料到的非常罕见的情况①，并且AI可能无法做出判断，从而导致交通事故。

与无人驾驶汽车类似的问题还有可能是搭载人工智能的无人机引发的事故。例如，利用无人机进行远程拍摄和搬运行李。然而，如果中途搭载在无人机上的AI因判断失误而坠落，造成对物损害或对人损害，那么谁又将承担怎样的责任呢？

与自动驾驶汽车和无人机不同的是，可以考虑利用AI开发医药品的方案。为了开发新的医药品，有一种利用AI探索怎样的化合物具有作为医药品的效果的系统。制药厂商与AI开发厂商签订了委托使用这样的系统的合同，但是当药品制造商委托AI开发人员使用这种系统时，由于AI开发人员设置的AI会出现编程错误，作为医药品，因为一直提示的是没有效果的化合物组合，所以该制药厂商在与竞争厂商的新药开发竞争中处于不利地位。在这种情况下，AI开发厂商会对制药厂商承担什么责任呢？

同样的问题是，当AI的使用者委托AI的开发者应用AI进行某项工作时，经常发生AI未能实现当初预期性能的情况。例如，也可能会发生“某企业委托AI厂商开发企业内部的人事评价系统时，该AI厂商开发的人事评价系统无法发挥预期的精度，导致员工对人事评价的不满也随之高涨的情况”。

或者，作为目前已经使用的技术，有基于AI的投资顾问合同（所谓的机器人顾问）。个人投资者在提供一些关于自己属性的信息后，可以使积累了各种投资信息的“聪明”的AI自动向该个人投资者提供最佳的投资内容并提供建议，甚至执行服务。但是，如果输入的使AI“学习”的信息中存在错误，结果AI向投资者提供了不适当的投资建议，在该投资者照原样进行投资后，使利益受损。在这种情况下，提供基于AI的投资咨询服务的企业会对该投资者承担什么责任呢？

① 例如，在药物开发的情况下，通过比较治疗组和对照组，在观察到治疗组在平均显示值上具有一定成效的情况下，就可以断定该医疗药品具有一定的功效性。另外，在自动操作的情况下，则有必要假设尽可能多的“可能的危险情况”并进行测试，而不是关注这种“平均值”。然而，要事先100%地预判这种情况是不可能的。虽然越是花时间测试更多的情况，事先没有被考虑到的情况就越少，但一般不能将这种“风险性”归零。在医药品的开发过程中，对副作用的探索也接近于此。

2. 相关法律问题的整理

在法律上，大致可以分为两种情况：第一，如自动驾驶汽车或者无人机，这种带给该机器的制造商或用户以外的第三方损害；第二，像药物开发，人员评估系统和投资咨询方面，基于 AI 的设备损害了使用者自身的情况。在这两者中，在基于 AI 服务的用户遭受损害的后一种情况下，不会出现新的法律问题。

例如，可以实现在使用 AI 进行药物开发服务的情况下，通过预先在药品制造商与 AI 开发人员之间订立合同来有效地分散基于 AI 故障而产生的风险。可以通过灵活应用合同上的契约条款来对希望达成的具体安排进行有效合法的约束。例如，对于 AI 开发厂商来说，如果没有承受由于 AI 的误操作而给制药厂商造成的损失的风险承担力（如果能够相对规避风险）的话，最好事先达成免责协议，明确“即使 AI 万一发生误动作，AI 开发厂商也不承担责任”，这样在事件的处理问题上也会更加合理。然而，如果存在这样的免责声明，则药品制造商可能会担心在 AI 开发制造商中会发生道德风险（AI 开发人员没有提供足够高性能的 AI 服务）。在这种情况下，加入使用成功奖励的激励机制也是一个办法。类似地，在基于 AI 的人员评估系统的情况下，可能通过在提供人员评估系统的 AI 制造商和使用该系统的公司之间达成各种协议，从而在两者之间进行合理的风险分配，以此作为解决如《反垄断法》之类问题的措施。

不过，由于 AI 的具体操作状况的细节常常被暗箱处理，所以可能利用企业很难证明该系统的工作结果不恰当的原因是 AI 的设计错误或者误操作，但是与此相反，即使该系统的操作过程或者工作设定是适当的，可能 AI 厂商也很难证明这是 AI 正常工作的结果还是偶然导致的结果。像这样，当不可能很好地观察或验证各方的努力程度时，可以考虑使用非合同制，例如行业内的声誉，而不是使用明确的合同激励机制，这样可能会更好地解决一些无法辨认双方过错的争议性问题。

基于 AI 的投资咨询服务也是一样的。从投资顾问服务提供企业方面来看，投资能否顺利进行是由多种因素决定的，所以只有在按照 AI 的建议进行投资的结果出现损失的情况下，投资者方才会要求赔偿损失。因此，投资咨询服务提供企业即使投资结果出现损失，也会加入不承担责任的免责条约。但是，如果投资咨询服务提供者与投资者之间的关系类似于消费者合同中的关系，则要充分认识到在某些情况下，免责声明的作用可能会导致投资咨询服务提供商施加单方面有利的合同条款。另外，即使没有免责合同，投资者方面也很难证明基于投资咨询服务提供企业的义务违反（过失）的事实，如投资咨询 AI 有设计错误、学习信息更新怠慢等。因此，从模式化的观点来看，投资者可能需要一定的保护。但即

使这样，传统上也已通过《金融商品交易法》和《消费者契约法》处理了此问题，并且 AI 的引入并没有引发新的问题。

如上所述，在利用 AI 服务的用户中，由于 AI 的误操作等而产生损害的情况下，基本上通过当事人之间的合同来处理就足够了。因此，什么样的合同机制是最理想的呢？围绕最合适的合同方式，经济学、法学方面的研究等，如果根据现有的各种知识来研究的话就足够了，不存在需要修改法律的问题。

如果由 AI 服务（如自动驾驶汽车和无人机）引起的损害发生在 AI 开发人员、配备 AI 的设备制造商和 AI 用户以外的第三方时，则需要做出不同的考量。在这种情况下，使用 AI 会产生外部性，因此有必要直接使用法律规则（或其他机制）为有关各方设置适当的激励措施（incentive）。这是因为当事方不可能在事故发生之前通过谈判和合同自愿实现当事方的最佳安排。然而，现有的法律规则对于 AI 这一前所未有的新情况，是否进行了最佳的内部设置尚不明确。因此，在本章中将该问题设定为讨论对象。

在考虑 AI 利用所带来的外部性时，需要设想多个当事人。首先，可以考虑开发 AI 的 AI 开发企业。其次，可以考虑制造和配备 AI 开发企业开发的 AI 设备服务的企业，并将此作为 AI 机器制造企业。AI 开发企业和 AI 制造企业既有不同的企业，也有同一企业兼任两者的角色。此外还存在利用 AI 制造企业制造、提供的机器服务的 AI 应用者。最后，存在由于 AI 机器服务的使用而受到损害的受害者（第三方）。在下文中，我们将在这种情况设置的前提下考虑理想的法律规则。

三、基于外部性的法律处理

通过法律法规控制特定行为带来的外部性影响时，存在下列几种手段：一是政府直接命令行为者做出一定内容的行为，如果不能达成，就启动刑罚、行政处罚等相对应的法律规则。这种直接限制类型的法律规则包括刑法和行业法限制等。二是受害者向行为者通过私了的方式，对行为者进行的一种法律上的激励措施。这种损害赔偿法类型的法律规则包括非法行为法和产品责任法。三是可以考虑使用税法对行为者设定激励措施。以下，作为研究 AI 所带来的问题的法律调整方法的前提，我们将概述这些法律规则是如何处理外部性影响的[①]。

① 以下内容参照 Shovel（2010）整理得出。

1. 损害赔偿法

首先，我们来看一下损害赔偿法的作用。在行动者的特定行为带来外部性影响的情况下，如果对该影响置之不理，行动者就没有做出社会最佳决策的决断。即使在这种情况下，通过允许第三方以该外部性受害的部分作为损害赔偿，向行为者提出赔偿要求，也可以使行为者由于自己的行为而产生的外部性影响内部化。因此，损害赔偿法的基本功能是对行为者设定一种通过以损害赔偿责任的形式将由于自己的行为而产生的外部性影响内部化，从而做出适用于社会的最适合的决策。

但是，损害赔偿法的外部性内在化功能并不总是能够正常地（充分地）起作用，并且各种因素阻碍了其实现。第一种情况是，为了使行为者将由于自己的行为而产生的外部性影响完全内部化，受到损害的第三方必须向行为者索要损失赔偿，并且必须要求其承认该请求，但这在现实社会中总是不可能实现的。因为受害者发现加害者、起诉加害者并且证明加害者造成了损害的整个过程需要相当大的成本，所以受害者不一定总是对加害者追究损害赔偿责任。例如，在有许多肇事者存在并产生外部性影响的情况下，是很难抓住所有肇事者并提起诉讼的，即使可以提起诉讼，也很难证明个别肇事者与外部性之间的因果关系①。反过来说，即使存在很多受害者，而且每个受害者的损失额都很小的情况下，受害者也大多没有向肇事者提起诉讼的证据。

这样，当无法将参与者所造成的外部性100%内在化时，参与者就有动机做出从社会角度来看并非最优的决定（过小的注意级别和过大的行动水平）。在这种情况下，不可能仅依靠损害赔偿法的基本功能来设定适当的激励措施，因此需要进行一些修正。例如，如果难以证明因果关系和损害，可以考虑减轻或转换举证责任的方法，如果发现加害者的概率低，可以考虑惩罚性损害赔偿，承认与发现概率的倒数相当的损害赔偿②；如果每个人的损失额都很小，且没有强烈的诉讼意愿的话，也可以考虑利用集体诉讼（class action）制度③。此外，如果损害赔偿法所采取的措施还不够充分（如后所述），则可以考虑使用如刑法和商法法规之类的直接法规以及基于税法的激励措施。

作为损害赔偿法不当作用的第二种情况，是所谓的破产证明/判决书的问题。

---

① 当然，法律规则不会忽略这些问题。例如，不一定总是要证明单个犯罪者与外部性之间的因果关系，而仅需要证明犯罪者的共同行为与外部性（共同非法行为）之间的因果关系；或者是只要能证明流行病学的因果关系就可以等。

② 但是，日本法律尚未从正面引入惩罚性损害赔偿。

③ 在日本法律中，部分内容是以合格的消费者群体发出的禁令请求和特定的合格消费者群体要求赔偿的形式引入的。

也就是说，在损害赔偿法中，由于肇事者要从自己所有的财产中支付损害赔偿，所以如果损害赔偿额超过了自己的财产额，就不需要支付自己的财产额以上的金额（可以申请破产），只能以自己所有的财产额为上限来承担责任。特别是在法人造成外部性影响的情况下，法人原则上不承担自己拥有的财产以上的责任（即有限责任）[①]。在这种情况下，由于肇事者不会将自己行为引起的外部性影响100%内部化，所以还是存在与社会最佳水平不同的决策激励（道德风险）。

这样的道德危机容易发生，不只是在行为者拥有的财产少的情况下。与外部性的规模相比，如果行为者持有的财产相对较小，则此逻辑也同样适用，因此即使外部性的规模较大，道德危机也很容易得到妥善处理。典型示例之一就是核电厂发生事故。在核电厂发生事故的情况下，其外部性的规模可能很大，在这种情况下造成的损害赔偿责任不再是公司可以承担的数额。那样的话，就会因不具备为了抑制事故发生的措施而出现的道德风险（Ramseyer，2012）。

应对破产证明/判决书问题的一个方法就是购买保险。特别是对于危险性高的行为，通过引入强制保险制度，可以确保行为者能够履行损害赔偿责任。例如，汽车责任保险制度以及美国的《1990 年油污法》（OPA）等就是典型例子。但是，如果由于使用保险而损害赔偿责任由保险公司支付保险金的话，肇事者因不承担由于自己的行为而产生外部性成本，所以还是会产生道德危机。这种道德风险不仅在社会上是不受欢迎的，而且对于保险公司来说也是不希望的，因为它会导致增加保险金且保费更高。因此，保险合同通常包含确保参与者有适当激励机制的机制。例如，小额免责制度和等级制度等。在使用保险的情况下，不是损害赔偿法，而是这些保险合同上的提示机制，作为促使行为者在社会上做出适当决定的机制而起作用。

应对破产证明/判决书问题的另一个方法就是通过直接利用规章制度，命令肇事者采取最适合社会的行动。如果是核电站、核反应堆等，相关法规（核原料物质、核燃料物质及核反应堆相关法规）要求核反应堆必须达到一定的安全标准。通过这样的直接限制，确保在社会上设置具有理想安全性的核反应堆。

同破产证明/判决书问题相似，在当前的法律体系下，可能难以准确计算用作外部性代替变量的“损害”金额。这是因为《损害赔偿法》中规定，将“损害”换算成金钱后，作为赔偿损失的责任，向加害者请求赔偿。如果这样，如何对精神上的损害进行金钱评价，就难免有困难。另外，关于生命侵害——虽然从经济学上推测生命的价值是可能的，但很难对其进行正确的金钱评价。根据现行的《损害赔偿法》，受害人有责任证明“损害”的数额，并且因为基本上各个损

① 即使采用类似合名公司的无限责任法人形式，最终也要由无限责任员工自己的财产来决定可承担赔偿责任金额的上限。

害的计算是按累加的方式进行统计的，所以如果不能以可以转化为货币的形式证明的话，则“损害”的金额仅是外部性的一部分。这样，在外部产生的过低评价出现系统技术障碍的情况下，肇事者就会产生道德危机，最终也无法产生社会性的最佳处理方案。

对该问题的应对方法也与破产证明/判决书问题的情况一样，通过直接应用限制规定，直接要求行动者采取社会性最佳行动。实际上，在导致生命侵害的高风险类型的行为中，经常采用直接限制。例如，食品卫生法、医药品医疗设备法等（与确保医药品、医疗设备等的品质、有效性及安全性等相关的法律）、建筑基准法等都是直接要求达到一定安全性的内容的法规，而这些都是很容易对生命健康造成损害的领域。

作为损害赔偿法无法恰当发挥作用的第三种情况，可以举出双方关注（bilateral care）的情况。到目前为止，我们在本节中看到的所有案例都是单方面关注案例（unilateral care）。换句话说，如果所讨论的外部性仅由一个行为者（肇事者）的行为引起，那么所有发生的外部性影响都会作为损失赔偿责任而内部化该行为者，通过这样做，可以用社交上适当的方式控制该行为者的行为。这是一种损害赔偿规则，该规则规定了与行为者的疏忽无关的损害赔偿责任，称为严格赔偿责任规则或无过失赔偿责任规则。

与此相对，问题的外部影响并不是由一方行为者（肇事者）的行动引起的，而是由双方行为者（肇事者、受害者）的行动所引起的，在双方都注意的情况下，则不希望采用严格责任规则。这是因为，根据严格责任规则，所有外部性影响均由肇事者内部化，而受害者并未内部化任何外部性，因此，没有动机促使受害者采取适当的行动。例如，我们可以试着考虑一下在作为加害者的汽车和作为受害者的步行者之间发生的交通事故。在严格责任规则下，无论受害者行人采取的谨慎程度如何，肇事者无条件承担损害赔偿责任，所以即便是行人无视红灯并横穿马路，司机也必须承担全责，即使是出于个人原因在高速公路上行走而发生事故，驾驶员也必须承担全部责任。这样一来，行人就失去了采取适当预防措施以防止交通事故的动力。

对此，如若肇事者在满足特定的注意级别（过失级别）的情况下，按照过失责任的规定，是无须承担损害赔偿责任的，而当肇事者的过失级别超过注意级别时，受害者就必须自己承担这种外部性的损害，因此受害者就有必要注意不让这种外部性伤害发生。并且，当肇事者超过过失级别不多的前提下，因采用了超过过失级别的注意级别——激励措施，所以肇事者所达到的注意级别刚好超过过失级别并造成损害，这就形成了“纳什均衡”（Nash Equilibrium）的情况。因此，只要被设定为过失级别的注意级别是肇事者所要求的社会最适合的注意级

别，那过失责任规则就成了对肇事者和受害者都给予社会最佳行动提示的法律规则。

同样的结果也可以在有共同过失（Contributory Negligence）的严格责任规则中实现。共同过失是指在受害者没有达到特定的注意级别（过失级别）时，免除肇事者的损害赔偿责任的法律规则。如果过失级别被设定为受害者在社会上最合适的级别，则受害者会有一种暗示，即采用超出过失级别的谨慎度，因此加害者也会在自己承担损失赔偿责任的前提下采用社会上最合适的注意级别的纳什均衡。

这样，过失责任规则或有共同过失的严格责任规则，即使在双方注意的情况下也可以实现社会上最优激励的设定，但有几点需要注意。一点是为了使行为人能够根据错误责任规则和有贡献错误的严格责任规则获得适当的激励，必须由法院对过失级别进行适当的调整和设定。例如，法院将过失级别设置为低于社会适当水平时，加害者（过失责任规则的情况下）和被害者（有共同过失的严格责任规则的情况下）只能采取过低的注意级别。因此，法院能够设置适当的过失级别的信息和能力对于这些损害补偿规则的适当功能是重要的因素[①]。

另一点需要注意的是，在这些损害赔偿法的规则下，对于因过失而被授予激励措施的行为者（过失责任规则的情况下的加害者，在有共同过失的严格责任规则的情况下的受害者），是不能控制其行为水准的。也就是说，控制事故发生的可能性的要素通常有两个——谨慎程度（即采取的谨慎态度）和行动水平（即经常采取的行动）。在严格的责任规则下，行为者会将伴随着注意力水平的增加和行为水平的降低而导致“成本和损害赔偿责任额的期待值的降低”，同利益（Benefit）进行比较，以此来决定最适合自己的行动，而这也是社会上最适合的决定。然而，错误的判断框架只着眼于这两个因素中的注意级别。因此，根据过失判断有无责任的一方的当事人，如果连不被认定为有过失的注意级别都实现了的话，行为水平的等级就与有无责任无关了，所以没有采用社会上适当的行为水平的激励措施。只有当所有其他当事人都达到了超出过失级别的谨慎度时，承担剩余责任的当事人才具有控制行为水平的激励。因此，在实现社会上最合适的决策时，如果行为水平的控制很重要，则仅基于过失的判断框架是不够的。

如上所述，损害赔偿法虽然是外部性控制的基本工具，但在某些方面未必能充分发挥其功能。在这种情况下，需要利用损害赔偿法以外的法律手段，甚至是法律规则以外的机构，来补充损害赔偿法目标外部性的内部化功能。

① 这种期待未必是合法的。例如，可参照指出日本法院的判断存在偏差的 Ramseyer（2015）。

2. 直接监管

综上所述，通过损害赔偿法的外部性的内部化，在存在破产证明/判决书问题的情况下，或在现在的损害赔偿法下发生无法正确评价“损失”金额的类型的外部性情况下，不一定能起到作用。因为行为者不是自己行为产生的外部性的全部，而是只内部化一部分而决定的，所以会产生道德风险，采取过小的注意级别或过大的行为级别。

与此相对，如果是法律法规等直接限制，有可能克服这种损害补偿法的缺陷。如要求对行为者采取一定的行为、注意级别和行为水平，如果行为者没有采取该行为、注意级别、行为水平的话，将对其进行刑罚，以及各种行政处分——罚款、业务停止命令、吊销执照等举措。在这样的庇护下，行为者将有动机做出社会上最佳的决定，而这种决定往往无法通过损害赔偿法得到充分实现。

不过，虽然存在有这样优点的直接限制，但这也不一定是万能的。直接限制的问题在于，决定限制内容的立法机关、行政政府不一定有足够的信息来决定社会上最适合的限制内容的应有状态，因此具有设定错误内容限制的危险性。也就是说，如果在损害赔偿法的规则下，只要法院能够适当地评估损害金额，之后，作为一方就可以评价为了抑制外部性的发生所需的成本和外部性（即损害赔偿责任）发生的可能性，也就可以期待进行最合适的决策了。这是因为行为者本身具有做出这些决定所必需的信息。与此相对，立法机关和行政机关在设定直接限制的内容时，需要从各种相关人员那里取得他们所持有的私人信息，然后再决定社会上适当的限制内容。

在决定直接限制内容的立法机关和行政机关中，规定内容决定所需的信息不一定充分存在的情况很多，所以直接限制的内容有时只限于“必要最小限度”的内容。这是因为考虑到了通过设定过多的规章制度，来避免过分抑制行为者的行为。但是，这种对管制内容的决定当然会使行为者的决定偏离社会最优水平，从而产生社会成本。

直接监管的另一个问题是，作为执行法律规则的实体政府并不总是具有足够的执行激励措施。在损害赔偿法规则的情况下，实施法律规则的是受害者本人，受害者通过损害赔偿法对其所遭受的损害寻求赔偿，而肇事者也有追求责任的动机。与此相对，实行直接限制的是行政政府，而不是因外部性而受害的受害者自己。由于这个原因，存在一个替代的问题，它与损害赔偿法的情况不同，不能期望通过行政政府在适当的水平上执行直接监管。

3. 税收制度

与直接监管类似，当无法通过损害赔偿法适当控制外部性时，税收制度还可

以作为损害赔偿法的补充。其中最著名的一项就是“庇古税”（Pigovian Tax）。典型的例子就是环境损害，例如通过汽车废气造成的空气污染，其中由于行为实施者众多，受害人难以单独识别行为实施者并提起诉讼。在这种情况下，由于存在无数的加害者，对于所有的加害者，明确对损害的捐赠部分，提出损害赔偿责任追究诉讼是不现实的。在这种情况下，如果以汽车税或汽油税的形式，对自动车或汽油的使用设定一定的制裁，则就有可能为汽车使用者设定社会最优的激励措施。

但是，通过税收制度控制外部性的局限性类似于直接监管。也就是说，决定能够设定社会最优激励措施课税额的是立法机关或行政政府。但是，立法机构或行政政府可能并不总是能够收集设置社会最优激励措施所需的信息。还有一个限制是，在征税时通常会产生征税成本①。

如上所述，控制外部性的法律规则多种多样，各有利弊。因此，重要的是设计出一种方法，通过在每种情况下利用（纠正）最佳法律规则，尽可能多地实现社会期望的激励设置。

四、对AI带来的外部性影响的应对

那么，如何利用第三小节提到的各种法律规则来应对AI所带来的外部性呢？正如第二小节所看到的那样，关于AI的法律问题需要考虑到各种各样的状况，但是AI的开发者，或AI搭载机器服务的制造商、销售商和AI应用者之间的法律关系通常能够通过双方的合同来实现有效的风险分配，所以除反垄断法外，不会发生新的法律问题。当然，根据使用者的属性，虽然有可能启动模式保护，但这只不过是一个陈旧的法律问题的重演，所以即使是AI也不需要新的考虑。

这样一来，就变成了“关于AI的应用给AI开发者、AI搭载机器/服务的制造/销售者、AI利用者以外的第三方带来外部性的情况，将会发生怎样的法律问题”。但是，仍然很难想象税收制度将用于阻止人工智能使用的外部性②。因此，下面我们将研究如何通过直接监管从外部控制AI，以及如何通过损害赔偿法来控制AI。

---

① 不过，税收成本不一定比损害赔偿法规定的审判制度的维持运营成本，或是直接管制情况下伴随监狱运营成本和业务停止命令的成本等要大。

② 这是因为尚未出现AI的使用者，即AI（潜在的）加害者广泛地波及多数人的情况。如果出现了这种情况，那么最好利用税收系统来控制AI带来的外部性。

1. 直接管制

关于直接管制，如果配备AI的设备/服务属于具有一定风险的类型，那么即使在AI出现之前，通常也存在直接管制。例如，汽车、飞机等在误操作时有可能造成巨大损失，因此从一开始就引入了直接管制。

但是，许多长期存在的直接法规并没有以使用AI为先决条件，也没有考虑到AI的使用规定。因此，在某些情况下，直接管制将成为引入AI的障碍。著名的例子是在汽车行驶中要求驾驶员存在的"国际道路交通公约（日内瓦）"。在这种情况下，应考虑到AI的存在，对直接限制进行修改和改写。例如，对汽车行驶要求驾驶员存在的宗旨是，作为责任的归属主体，必须设定具有实现汽车驾驶安全性的标志性主体，除驾驶员以外，还需要有能够控制汽车驾驶安全性的人存在，以这样的形式修改条约就可以了。

这样，对于直接监管，如果现有监管内容阻碍了AI的使用，则可以修改监管内容。相反，当人工智能的引入创造了过去不存在的新设备和服务时，并且其风险之高需要直接监管的话，就需要导入以配备AI的设备和服务为目标，为AI开发人员、配备AI的设备和服务的制造商和销售商以及AI用户设定适当的激励措施的新的直接监管。例如，随着无人机的开发，在以前飞机没有飞行的空域中，如果无人机也进入的话，就会产生在现有法律规定中无法应对的新的危险性。为了应对这种危险，就有必要引入新的直接管制了。

2. 损害赔偿法

如上所述，直接管制是根据危险性高的设备和服务类型分别形成的法律规则，通过修改个别的法律规则，可以应对由于AI的利用而新产生的外部性。另外，损害赔偿法规则是民法和产品责任法中常见的一般法律，与针对每种设备和服务所设定的特殊法律不同，它可以被灵活地修改[①]。因此，在使用AI带来的外部情况下，我们可以考虑是否可以为民法和产品责任法（这是日本法律中损害赔偿法的一般法律）下的违法行为法设置适当的激励措施。

作为考虑这一点的前提，就像第二小节所说的那样，整理一下以怎样的状况为出发点进行讨论。在本章所考虑的设置中，以下四者将被作为当事人进行探讨。

- AI开发人员
- 配备AI的设备和服务的制造商和销售商

---

① 当然，还有一些特殊的损害赔偿法律仅适用于某些类型，例如《责任法》和《核损害赔偿法》。在这样的领域中，可以通过对法律的个别修改来设置诱因，以制止社会上最适合的外部性激励。

· 配备 AI 的设备和服务的用户

· 受害人（第三方）

在这种情况下，受害者（第三方）首先根据针对配备 AI 的设备和服务的用户其非法行为要求赔偿损失。如果事故的发生是由于 AI 的组装方式或原本是 AI 的设计导致的，那么受害者将向 AI 配备设备服务的制造商或 AI 的开发者提出基于不法行为的损害赔偿请求。另外，即使 AI 装载设备服务的应用者对受害者第一次承担了损害赔偿责任的场合，如果事故的原因是 AI 的编入方法或者 AI 的设计，AI 的应用者对 AI 装载设备服务的使用者和 AI 开发者，将根据合同（即使没有明确签订合同，也可以考虑追及违反信义规则的附带义务）或不法行为要求赔偿。这样一来，在发生由 AI 利用引起的事故时，承担受害者损失负责的是 AI 的开发者、AI 搭载机器、服务的制造商、销售商以及 AI 使用者中的一个。

当然，在索赔或索赔的实际过程中，往往很难确定事故的真正原因是什么。特别是，随着 AI 的高度化，其内容被暗箱操作，被害者或补偿者很难证明事故的原因是 AI 的嵌入方法和设计上的错误。在这种情况下，如果以不能履行举证责任为理由而驳回请求，则无法通过损害赔偿法设定适当的激励措施。为了避免这样的事态，如第三小节（1）中所述，是必须放弃基于损害赔偿法的激励措施的控制[①]，还是以直接通过转移举证责任等来修改损害赔偿法规则——事实上《产品损害赔偿法》旨在转移证明责任，因此有必要对《损害赔偿法》规则进行修订[②]。在下文中，不存在举证困难的情况，所以当事者可以适当地证明真正的责任所在，也就是说，将考虑到理想的情况进行讨论。

那么，在以上的设定下，通过损害赔偿法进行的内部设定，希望以怎样的形式进行呢？在第三小节中概述的损害赔偿法功能的各个要点中，AI 带来的外部性控制中出现的特别问题是"单方面注意和双方注意"的区分。

也就是说，如果有可能开发出能够完美地运行的 AI 并将其整合到设备和服务中，那么这种开发组装后的 AI 设备对于 AI 开发人员和配备 AI 的设备和服务来说就已经足够了。但是，需要控制 AI 的外部性的情况是可以通过逐一处理可能的突发事件来降低风险的情况。然而，在 AI 的开发中，不可能处理将来可能发生的所有事件（或需要禁止的高成本）。正如完美的合同在现实中是不可能实现的一样，AI 的操作也是不完美的。然后，除了如机械故障（如操作 AI 的计算机发生故障）之类的情况之外，还可能发生由各种因素引起因 AI 使用引起的事故。列举可考虑的因素，如下所示：

---

① 但是，考虑到技术水平的发展速度，预计继续设定适当的直接监管水平将是一项相当困难的任务。

② 证明责任的转换可以通过《产品责任法》等法律进行更改，也可以通过法院更改司法来实现。

· AI 设计错误，使 AI 学习的数据不足或存在偏差

· AI 搭载机器/服务等 AI 嵌入上的失误

· AI 用户的错误使用

· AI 开发者没有向 AI 配备设备和服务的制造商及销售者提供关于 AI 性能极限的信息

· AI 搭载设备和服务的制造商和销售者没有向 AI 的使用者恰当提供 AI 搭载设备和服务性能极限的信息，这些因素的特征在于 AI 的使用

为了减少因使用 AI 引起的事故，对于 AI 开发人员而言，首先有必要开发出尽可能不会发生故障的 AI（提供这种激励措施）。最重要的是，AI 开发人员向配备 AI 的设备和服务的制造商及销售商传达有关已开发 AI 性能的局限性以及配备 AI 的设备和服务的关于制造的准确信息。卖方必须制造出包含故障保护系统的设备和服务，该系统必须涵盖 AI 性能的极限，并降低 AI 故障导致事故的可能性（需要具备这样的提示）。最后，AI 安装设备和服务的制造商向 AI 的用户传达了关于 AI 性能极限的正确信息，AI 的使用者必须根据 AI 性能的界限，适当利用该设备和服务（必须采取这种措施）。这样，为了防止因使用 AI 引起的事故，对于 AI 开发商，配备 AI 的设备/服务的制造商/销售商以及 AI 用户这三方中的每一个都在自己可能的范围内努力提高安全性——增加安全性需要付出更多成本，因此没有必要在成本和收益之外增加安全性——并且还需要向位于“下游”的人传达正确的信息。随着 AI 的应用而产生的外部性是需要三方各自注意的。这样一来，为了对三方都设定适当的提示，严格责任的规则就不恰当了。因为严格责任规则只会给负责严格责任的当事人提供选择适当的谨慎度（行为水平）的提示，而不会对其他当事人设置任何提示。就像是过失责任的规则那样，是一种在不满足一定注意级别的情况下，追究赔偿责任的损害赔偿法规则，或者像是共同过失所负的严格责任规则一样，在不满足一定的注意级别的情况下，采用否定责任追究的损害赔偿法规则。

那么，过失责任规则和有共同过失的严格责任规则，哪一种更适合呢？正如第三小节中整理的那样，想要哪个取决于以下几个要素。

首先，如果所有当事方都达到了适当的谨慎度，则只有最终负有责任的一方（承担剩余责任的一方）才有动机控制自己的行为水平。因此，我们将通过比较 AI 的开发者、AI 配备设备和服务的制造商、销售商和 AI 的使用者，以此来确定他们中的哪一个对于控制其行为水平更重要。多数情况下，AI 的开发者不需要控制其行为水平，反而是对于 AI 搭载设备、服务的制造商、销售商（制造量、销售量）以及 AI 的使用者（使用频率），控制其行为水平更为重要。这样的话，从行为水平的控制这一观点来看，让后两方承担剩余责任的损害赔偿法规则会比

较理想。

其次，关于过失级别的设定以及损害金额的计算，法院判断的正确性也成为问题。法院将对AI用户进行审查，以此来确定他们是否在了解AI搭载机器/服务的制造商/销售者所提供的“AI性能极限的信息”后，合理地使用了AI。在这种情况下，法院将对AI的开发者和AI搭载机器/服务的制造商/销售者是否达到了适当的努力水平（开发更安全的AI的成本和利益的相抵水平）进行审查。当然，相较于这两种情况，可能后者实践起来更加困难。这样一来，对于后者来说，如果向法院请求关于“有无过失”的审查，则存在法院与要求法院审查是否存在过失相比，将设置非社会最优过失级别的风险提高了的可能性。因此，从法院关于过失判断的过失危险性的观点来看，在判断AI使用者有无过失的基础上，如果AI的使用者没有过失，就让AI的开发者、AI搭载机器、服务的制造商、销售者负责，在许多情况下，大家是不希望承担与共同过失的严格责任规则相对应的损害赔偿法规则的。此外，AI开发人员与配备AI的设备/服务的制造商/销售商之间通常存在合同关系，并且两者的交涉力和信息收集能力通常没有显著差异。因此在关于到底哪一方最终将承担损失的问题上，通常都是由两方交涉谈判达成的。

此外，作为法律中未提及的因素，当事方的风险偏好和购买保险的便利性也是选择损害赔偿法规则的重要因素。如上所述，负责剩余责任的一方在错误责任规则和严格责任规则之间负有“共同过失”的责任。因此，如果负有剩余责任的一方比另一方更具风险规避性，或者无法比其他当事人更容易地购买保险的话，这样的损害赔偿法规则是不可取的。所以，让风险更中立、更容易购买保险的当事人承担剩余责任会更有效率。从这个观点来看，AI的开发者、AI搭载机器/服务的制造商/销售者、AI的利用者中的哪一个更具有中立风险、更容易购买保险，应该根据不同类型来判断，选择适当的损害赔偿法规则①。

在这一点上，可能有人指出，在AI开发者中风险企业较多的情况下，由于缺乏资金，AI开发者更加回避风险，不应该让AI开发者承担剩余责任。但是，这里的问题是相对风险偏好和购买保险的难易度。因此，可以得出结论：应该让第三方（受害人）和AI的使用者承担剩余责任，因为后者相对来说其风险更加中立，或者存在购买保险进行备份等的情况。

① 例如，在无人驾驶汽车的情况下，很多情况下AI开发者是一家合资企业，配备AI的设备的制造商/销售商是主要的汽车制造商，而AI用户是一个普通的个体，因此作为AI设备的制造者和销售者的汽车制造商应承担其余责任。

3. 有关现行损害赔偿法的研究

那么，现行的日本法是否实现了第四小节中所讲到的“理想的损害赔偿法”呢？

首先，《民法典》的《非法法》基本上采用了过失责任（民法 709 条）。但是，这是以第 4 条第（2）款中规定的情况为前提，第三方（受害人）向其他当事人提出损害赔偿要求时的责任规定，而不是第三方。因为第三方以外的三方之间的分担是共同不法行为（民法 719 条），因此根据其共同过失部分将其视为共同责任。

在这种情况下，法院通常很难确定哪一方对事故承担过失责任，以及需要承担多少相应的过失责任。因为这和第四小节中看到的法院判定过失等级是相同的问题。但是，法院以自己容易判断的 AI 利用者的过失部分为中心进行判断，在此基础上让其他当事人承担剩余责任——推定“如果 AI 的利用者没有过失的话，其他当事人一定会引起事故”，如果采用这样的判断，可能会引导出社会上最理想的结果。

但是也可能存在以下这种不确定性，首先，在“最初不法行为成功与否的阶段”，或者“共同过失比例”的判断阶段，法院将当事人有无“过失”进行了误判，或者，在 AI 利用事故较少的阶段，法院的判断产生了很大的偏差。这种不确定性有可能对当事人造成消极影响。另外，法律不确定性的存在促使保险公司不愿在责任保险设计中提供产品以弥补损害赔偿责任，这是因为一旦保险售出，就有可能需要比最初计划更多的保险金。其次，根据《产品责任法》（这是一项特殊法律），无论产品有任何“缺陷”，产品制造商都应对产品承担责任（《产品责任法》第 3 条）。该“缺陷”包括制造上的缺陷、设计上的缺陷、指示警告上的缺陷共三种缺陷。其中，对于制造上的缺陷是无过失责任的，不论制造商等有无过失，制造商等都将承担责任。对此，设计上的缺陷与指示警告上的缺陷相结合，即使产品设计上存在危险性，只要向消费者适当地指示并警告，制造商就不负责，这就采用了过失责任性的判断框架（米村，2008，2009）。

这是因为制造缺陷由于制造商的关注度低而具有单方面的注意结构，而设计缺陷和说明警告缺陷是安全的。因此制造商不仅会谨慎生产产品，而且还会准确传送有关产品安全性的信息，而消费者也会根据说明警告谨慎使用产品，在这一过程中具有双方面的注意结构。从这个意义上讲，产品责任法律体系基本上具有第 4 条第（2）款中研究的理想损害赔偿法律规则的结构。不过，关于这种情况下“过失”的存在方式，或者作为连带责任结果的制造商等之间的责任分担方式，与民法的不法行为法中指出的相同问题点是妥当的。

另外，无论是根据民法的不法行为法，还是根据产品责任法，在实际的过失判断中，从AI利用的“上游”到“下游”提供怎样的信息——按《产品责任法》的用语来讲，完成“指示警告”的过程也很重要。许多AI开发者和AI搭载设备和服务的制造商及销售者为了推销AI产品，会经常宣传它的高性能。但是，如果过于热衷传达有关高性能的信息，而忽略了准确传达有关AI性能极限的信息，则它就无法向处于AI“下游”的当事人准确传达正确使用AI的信息。应该注意的是，由于未传达准确的AI极限信息，因此构成过失的可能性会随之增加。当然，上游方与下游方之间存在合同关系，并且可以达成协议以免除或限制上游方的责任。然而，需要注意的是，这种协议与第二小节所述的相同，如果两者之间存在消费者合同关系，从模式化的角度来看，可能会限制协议的有效性。

如上所述，当前的日本损害赔偿法（民法《非法法》和《产品责任法》）基本上为损害赔偿法规则提供了理想的框架。但是，从细节上讲，这可能会成为不合适的规则①，成本和法律上的不确定性仍然存在，对于保险公司、AI的开发者、AI搭载机器服务的制造/销售者有可能产生消极影响。但是，即使这样，如果以AI业界的培养为名义，轻易地导入了对AI的开发者和AI搭载机器/服务的制造/销售者的免责和责任限制，反而无法对这些人给予来自社会的适当激励。

但是，这是只着眼于根据法律规则的激励设定情况下的分析。如果有可能期望获得除法律规则以外的社会上的适当激励机制的话，则有可能因法律规则而导致设置的激励机制幅度不够。例如，在产品市场上的竞争，对开发和制造会导致事故的产品的公司进行“舆论抨击”之类的声誉和社会制裁，对于这些，如果我们已经有了适当的激励措施的话，那么从激励设置的角度来看，豁免和责任限制可能是合理的。但是，即使在这种情况下，第三方（受害者）和AI用户也必须能够轻松地购买到保险（保证实际过程中必须能够购买）②。

五、AI和法律

本章重点讨论法律规则应如何处理AI带来的外部性，以及AI发展可能引起的其他法律问题。尽管有人担心AI法律责任的不确定性可能对AI产业的发展产

① 参照藤田（2017）、洼田（2017）、小冢（2017）、藤田编（2018）。

② 可以想象得到，我们常常过于乐观，只购买小额或者几份保险。因此我们必须拥有更多的后盾（保险）来帮助我们应对各种突发状况，例如设定强制保险等。

生阻碍，但实际上，日本现行的损害赔偿法（《非法法》和《产品责任法》）基本上都采用了有望成为社会所期望的法律规则的结构。无论是开发 AI 的企业、制造销售导入 AI 的服务企业，还是利用这种机器服务的人，只要做到了恰当的谨慎，就不会承担责任，即使衍生了承担责任的后果，责任范围仍将保持在合理的范围内，所以没有必要过多地担心。另外，由于尚未完全弄清围绕 AI 的各种法律问题而犹豫使用 AI，这对于一个公司而言通常不是理性的决定。

本章介绍的分析框架只是一个基本概念，有必要根据使用 AI 的具体情况进行各种修改并加以利用。但是，如果这样一个原始的分析框架可以根据未来单个 AI 的使用领域来促进社会上合乎需要的法律规则的发展，那笔者将不胜感激。

致　谢

本章是（德国）经济产业研究所的项目“人工智能等对经济的影响研究”成果的一部分，在执笔本章时，得到了来自该项目参加者的有益建议，笔者在此深表感谢。

● 参考文献

Morita, Hatsuru（2015）“An Economic Analysis of the Legal Liabilities of GNSS”, https://ssrn.com/abstract=2675234.

Ramseyer, J. Mark（2012）“Why Power Companies Build Nuclear Reactors on Fault Lines: The Case of Japan”, Theoretical Inquiries in Law, 13（2）, 457-485. ——（2015）Second-Best Justice: The Virtues of Japanese Private Law, The University of Chicago Press.

池田裕輔（2017）「自動運転技術等の現況」『ジュリスト』1501 号，16-22 頁。

金岡京子（2017）「自動運転と民事責任をめぐるドイツの状況」『ジュリスト』1501 号，44-49 頁。

窪田充見（2017）「自動運転と販売店・メーカーの責任——衝突被害軽減ブレーキを素材とする現在の法律状態の分析と検討課題」，『ジュリスト』1501 号，30-37 頁。

小塚荘一郎（2017）「自動車のソフトウェア化と民事責任」『ジュリスト』1501 号，38-43 頁。

後藤元（2017）「自動運転と民事責任をめぐるアメリカ法の状況」『ジュリスト』1501 号，50-55 頁。

佐藤智晶（2015）「人工知能と法——自動運転技術の利用と法的課題，特

に製造物責任に着目して」『青山法学論集』57（3），27–42 頁。

シャベル，S.（2010）『法と経済学』日本経済新聞社。

藤田友敬（2017）「自動運転と運行供用者の責任」『ジュリスト』1501 号，23–29 頁。

藤田友敬編（2018）『自動運転と法』有斐閣。

米村滋人（2008–2009）「製造物責任における欠陥評価の法的構造（1）（2）（3・完）」『法学』72（1），1–33 頁/73（2），224–261 頁/73（3），400–445 頁。

第五章　人工智能商业的资金筹措和法律限制
——以众筹为中心

森田果

一、多样的资金筹措方法

作为利用人工智能开发各种业务的融资方法，对于已经建立业务结构或融资系统的企业，传统股权（股票等）和债务（银行等）可以通过利用借款、项目融资、公司债券等来筹集资金。对于初创公司来说，如果它们可以从天使投资人和风险投资中筹集资金，那将是一件好事，但是，如果它们不从这些实体筹集资金，那么它们将需要从市场筹集资金。但是，初创公司很难以普通股发行或公司债券发行，以普通股票发行或者国债发行形式从市场调集资金的方式，很难考虑到包括金融商品交易法上的壁垒、证券交易中心所设置的上市标准壁垒以及市场参与者的期望，因此有必要通过传统融资以外的其他方式筹集资金。最近，这种替代融资方法已成为人们关注的焦点，它使用的是被称为众筹的通过网络筹集资金的方法，抑或是使用被称为初始货币供应（Initical Coin Offering，ICO）或虚拟货币的代币销售，当然，这也是一种筹集资金的方法。

其中，在初始货币供应中，筹划筹资的企业在互联网上出售被称为“令牌”的独特虚拟货币，投资者通过使用比特币等更普遍的虚拟货币出资来购买代币。筹资企业通过兑换出资的虚拟货币来筹措资金，投资者通过在交易所买卖的代币来回收出资。发行代币时，集资公司发布称为白皮书的商业计划，该计划描述了募集资金将要进行的项目类型，根据白皮书中提供的信息，投资者可以评估资金公司正在尝试实施的项目的可行性和盈利能力。初始货币供应中的投资者将承担

此类项目产生的风险和虚拟货币价格变动的风险。

与此前使用的股票 IPO 不同，初始货币供应（ICO）不仅试图避免金融商品交易法中的严格限制，而且可以通过国内投资者，或者互联网向全世界的投资者筹措资金，因此其使用人数迅速扩大。但是，关于初始货币供应，截至 2017 年 10 月，日本的法律规定仍待完善——当然，对于初始货币供应的理想法律调整方式，例如对于欺诈性的初始货币供应期望怎样的规定，以及资金筹措后发生的项目需要什么样的信息，对于内部交易需要什么样的限制等可以进行讨论。

因此，在本章中，我们将专门针对众筹来概述日本的法律限制方式。在下文中，第二小节主要概述了日本的众筹历史和众筹的分类。在第三小节至第六小节，将针对各种类型的众筹设置了哪些法律和法规进行论述。在第七小节中，笔者对众筹业务的未来及其法律法规进行简短的评论。

二、众筹的历史和分类

1. 日本的众筹史

在日本，众筹开始被称为“社会贷款”或“P2P”（peer to peer）贷款。例如，社会借贷的先驱之一 maneo 股票公司[①]成立于 2007 年，另一家社会借贷的先驱 AQUSH[②] 于 2009 年开始服务。

当时的社会背景是超低利率，对 21 世纪最初 10 年后半期这些社会贷款服务的推出产生了重大影响。日本的长期利率（10 年期国债）在 1997 年低于 2%，1999 年 3 月日本银行引入零利率政策。2008 年以后，随着金融危机，世界范围内超低利率不断扩大。因此，以银行存款的形式无法获得利息收入，个人投资者虽然不是股权投资，但也是寻找能够相应确保回报的投资方。另外还有那些由于自身是小企业，不一定能够申请到银行贷款的经营者便开始寻求银行以外的资金筹措方。在这种情况下，随着互联网的普及，在网上个人投资者和小规模经营者之间进行匹配的社交租赁服务引起了人们的关注。通过使用社会贷款服务，个人投资者可以期望获得百分之几的收益，这点与银行存款不同，因为后者很难获得利息收入，而小型公司的企业家现在能够筹集无法从银行筹集的资金。

由于 2011 年发生的“3·11”日本大地震，以这种方式开始的日本的众筹已

① 资料来源：https://www.maneo.jp/。

② 资料来源：https://www.aqush.jp/。

经发生了重大变化。"3·11" 日本大地震严重破坏了东北地区以第一产业为中心的各种小型企业。为了复兴这些小规模的公司，需要资金来恢复被破坏的器材和工厂等，因此与企业规模相比，有必要筹集大量资金。由于产品销售商大多也因"3·11" 日本大地震而停止工作，因此企业的回报前景越来越严峻。对于银行等传统金融机构而言，为这些小型企业提供重建资金实在太冒险了。

因此，为了支援"3·11" 日本大地震受灾地的复兴，出现了利用众筹来筹措资金的举动。其中著名的服务是 music① securities② 的保障。music securities 最初是与音乐相关的众筹服务，但以"3·11" 日本大地震为契机，开始了支援复兴的众筹服务，受到了媒体等的极大关注。

这样，在从"3·11" 日本大地震中恢复的阶段，社会逐渐意识到众筹对社会有用，因此，众筹开始用于重建支持以外的其他目的。例如，目前日本最大的众筹服务之一 Readyfor③ 于 2011 年 3 月推出了服务，做同样业务的众筹服务 CAMPFIRE④ 于 2011 年 1 月成立。这些众筹服务已为创业企业提供了不同于传统融资方式的新融资方式。

2. 众筹的分类

如上所述的日本众筹服务可以分为以下几种类型：

第一类是赠予型众筹。JAPAN GIVING⑤ 和 Just Giving⑥ 属于此类。在赠予型众筹中，资金提供者只向披露自己项目内容并募集资金的资金筹措者单方面提供（赠予）资金，而不会得到任何金钱或物质上的回报。资金筹措者能给予资金提供者的，只是资金提供者援助了资金筹措者项目实现这样的精神上的满足感。因此，捐赠型商品的融资与其他类型的众筹相比难度更高，市场规模也相对较小。

第二类是购买型众筹。在日本，这种类型的众筹服务最普及且规模也很大。如上所述，Readyfor 和 CAMPFIRE 都是购买型众筹。作为最近成为话题的例子，众所周知⑦，《在这个世界的角落》电影的众筹就是通过 Makuake⑧ 实现的。在购买型众筹中，筹款人向资金提供者提出在项目实现时可获得的物品或服务作为资

---

① 资料来源：https：//www. musicsecurities. com/。

② 资料来源：https：//www. securite. jp/。

③ 资料来源：https：//readyfor. jp/。

④ 资料来源：https：//campfire. co. jp/。

⑤ 资料来源：https：//japangiving. jp/。

⑥ 资料来源：https：//www. justgiving. com/。

⑦ 资料来源：https：//www. makuake. com/project/konosekai/；https：//www. makuake. com/project/konosekai2/。

⑧ 资料来源：https：//www. makuake. com/。

金筹措的回报。在筹资者和提供者间将订立一份销售合同或一项服务提供合同，其中资金将用于购买实现该项目的等价回报。作为出资者，可以获得这样的补偿和精神上的满足，可以帮助筹款者将项目实现为自己的投资回报。购买型众筹在日本普及的原因与赠予型众筹不同，除了资金提供者可以获得物质上的回报外，还有其他理由，这是因为购买型众筹还可以充当针对新产品和服务需求的试点调查营销和广告。

也就是说，计划开发新商品和服务的人，如果想利用购买型众筹来筹措开发资金的话，通过观察能筹措多少资金以及多久能筹措到资金，在将来该商品和服务开发成功时，可以将该产品和服务的开发利用在判断资料中。此外，通过在购买型众筹服务中筹集资金，有关尚未开发的产品和服务的信息将发布在众筹公司的平台站点上。这将是一项服务的声明，并且可以预期向该项目捐款的出资者将在 SNS 等地方宣传有关产品或服务的信息，因此可以期待进一步的广告效果。

第三类是金融型众筹。金融型众筹与购买型众筹不同，筹款人在项目实现时为投资人带来的收益是金钱效益。根据提供货币收益的法律形式是消费者贷款（loan）还是股票，金融型众筹可进一步分为融资型众筹和权益型众筹。

融资型众筹是指由出资者向筹集资金者提供贷款的众筹。在日本，它是仅次于购买型众筹的第二大流行的众筹服务，除了上述的 maneo 和 AQUSH，SBI Social Lending[①] 也属于此类。如上所述，在当今利率极低的日本，预期收益率将远远高于银行存款的事实是融资型众筹对供资者有吸引力的原因。此外，还有一种类型的融资型众筹，称为基金型众筹，其中一种基金是通过将多个贷方的投资捆绑在一起并向该基金征集贷款而形成的。

在权益型众筹中，筹款人带给出资者的收益不是偿还贷款的本金和利息，而是筹款人发行的股票。在日本，GoAngel[②] 和其他公司正在开发权益型众筹项目[③]。通过 2014 年金融商品交易法的修改，权益型众筹会更容易实现，虽然当时相关的律师和从业者经常提及，但如后所述（参照第七小节），在日本并没有那么广泛。

众筹可以分成以上各种类型，但每个众筹平台不一定只提供这些类型中的一种服务。一个平台经常同时提供多种融资服务。

---

① 资料来源：https：//www. sbi-sociallending. jp/。

② 资料来源：https：//go-angel. com/。

③ 此外，日本云资本（http：//www. cloud-capital. co. jp）也运营着权益型众筹。另外，Crowd Bank（https：//cro wdbank. jp/）虽然也曾主张进军权益型融资领域，但现在已经专门开展融资型众筹项目。

三、针对赠予型众筹的法律

赠予型众筹没有给资金提供者任何物质或金钱的回报，资金提供者只能获得精神上的满足，因此，对于筹款者和出资人两者之间提供匹配服务的众筹平台公司来说，最难吸引出资人的类型就是众筹了。因此，滥用风险相对较低，并且与其他类型的众筹不同，原则上遵循了《金融商品交易法》《特定商业交易法》和《放债商业法》等法规，并且原则上没有规定[①]。

当然，这只是说不存在业法上的限制，私法（相对于公法，如《民法》等）上的限制仍然存在。例如，如果筹款人通过提供虚假信息来请求筹款，则该筹款人将承担违法行为责任（《民法》第709条）。如果众筹平台在这样的虚假信息下还帮助筹资人进行了招标，则该平台还将承担欺诈责任。

赠予型众筹中的法律问题主要体现在税法上。通过众筹平台从资金提供者到资金筹措者的赠予相当于捐赠，因此当资金筹措者满足一定条件时，可以在资金筹措者处享受相应的所得扣除或税额扣除。当然，要满足这些扣除条件也并非易事。

首先，如果筹款人属于非营利组织认证法人等类别，则他/她可以获得减免税作为特定认证非营利活动法人的指定捐赠扣除法，或收入减免作为捐赠扣除法（《租税特别措施法》第41条18-2）。截至2017年9月30日，有51728[②]宗被认证为非营利组织（NPO）法人的诉讼，但获得认证的过程并不总是那么容易，因此，对于想要借此来进行筹资的初创公司看起来就没有那么友好了，因为原本以营利为目的的法人不能成为认定非营利组织（NPO）法人（《特定非营利活动促进法》第2条第2项第1号），因此它不适合用于那些发展人工智能项目的商业初创公司。

其次，在资金筹措者是公益社团法人或公益财团法人等的情况下，资金筹措者也可以扣除所得扣除的捐赠金或者享受税额扣除（《租税特别措施法》第41条18-3）。但是，获得公益性认定的门槛比（公益社团法人及公益财团法人的认定等相关法律第5条）认定非营利组织（NPO）法人的情况门槛还要高，所以对于那些人工智能项目的初创型公司来讲，还是很难利用的。

因此，进行人工智能项目的企业即使想利用赠予型众筹来筹措资金，也有很多无法将税法上的优惠赠予给资金捐献者的情况。同样在这种意义上，很难说赠

① 但是，有关《特定商业交易法》下的规定，请参阅后面关于购买型众筹的描述。

② 资料来源：https：//www. npo-homepage. go. jp/about/toukei-info/ninshou-zyuri。

予型众筹是为试图实现人工智能业务的资金筹集者筹集资金的一种有吸引力的手段。

四、针对购买型众筹的法律

我们将对目前在日本最普及的购买型众筹的法规进行概述。对于购买型众筹，众筹平台为出资者和筹资人之间的匹配提供了场所。筹资人向出资人详细讲述自己将用筹集到的资金所进行的项目，并告诉出资方在项目完成后对其回馈的商品或服务；出资方在听取筹资人的项目内容，并对其个人领导魅力进行评判后，对该项目进行出款投资。众筹平台将接收筹资者捐赠的资金，在收取手续费用后，将余额提供给筹款人。如果筹款人的项目得以实现，该平台将为出资人提供筹款人承诺的商品和服务。

在这种购买型众筹中，理论上可以考虑众筹平台采用了向资金提供者销售（预约）商品和服务的法律结构的情况。在这种情况下，众筹平台将作为产品和服务的销售者，遵守特定商业法的规定。特定商业法是为了保护消费者不受通信销售、上门销售等危害的法律，对销售商所属的众筹平台施加了一定的保护消费者的规定。

首先，众筹平台被要求根据广告显示的相关规定（《特定商业交易法》第11条），向资金来源者提供一定的信息（如经营者或平台的姓名、地址、电话号码、销售价格、运费、其他成本、退货相关信息等）。在提供这些信息时，不能做不实广告或夸大广告（《特定商业交易法》第12条）。另外，禁止向没有承诺的人发送电子邮件广告（《特定商业交易法》第13条），或试图违反客户意愿申请合同（《特定商业交易法》第14条第1项第2号）等。如果违反这些规定，将对该平台施加行政制裁（《特定商业交易法》第14条和第15条）。

此外，作为民事补救措施，基金出资人可以在收到产品后的三天内（即《特定商业交易法》第15-3条第1项）撤回或取消合同。这就是所谓的冷静期。不过，在众筹的情况下，一旦对项目所筹措的资金在冷静期内被撤回，就无法执行原定的项目，通过众筹来筹措资金的目的也就不能达成了。因此，通常可以通过明确地指出不适用冷静措施，来使冷静无效（《特定商业交易法》第15-3第1项）。作为民事补救措施，还要求合格的消费者组织来禁止商业经营者的行为（《特定商业交易法》第58-19条）。

如上所述，如果众筹平台向出资人出售的是筹款人在项目实现时提供的商品和服务，则该平台应披露的信息是有关这些商品和服务的信息。但是，通常很难在仅提供出资者和筹款人之间匹配服务的平台上确保有关这些商品和服务的信息的准确性。

当然，可以像大型在线购物平台公司（例如 Amazon）一样，通过研究平台上发布的信息来保证其准确性，或者，如果信息不正确，则出资人可以在对购入者提供保障的基础上，以要求筹款方（卖方）赔偿的形式，向购买者（出资人）保证信息的正确性。然而，在尚处于发展中的众筹业务，平台并不一定具有如此强大的信息收集能力或财务能力。另外，这种“平台向出资者提供了担保，然后向筹款人要求偿还”的系统，意味着该平台将向出资者提供担保，考虑到平台本身并不总是很容易①能够对当初的项目成功条件等进行评估，因此不能说这是适合众筹的业务形式。因此，可以考虑采取其他的法律结构。众筹平台不出售或提供由筹款人提供的商品和服务，而是提供一个筹款人与出资人间的“匹配机会”，采用的是一种“筹款人所提供的商品和服务是由其出售给出资人”的销售框架。在这种情况下，平台承担的法律责任将大大减少。并且，如上所述的这种分配方式，如果考虑到各方的风险控制能力，则这种风险分配的方式不一定是无效的，而是会具有一定成效的。

五、针对融资型众筹的法律

融资型众筹就是通过众筹平台，匹配出资人对筹款人进行资金资助，当项目实现时，由筹款人向出资人返还本息的一种众筹形式。但是，在日本出现的融资型众筹虽然在最初采用了“资金提供者和集资者单独匹配”的形式，但是如今，出资者不进行个人匹配，而是投资于具有确定利率（收益）和风险的基金，众筹平台在评估收益风险是否匹配后，对筹款人进行放款，一般采用以偿还金来偿还出资人的“基金型”众筹形式。

最初，在 P2P 借贷中，是以“出资者会评估融资方正在尝试执行的项目类型，认为可靠的情况下，对该项目进行资金筹措”为前提的②。与银行等金融机构评价融资方的情况不同，资金筹措者在评价融资方的项目时，通过活用各种各样的知识和背景信息，可以对融资方进行更多方面的风险评估。另外，出资人不仅通过观察自己资助项目的实现过程，得到了偿还原利率这一金钱回报，还可以

① 请参照小冢、森田（2018）的“结算机构”相对于“结算当事人”的定位。

② 详情请见“森田（2010）”。

获得“自己出资项目的实现，对社会有所帮助”的精神满足感。

但是，在这种经典的 P2P 借贷业务模式中，因为将为筹款人的每个项目都提供贷款，因此存在因项目不成功而拖欠贷款的高风险，并且难以避免一定程度的违约发生。当然，融资型众筹平台已经采取了各种措施来尽可能避免违约①，但是对于日本普通投资者而言，可能是贷款交易而非权益融资，所以无法接受这种极大可能发生拖欠贷款现象的投资计划。因此，通过形成汇总向多个集资者的贷款基金，努力通过分散投资、由担保人提供担保以及获取房地产抵押品来降低风险。当然，这种方案很难充分发挥经典的 P2P 借贷的优点，即使称为众筹，也是很接近传统银行业的一种方式。

通过这种方式，融资型众筹计划已从传统的 P2P 贷款转移到降低本金损失风险的基金型众筹，但是其使用的法律结构和法律法规以及两者在法律法规方面没有太大的区别。因此，在下文中，笔者将概述融资型众筹和基金型众筹的法律机制，以及相关的法律法规内容。

在融资型众筹中，众筹平台以业务运营商的身份形成匿名联合（《商业法》第 535 条），然后征求对该匿名联合的投资。出资人出资给匿名工会，然后作为匿名会员获得利益分配。平台从出资的资金中扣除手续费，然后根据金钱消费借贷合同向资金筹措者贷款，返还原利率。如果资金筹措者的项目没有成功实现，则原利率的返还可能会有停滞，在这种情况下，作为匿名会员的资金筹措者所得到的回报也可能会变为负数。

因此，即使被称为融资型众筹，也不是在资金提供者和资金筹措者之间建立金钱消费借贷合同，众筹平台一旦组成匿名工会后，作为匿名工会的营业者的平台就会同资金筹措者之间缔结“金钱消费借贷合同”。以这种形式进行资金调整的方法，来避免《贷款业法》的规定应用于出资者。

换句话说，如果采用了在资金提供者和资金筹措者之间缔结金钱消费借贷合同的契约的话，通过平台出资人反复对各种各样的资金筹措者进行贷款的话，就会变成这些筹款人向“个人企业”进行贷款的行为，在这种情况下，企业就有必要作为“放贷人”进行注册（《放贷商业法》第 2 条第 1 项和第 3 项）。因此，进行金钱贷款行为的说到底是匿名工会的营业者即众筹平台，出资者只不过是不从事贷款业的匿名会员，这是为了避免贷款业法的规定适用于出资者。

如上所述，虽然企业法规定不适用于出资人，但是对于众筹平台，两种行业法都是适用的。首先，由于该平台通过匿名工会招募投资，并运行一种称为匿名工会的投资计划，因此为了保护作为投资者的资金出资人，《金融产品交易法》

① 详情请见“森田（2010）”。

的规定是完全适用的。具体而言，该平台必须注册为第二类金融产品业务运营商（《金融产品交易法》第28条第2项第2号、第2条第8项第9号）。因此，最低资本金为1000万日元、需要建立适当的业务结构等，如有必要，将接受金融服务局的监督[①]。

其次，众筹平台为了对筹款人进行以“企业”为出资方的贷款，为了不让资金筹措者过度借入或进行无休止的筹款，因此也同样适用《贷款业务法》的规定。平台必须接受贷款方的注册，并且需要借款人提供各种信息。另外，最高利率和总贷款额的规定（总金额规定）也同样适用，并且还要求建立一个业务系统（例如内部控制系统）以防止欺诈活动，此外，它还将服务于金融厅以及都道府县的监督。

六、针对权益型众筹的法律

最后，我们将概述权益型众筹的机制和法律限制。权益型众筹是筹资者通过股票发行而努力实现资金筹措的一种筹款方式。众筹平台将通过其自己网站发布的有关集资者发行股票的信息，吸引出资者进行投资。出资者通过观察集资人的项目，在评估该项目的可行性后，决定是否进行投资。当出资者提供足够的资金并且达到目标金额时，众筹平台会将出资人的信息提供给筹资人。基于出资款额，筹款人将分配并发行新股份给出资人。资金提供者获得的回报是基于所取得的股票的红利和转卖的资本增益。但是，通过权益型众筹发行的股票因为未在证券交易所上市，因此很难通过转售将其转换为现金，并且只要股票发行人是一家初创公司，我们就很难期望其派发股息。

与融资型众筹相比，作为筹款人将不必偿还债务，因为其发行的证券是股票。但即便如此，只要不能提供融资以上的期待回报值，投资者就不会出资。除去这一优点外，对于出资者来说，如果项目实施成功的话，就有可能获得高于融资额的回报。

2012年通过的《美国创业法》（*Jumpstart Out Business Startups Act*）在其第三

① 例如，作为对融资型众筹平台执行行政制裁的具体示例，美国证券交易监督委员会于2015年6月26日发布了一项规定（基于 http：//www. fsa. go. jp/sesc/news/c_2015/2015/20150626-3. htm，于同年7月3日发布的行政制裁，http：//kantou. mof. go. jp/rizai/pagekthp 032102500. html）。在这种情况下，可以确定运行众筹平台 CrowdBank 的日本云证券有限公司没有得到恰当的分类管理，并且没有将必要的信息正确通知给客户。由于这种情况，已下达了停业命令和业务改进命令。

卷中相对宽松地监管了这种权益型众筹，以便新创企业得到融资。为了借鉴美国的这些动向，越来越多从事风险投资业务的人认为，日本也应引入权益型众筹。鉴于当时的《金融产品交易法》，为了在日本实现权益型融资，众筹平台作为金融产品业务运营商必须受到严格监管，同时还要为保护投资者完善必要的相关规定。因此，2014 年修订的《金融产品交易法》（于 2015 年 5 月 29 日生效）放宽了对众筹平台的监管力度，并力图改善对投资者的保护。

2014 年修订的《金融产品交易法》首次定义了“电子招标处理业务”（《金融产品交易法》第 29-2 条，第 1 项第 6 号、第 2 条、第 8 项第 9 号，内阁府令关于“金融产品交易业”等第 6-2 条）。这里，它被定义为仅在网站上，或通过网站和电子邮件作为业务的证券募集，或私下以公司的名义征集证券的电子征求处理业务。因此，如果通过电话或访问来宣传，则不属于电子募集业务，而将成为普通的金融商品交易商。

在某些情况下，处理电子招标的人无须注册为一类金融产品交易运营商或二类金融产品交易运营商，小额电子募集交易业务只需要登录注册就可以办理（《金融产品交易法》第 29-4-2 条和第 29-4-3 条）。为了说是“少量”，每年的发行总价必须少于 1 亿日元，每个投资者的支付额必须等于或小于 50 万日元（《金融产品交易法执行条例》第 5 条 10-3）。这样的小额募集，通过募集得到的手续费收入也很少，所以如果遵守对以往金融商品交易业者所施加的所有限制，就会以成本崩溃而告终。因此，2014 年修正法规定，对于只经营少量电子募集业务的经营者，将放宽以往的规定。具体来说，与经营上市有价证券的第一种小额电子募集交易业务（《金融产品交易法》第 29-4-2 条）和第二种少额电子募集交易业务（《金融产品交易法》第 29-4-3 条）的规定内容有所不同。

首先，进行第一种小额电子募集业务的第一种小额电子募集经营者，适用如下规定：对于最低资本金，1000 万日元就足够了，而普通的第一类金融产品交易经营者则需要 5000 万~30 亿日元。此外，对副业或资本充足率没有限制，也无须加入金融产品交易责任储备金。不再需要出示标志（《金融产品交易法》第 29-4-2 条第 5 项），但是必须在网站上发布商品名称和注册号（《金融产品交易法》第 29-4-2 条第 8 项）。此外，不能对金融产品中介机构的业务委托、公共采购事务和大量持有报告做特例报告（《金融产品交易法》第 29-4-2 条第 7 项）。

其次，在进行第二种小额电子招募交易业务的第二种小额电子募集交易业者中，最低资本金 500 万日元就够了（以前的第二种金融商品交易业者要 1000 万日元）。同第一种少量电子募集交易从业者相同，也不用在公司中悬挂相关标志，只在网站进行公示就可以了。对于以往的第二种金融商品交易业者，原本就没有副业和资本充足率的限制，因此通过少量电子募集来放宽管制的可能性很小。除此之外，以往金融商品交易业者所受的限制——如符合性原则和损失补偿的禁止等不论第一种、第二种，都适用于小额电子募集经营商。

在2014年修订版之前，没有对为响应众筹而出资的投资者给予足够的保护。因此，对有关电子推广的规定进行了新一轮的整合。首先，必须在网站上发布投资者做出投资决策所需的必要信息（《金融产品交易法》第43-5条）。其次，有必要构建适合众筹的业务管理系统（《金融产品交易法》第35-3条）。具体来说，就是寻求一种体制——公示“计算机系统的管理、对筹款人业务内容的核查、对未达到或超过目标金额时的处理”，提供“八天的冷却期”，并在筹资完成后对筹资人项目进展状况的相关信息进行公布（内阁府令第70-2条，“金融产品交易经营”）。

七、众筹业务及其法律法规的未来

如上所述，众筹有各种各样的类型，各自适用不同的规则。这些规则对于出资人来说，是用于保护筹资人的，可以说是一种为了让所有当事人安心进行众筹的规则。不过，实际上，为了使众筹成为具有强大吸引力的引资或投资场所，就有必要超越现行法规定。

为了使筹资者对众筹看起来有吸引力，有必要为筹资者提供丰富且具有吸引力的投资目的。这里有吸引力的投资目的可能是诱人的财务回报，或者被投资方项目的实现可能使出资者获得精神上的满足。无论上述哪种情况，众筹平台所需的工作不仅是寻找有吸引力的投资目的，并将其提供给匹配的目标人，而且还要规范有关投资目的的各种信息，并向出资人提供这些信息。此外，如果包括不需要的投资目的，则众筹作为匹配场所的声誉将下降，为了不让这些不需要的投资目的混进来，众筹平台中需要进行筛选的激励措施。

对于资金筹措者，为了展现众筹的魅力，与传统的银行业等通过金融机构进行融资相比，众筹的使用需要在更好的条件下进行资金筹措。为此，资金筹措者也应负起责任，尽可能地将自己项目的相关信息提供给众筹平台和资金提供者①。

众筹平台拥有竞争机制，即从已经集齐的筹资中抽取一定比例的资金作为手续费，并在此基础上吸引并聚集更多的出资人和资金提供者到自己的平台。到目

① 但是，如果提供虚假或夸大的信息，筹资者或云筹资平台将承担什么责任并不是很清楚。显然，资金筹措者负有非法行为责任，但资金筹措者追究非法行为责任不一定是容易的，也不清楚众筹平台能否以代位责任、监督责任的形式承担责任。

前为止，基本上由于平台间的相互竞争，各众筹平台正在尽最大努力提供更多的信息。不过，对于资金筹措者和资金提供者难以看到且因竞争导致的刺激效果难以发挥作用的问题（例如是否彻底进行分类管理等），仍需要监督机构继续进行监督。

但是，目前尚不清楚将来是否会维持现行的法律规定。如果将来出现对募集资金者的松散管理或欺诈性行为，并且发生了使大量投资者利益受损的情况，则作为监管机构的金融服务厅将对集资人进行严格的监督管理，也有可能会引入更加严格的法规①。此类法规可能会对众筹业务的发展产生负面影响。因此，许多云资金平台都在尝试自行构建内部控制系统，日本证券业协会也引入了自我监管机制②。

对于众筹业务的未来，还有一个令人感兴趣的是权益型众筹的未来。在2014年金融商品交易法的修订中，以风险业务相关人士为中心，强烈主张了权益型众筹业务的必要性和重要性。但是，与其说权益型众筹之后在日本得到了广泛的普及，倒不如说是成了各种类型的众筹中最不受欢迎的一个。日本经济新闻2018年2月28日报道称，“虽然现在权益型众筹的人数剧增，但与其他类型的众筹相比，这只是一个非常小的市场”。考虑到日本融资型众筹的变化，即从经典的P2P借贷转变为基金型的众筹，现在这种权益型众筹的困境可想而知。

也就是说，如上所述，经典的P2P借贷在日本无法继续业务，而变成了基金型众筹。究其原因，可以设想的是“资金提供者承担单一项目产生的风险——债券或者投资信托之类的价格，低于投资金额风险”的事实③。因此，不是向单一的资金筹措者提供资金，而是通过集合多个资金筹措者来组成基金，从而变成了通过分散投资来降低风险的基金型众筹。依赖于单个项目的风险在权益型众筹中以更致命的形式出现。

创业融资产生了许多失败的项目。典型的风险投资公司试图通过在许多失败的项目中找到一个“黑马”项目来收回投资资本。风险投资公司投资目的的多元化是必不可少的因素。相反，基于权益型众筹的出资者常常发现很难进行这种多元化的投资。另外，在紧急情况下，是很难通过采取对策来干预风险投资公司的管理，例如利用可转换的公司债券（风险资本等）④。特别是那些“有投资市

---

① 对于监管机构而言，媒体批评称“消费者损害是由于制定过于宽松的法规而造成的”，这将强烈地促使人们引入严格的法规对其进行约束。

② 资料来源：http://www.jsda.or.jp/shiryo/web-handbook/105_kabushiki/files/160216_crowd.pdf。

③ 在购买型众筹中，给资金提供者的回报应该是非货币的，例如商品和服务，而不是金钱，以便使心理满足感的回报更加明显。因此，它克服了文本中提到的要点。这也是购买型众筹在日本盛行的原因之一。

④ 可参照 Kaplan 和 Strömberg（2003）。

场”的初创企业，考虑到他们将能够从目光敏锐的天使投资者和风险投资中获得资金，希望使用权益型众筹的初创企业却有着不能通过筛选审核的低质量方案[①]。在资金筹措者的投资组合中，带来负面回报的项目也将全军覆没。

原本，由权益型众筹发行的股票并没有上市——因此，既没有通过有价证券报告书等公开信息，也不一定是由公认会计师进行审计，还不能通过出售来变卖，因此，对于投入资本的回收和涨价收益的追究都有很多困难。发行公司实现IPO或被第三方收购的情况，对资金提供者来说是唯一的回收投入资本的机会，但这样的机会到来的可能性并不大。因此权益型众筹同赠予型众筹拥有极为相似的性质。

这样看来，权益型众筹在日本无法普及的原因就一目了然了。在进行比较时，在明确了法律规则所起作用的社会前提条件的基础上，日本必须考察外国法律规则的功能是如何变化的。然而，支持2014年金融商品交易法修正（其中与权益型众筹相关的部分）的人们，恐怕已经忘记了这一理所当然的原理。可以说，目前权益型众筹的困境使我们想起了“导入外国法律”时需要做哪些工作。

同时，有趣的是，具有类似于权益型众筹功能的初始货币供应（ICO）开始被广泛使用。初始货币供应（ICO）的风险与权益型众筹一样高。但是，权益型众筹和初始货币供应（ICO）之间的差异是目标投资者的基础。权益型众筹仅针对的是日本的小型投资者，而在初始货币供应（ICO）中则针对全球的投资者，并且每个投资者的投资额度没有上限。在面向日本投资者的权益型众筹中，因为海外投资者的存在，而让匹配投资者的过程变得相对容易。乍看之下，即使是处理类似风险的资金筹措手段，如果投资者的社会前提条件不同，其有效性也会有很大差异。

致　谢

本章是（德国）经济产业研究所的项目“人工智能等对经济的影响研究”成果的一部分。在执笔本章时，得到了来自该项目参加者的有益建议，在此表示深深的感谢。

● 参考文献

Kaplan, Steven N., and Per Strömberg (2003) “Financial Contracting Theory Meets the Real World: An Empirical Analysis of Venture Capital Contracts”, The Review of Economic Studies 70, 281-315.

---

① 除此之外，不需要“必须依赖天使投资人以及风险资本的大额资金”的项目也开始利用权益型众筹。

小塚荘一郎・森田果（2018）『支払決済法——手形小切手から電子マネーまで（第3版）』商事法務。

森田果（2010）「ソーシャル・レンディングの機能 ——maneo の事例を題材に」『GEMC Journal』3，50-71 頁。

第六章　无人机和法律
——从损害赔偿的角度

佐藤智晶

一、移动革命和损害赔偿规则

本章主要参考无人机等坠落物的损害赔偿案例，提供基本信息①。日本经济再生本部的未来投资会议于 2017 年 6 月 9 日发表了“面向未来投资战略 2017——超智能社会（Society 5.0）实现的改革”。在《未来投资策略 2017》中，歌颂了移动革命的实现。具体而言，小型无人机（以下简称“无人机”）将实现 2018 年在山间等地实施货物配送，2020 年在城市也将正式实施安全的货物配送，为了实现这一设想，将推动与技术发展相适应的制度建设，以实现高级飞行，例如辅助人员的视觉范围外的远程飞行，以及第三方空中飞行。如果通过无人机等提高物流效率和移动服务水平，可以说是移动革命的实现。同时，我们也应考虑一个重要的问题，即对于无人机本身的坠落以及由无人机运送的货物掉落，该如何考虑其损害赔偿问题②。

关于无人机的损害赔偿问题，除了与自动驾驶汽车类似的对无人机本身的赔偿外，还应考虑对无人机坠落物的损害赔偿问题。迄今为止，在 AI 技术创新的背景下，已经发表了一些自动运输车辆等相关损害赔偿的先行研究。对于自动驾

① 本章对佐藤智晶（2017）的文章《关于从飞机等坠落物的损害赔偿——参考包括无人机在内的美国事例》（《青山法学论集》59 卷 2 号，65-85 页）作了补充修改。

② 关于无人机的限制等，虽然有以下先行研究，但未能找到涉及损害赔偿解决方法的内容。例如，寺田麻佑（2016）《新法解说航空法的修订——完善无人机相关规定》《法学教室》426 号，47-53 页；中崎尚（2015）《无人机现在的法律规定》《NBL》1061 号，26-30 页；矢吹多美子（2016）《无人机与保险行业——以美国案例为例》《损保送检报告》117 号，1-26 页。

驶汽车来说，事故的概率比以往减少了很多，而且主要处理的是所谓的互惠世界，所以在损害赔偿问题上令人担心的只是对网络安全等新的风险的应对。另外，在赔偿与无人机相关的损害的情况下，事故发生的可能性会随着无人机使用范围的扩大而增加，并且除了赔偿与飞机等坠落物体相关的损害之外，它还涉及一个互惠互利的问题。也就是说，尽管第三方可能会因无人机而有所损失，但是在正常生活中其实是很难避免无人机造成危险的。相对于飞机等在操作上受空中管制的特性，无人机可能被用于各种场合和情况，但也正因如此，它比飞机等产生更多的风险。

本章基于上述背景，我们将对与无人机相关的损害赔偿进行基本分析，主要是针对与飞机坠落物体有关的损害赔偿的情况。首先，作为日本法讨论的前提，整理作为损害赔偿依据的法律。其次，将说明虽然日本和美国没有批准，但与飞机等坠落物相关的损害赔偿条约以及之后的发展。同时，将在说明美国情况的同时，简要总结美国以外各国的主要动向。再次，尽管各州对于飞机等坠落物的损害赔偿措施有所不同，但在美国，采用过失责任的州很多，同时，主要国家英国、法国、德国、澳大利亚等也表示负有严格责任。最后，我们将说明美国、英国、法国、德国、意大利和加拿大在与无人机相关的赔偿方面的情况。

二、立足于日本法的讨论前提

日本尚未采取特殊立法措施来赔偿飞机坠落物体造成的损害。根据《航空法》第2条第22项，将无人机视为“无人驾驶飞机”。同条规定，无人机是指“可用于航空的飞机、旋翼飞机、滑翔机、飞艇，或政令规定的任何其他不能由建造者登上的设备中，‘那些可以通过远程遥控或自动控制飞行’（即由程序自动运行）的飞机（考虑到其重量及其他事由，国土交通省令中规定的飞机航行安全以及地上及水上的人及物件安全不会受到损害的除外）”。

关于无人机的航行，原则上，在可能影响到飞机航行安全的空域以及坠落时可能会对地面上的人等造成危害的高空域中，使用无人机飞行时，必须事先得到地方航空局长的许可。另外，不管飞行空域如何，夜间飞行、视线外远距离飞行、与人和物之间不保持30米距离的飞行、航拍飞行、危险物品运输、物件投下时，原则上必须事先得到地方航空局长的批准①。

另外，根据航空法第 157 条第 4 项，对于无人机违反飞行空间和飞行方法的情况，可以处以 50 万日元以下的罚款。

这样的话，就回到原则上来，民法和制造品责任法等就是为了处理无人机的损害赔偿而制定的法律。根据《民法》第 709 条规定，包括无人机在内的飞机等航运人员，因故意或过失侵害了地面上第三方的权利或法律保护的利益时，承担赔偿由此产生的损害的责任。另外，使用无人机的航运人员，根据《民法》第 715 条有可能承担使用者责任。此外，根据产品责任法第 3 条，因包括无人机在内的飞机等制造商交付的产品的缺陷而侵害他人的生命、身体或财产时，将赔偿由此产生的损害。总之，根据民法，在没有故意或过失的情况下，根据制造物责任法，在制造物没有缺陷的情况下（或根据制造商交付产品时的有关科学或技术的知识，无法识别该产品有缺陷时），航运者和制造商没有损失赔偿责任。反过来说，受害者的损失就成了谁也无法弥补的损害②。

另外，对于来自包括无人机在内的飞机等坠落物的损害赔偿，原告不仅要证明被告的故意或过失，还有制造物的缺陷，还必须确定原本是哪个飞机等坠落物，并证明其因果关系。可能落下零件等或落下物是冰的飞机越多，识别起来就越困难。特别是落下物是冰的情况下，识别就变得很困难了。

三、1952 年的罗马条约及其之后的发展

1. 1952 年罗马条约的概要

尽管美国和日本尚未签署或批准该条约，但实际上存在 1952 年《罗马条

① 根据航空法第 132 条 3，不适用于在事故或灾害时，国家或地方公共团体，以及接受这些人委托的人为了进行搜索或救助而使无人机飞行的情况。另外，即使适用本特例，为了不损害飞机航行的安全和地面上的人等的安全，有必要自主地确保必要的安全，作为该安全确保的方法，制定了以下的运用方针。详情请参照，国土交通省航空局（2015 年）《根据航空法第 132 条第 3 项的规定，无人驾驶飞机飞行时的运用指南》。

② 另外，飞机的制造商几乎都是外国企业，但是根据法律适用的通则法第 17 条和第 18 条，日本的不法行为法和制品责任法也可以适用于海外的制造商。此外，产品责任法不仅适用于制造商，也适用于加工业者和进口商。

约》，要求赔偿外国飞机对地面上的第三方造成的损害[①]。这个条约于1958年2月4日生效，现在有49个国家已经成为缔约国（ICAO，1952）。换言之，国际民航组织（ICAO）的全部成员国只有25%左右，还没有成为《罗马条约》的缔约国。

《罗马条约》是为了充分保障外国飞机造成地面上损害的人们的损害赔偿，并用合理的方法限制损害赔偿责任的范围，不妨碍国际民航运输的发展而缔结的[②]。根据本条约的第一条，地面上的被害人如果证明因外国飞机或该飞机的坠落物而遭受损失，不管是不是故意或过失，都有权接受损害赔偿。承担损失赔偿责任的，原则上是航运人员。当然，没有因果关系的损害（不是外国飞机本身或飞机坠落物直接结果造成的损失），以及遵守现有航空管制相关法令的外国飞机被航行所造成的损失，都被排除在赔偿对象之外。

另外，如果航运者等证明仅因被害人的过失等（包括过失、其他违法行为或不作为）而造成损失，则航运者等的责任将被免除。在航运者和被害人之间发生冲突的情况下，作为比较过失的问题来处理，航运者等的损害赔偿责任原则上只会减少被害人的过失部分。

此外，如果两架以上的飞机发生碰撞造成损失，多个航运人员将连带承担损失赔偿责任。

同时，以航运者等故意行为或故意不作为的情况（航运者的被用人单位在雇佣范围内故意行为或故意不作为的情况）为例外，设置了损害赔偿额的限制。具

---

① 关于罗马条约的先行研究有很多。比如山崎悠基（1968）《1952年罗马条约》《专修法学论集》5号，139-150页；长尾正胜（1981）《关于1952年罗马条约的修改》天空法22、23号，2587-2642页；长尾正胜（1981）《罗马条约——修改议定书对照译文（资料）》《天空法》22、23号，2679-2707页；关口雅夫（1982）《修改1952年10月7日在罗马签署的外国飞机对地上第三方造成损害的条约的议定书（1978年蒙特利尔议定书）》（资料）《政治学论集》15卷，107-135页；山崎悠基（1983）《声震（sonic boom）与罗马条约》《空法》24号，2713-2739页；关口雅夫（2003）《关于外国飞机对地上第三方造成损害的责任制度（罗马条约）的研究（1）》《驹泽法学》第3卷1号，286-270页；小冢庄一郎（2005）《飞机对第三方造成损害的赔偿和补偿（1）》《上智法学论集》第48卷3·4号，21-34页；小冢庄一郎（2005）《飞机造成第三方损失的赔偿和补偿（2）》《上智法学论集》49卷1号，1-48页；藤田胜利（2007）《对第三方的责任》藤田胜利篇《新航空法讲义》信山社，207-229页。另外，虽然无法确认刊登的页面，但是吉田照雄（1956）以“有关航空运输人责任的华尔索条约和罗马条约”为题的论文在《损害保险研究》18卷2号~4号上刊登。

② 《罗马条约》原文：Convention on Damage Caused by Foreign Aircraft to Third Parties on the Surface. Signed at Rome，on 7 October 1952（Rome Convention 1952）（ITHE STATES SIGNATORY to this Convention，MOVED by a desire to ensure adequate compensation for persons who suffer damage caused on the surface by foreign aircraft，while limiting in a reasonable manner the extent of the liabilities incurred for such damage in order not to hinder the development of international civil air transport，and also CONVINCED of the need for unifying to the greatest extent possible，through an international convention，the rules applying in the various countries of the world to the liabilities incurred for such damagez）.

体来说，死亡或其他人身损害的情况下，每人 50 万法郎，其他方面根据飞机的重量（从最大装载量中使用浮起用气体时，减少其重量），对航运人员所承担的损失赔偿责任进行了详细的限制。

另外，在《罗马条约》中规定，某个缔约国有义务向在其他缔约国登记的飞机的航行者等加入损害赔偿责任保险。

如上所述，《罗马条约》的做法的特点是明显背离了过失责任原则，并且经营者对过失造成的损害的赔偿责任是有限的。

2. 后续发展

1952 年的《罗马条约》，缔约国一直没有增加，2009 年的现代化条约也没有得到充分的支持（Jennison，2005）。有人指出，《罗马条约》缔约国数目没有按预期增加的原因是在国际条约中没有建立统一框架的紧迫性（Jennison，2005）。例如，在非罗马条约缔约国的国家中，有采用严格责任和过失责任的国家，也有对航运者等的责任进行限制的国家和不限制的国家。但是，无论采用什么样规则的国家，规则本身都比较明确，因此损害保险很容易发挥作用。而且，由于被害者是在地面上，所以一般在飞机坠落或飞机坠落造成损失的场所提出损害赔偿诉讼。而且今后，在恐怖主义等地区发生受害的可能性比较小，除此之外的受害也有减少的倾向。另外，飞机坠毁时，飞行员应最大限度地注意避免坠落到市区等地，这一点也值得考虑。此外，很难想象每个国家的法院都不对损害进行赔偿的情况。据损害保险公司称，到 2005 年为止发生的所有损失都得到了救济，在应该进行损害赔偿的案件中，没有否定救济的例子。相反，受害者因飞机坠落以及飞机高空坠物而起诉赔偿的案件认定中，最令人担忧的是那些并没有受到这种“飞来横祸”影响的，所谓的“受害人”。

《罗马条约》的现代化始于 2000 年，并于 2009 年实现，但条约生效的目标目前还没有确立（Jennison，2005）。2000 年瑞典提议，为了讨论罗马条约的现代化，国际民用航空机构法务委员会在蒙特利尔召开。在该法务委员会的批准下，2001 年国际民航机关大会上，将现代化讨论作为优先事项得到承认，并推进了现代化工作。此外，在 2002 年 3 月汇总的国际民航机关大会决议中，事务局于 2002 年 11 月对《罗马条约》缔约国实施了面向现代化的问卷调查。虽然各国对损害赔偿责任的限制有很大的见解，但对于与 1999 年蒙特利尔条约类似的计划，约 2/3 调查票表示赞成。蒙特利尔条约的计划是，一方面采用严格责任，而在不设定损害赔偿额上限的情况下判定航运者无过失责任；另一方面在一定金额以上认定航运者等的过失（国土交通省，2003）。但是，每个国家对于是否对

人身伤害和财产损失都适用该计划有不同的看法。接受问卷调查的国家/地区中有2/3表示，地面损害应包括对环境的损害（不包括噪声）。此后，在国际民航组织大会上成立了一个工作组和一个特别小组（study group and special group），在法律委员会的支持下，现代化工作得到了积极的推进。经过几番波折，在2009年终于实现了现代化，但其内容却没有得到足够的支持（Abeyratne，2009；Stephen Dempsey，2011）。

2009年，国际民航组织通过了《航空器对第三方造成的损害赔偿公约》（Convention on Compensation for Damage Caused by Aircraft to Third Parties）和《航空器等非法干扰行为对第三方造成的损害赔偿公约》（Convention on Compensation for Damage to Third Parties，Resulting from Acts of Unlawful Interference Involving Aircraft）（ICAO，2009b；Centre of International Law，National University of Singapore，2009）。前者是与恐怖活动无关的、一般性的损害赔偿条约（ICAO，2009a；Faculty of Law，the University of Oslo，2009）。根据第三方对飞机造成的损害赔偿的条约，不是飞机的所有者，而是航运者根据缔约国的法律，对航行中由飞机造成的第三方的损失，负有严格责任和过失责任。赔偿对象的损害包括人身损害、财产损害、精神痛苦和环境损害。此外，只有航运人员证明自己的过失或第三方的过失时，损害赔偿金额才设有上限。不过，截至本章写作时该条约尚未生效。

四、美国的情况

有趣的是，关于飞机坠落和飞机坠落物的损害赔偿责任，在很多州被当作过失责任来处理（Roberts，2017；Christopher Rapp，2009；J. Plick，1953）。这与1952年的《罗马条约》立场相反。日本与美国拥有著名机场的纽约州、华盛顿特区、伊利诺伊州、加利福尼亚州、得克萨斯州、马萨诸塞州、佐治亚州情况类似，没有对航运业者等采用严格责任规定，也不承认严格责任的判例（Shupe，J. Denny，G. W. Buhler，2004）。

对于无人机是否能击中飞机，以及无人机的使用是否能符合“异常危险的活动”（ultra-hazardus activity）的问题，在美国还没有审判先例，也没有对第三者承担损害赔偿责任的审判例（American Bar Association，2016；Mathews，2015）。

因此，航运者等是否负有严格责任尚不明确①。不过，按照航运人员等的损害赔偿责任来看，对于无人机的使用可能不会成为严格责任的对象。

在美国，传统上将飞机的运行视为“异常危险的活动”，并认为可以施加严格责任。实际上，即使在《非法法》的第一次和第二次恢复中，据称飞机的运营人和所有人也承担全部严格责任。在采用《统一航空法》（The Uniform Aeronautic Act）的示范州法律的23个州中，采用了与重述相同的观点，并规定了对所有人员或财产损失的责任。

然而，这种声明的见解已经在许多州被放弃，根据相关的“American Law Reporter”，1945年采用统一航空法的州的数量减少到18个（Roberts，2017；J. Plick，1953）。

现在各州的制定法中明确规定了航运者等的严格责任的州有特拉华州（DEL. CODE. ANN. tit. 2 § 305）、新泽西州（NJ Rev Stat § 6：2-7，2013）。

被认定不是严格责任，而是作为航运人员等责任的州有：夏威夷州、路易斯安那州（判例法）、马里兰州、罗得岛州、威斯康星州（Shupe，J. Denny Esq.，G. W. Buhler，Esq.，2004）。

以下是在日本也拥有著名机场的纽约州、华盛顿特区、加利福尼亚州、伊利诺伊州、得克萨斯州、马萨诸塞州、佐治亚州的州法，关于制定法上规定的有无，严格责任还是过失责任，以及是否适用过失责任制度（Res Ipsa loquitur）②，分别进行确认。

（1）纽约州。

在纽约州，制定法（纽约州法典第14编飞机）中规定了运航者等的责任。

根据NY CLS Gen Bus § 251条款：“法律条文中第三小节规定的除外，每一个航空器所有者，航空器所有者的商业用途，无论是自己使用还是允许别人使用，在本州内或者本州外发生的人身伤亡或者财产的损失，都应承担赔偿责任。”

虽然该制定法没有明确规定，但是根据相关案例，在纽约州的航运者等的责

① 佛罗里达州、爱达荷州、北卡罗来纳州、俄勒冈州、田纳西州以及得克萨斯州，都承认受害者有权要求赔偿因使用无人机而带来的损害。例如，受到违法监视的情况等就是一个很好的例子。然而，对于地上第三方的损害赔偿责任的问题，到现在还没有立法的先例。另外，犹他州正在审议最新的州制定法法案（HB 217）中，违反相关规则的航运人员承担损害赔偿责任的内容。详情参照American Bar Association（2016）。

② 过失责任制度是一种原则，即使原告无法证明过失也可以寻求赔偿。在过失推论规则中，即使原告完全不能提出过失行为或过失造成的不作为证据，也可以根据原告的损害和围绕原告的情况，判断被告实际上是由于过失引起的损害。不过，根据州的不同，适用的方法也有所不同，有人认为可以推定可反证的过失，也有人认为陪审员可以简单地估计过失。详情参照Ludwig Kruk（1949）；Pylman（2010）；Editors（1949）；Harper（1930）。

任被认为是过失责任[①]。

另外，在飞机坠落到汽车上的案例中，承认了过失责任的适用[②]。

（2）华盛顿特区。

关于华盛顿特区，没有找到相关法令和相关案例。没有航行者等负有严格责任的法令或判例，也没有发现适用过失责任的事例。

（3）加利福尼亚州。

在加利福尼亚州州法［公益企业法典（Public Utility Code）第9篇航空］中，规定了飞机的所有者和航运者等的责任。根据相关条文，飞机的所有者等将根据州的不法行为法对过失或违法行为造成的损害负责。根据相关案例，飞机所有者等的责任被认为是过失责任[③]。

另外，在加利福尼亚州，可以应用过失责任制度。在飞机明显在低空飞行与电线接触而坠落的事例下，可以撤销原审，并且可以由接触电线前5秒钟的非法低空飞行的事实推断出操作者的过失[④]。

根据 Cal. Pub. Util. Code sec. 21404 条款："船舶所有人或驾驶员载运旅客致人伤亡的，由适用于在陆地或水域上的侵权行为的法律规则决定。与航空器类似，每一个拥有航空器的人，对由于飞机运行中的疏忽或不当行为或不作为，造成的人身或财产的伤亡负责。任何人在业主明示或默示的许可下使用或操作，一架飞机的所有人对另一架飞机的所有人，或任何一架飞机上的运营商或乘客飞机在陆地或空中碰撞造成的损害，适用于土地侵权行为的法律规则。"

（4）伊利诺伊州。

对于伊利诺伊州，《伊利诺伊州航空法（Illinois Aeronautics Act）》（620 ILCS 5 § §1-82）没有规定因飞机坠落或飞机物体掉落而造成的损害赔偿责任。然而，根据相关的司法判例，假定操作者等的责任是过失责任，并且可以适用过失责任制。

（5）得克萨斯州。

---

① 详情参阅美国相关法律条款：Guillen v Williams，27 Misc. 2d 575，212 N. Y. S. 2d 556，1961 N. Y. Misc. LEXIS 3291（N. Y. Sup. Ct. 1961）；Nickleski v Aeronaves De Mexico，34 Misc. 2d 834，228 N. Y. S. 2d 963，1962 N. Y. Misc. LEXIS 3389（N. Y. Sup. Ct.），rev'd，18 A. D. 2d 709，236 N. Y. S. 2d 414，1962 N. Y. App. Div. LEXIS 6275（N. Y. App. Div. 2d Dep't 1962）；Crist v Civil Air Patrol，53 Misc. 2d 289，278 N. Y. S. 2d 430，1967 N. Y. Misc. LEXIS 1673（N. Y. Sup. Ct. 1967）.

② 详情参阅美国相关法律条款：Sollak v. New York，1929 U. S. Av. Rep. 42（N. Y. Ct. Cl.，1927）.

③ 详情参阅美国相关法律条款：Boyd v. White，128 Cal. App. 2d 641，276 P. 2d 92，1954 Cal. App. LEXIS 1517（Cal. App. 1954）. See also Paul A. Peterson，Liability for Ground Damage from Crashes or Forced Landings of Aircraft，43 Cal. L. Rev. 309（1955）.

④ 详情参阅美国相关法律条款：San Diego Gas & Elec. Co. v. U. S.，173 F. 2d 92（9th Cir. 1949）（applying California law）.

在得克萨斯州，虽然有州交通法典（Texas Transportation Code）的相关规定，但并没有规定损害赔偿责任。除紧急情况外，任何人都不得将飞机降落在道路等上，否则将处以罚款。

根据相关案例，得克萨斯州的航运人员等的责任被认为是过失责任①。

另外，虽然错误推论规则有可能适用于飞机事故，但还没有适用于对地面造成损害的事例②。

根据 Tex. Transp. Code § 24.021 条款：（a）一个人如果起飞、降落或操纵飞机，无论飞机重或轻，但在高速公路、道路或街道除外：

（1）为防止人身或财产受到严重伤害而有必要时；

（2）在紧急情况发生期间或发生后的合理时间内；

（3）根据第 24.022 节的规定。

（b）作为（a）下的子条款，轻罪处以不少于 25 美元，不超过 200 美元的罚款。

（c）适用于违反第 543.003 节规定的程序。

（6）马萨诸塞州。

在马萨诸塞州法典上，虽然没有设立关于损害赔偿责任的规定，但是设立了关于是否从事航行的定义规定。根据相关案例，马萨诸塞州航运人员的责任被认为是过失责任③，连一般飞机事故都没有承认过失推论规则的事例。

根据 MASS. ANN. LAWS ch. 90，§ 35（j）条款：“‘操作飞机或操作航空器’，是指航空器在本区域上空的使用、导航或驾驶。在联邦或联邦内的任何机场，任何人使用或授权飞机运行的人，不论是否是以所有人、承租人或其他人的身份有对房屋进行法律控制的权利。”

（7）佐治亚州。

根据州制定法（佐治亚州法典第 6 编航空），关于飞机坠落等，规定飞机所有者的责任是根据州的不法行为法判定的。根据有关案例，航运人员等的责任属于过失责任④。

另外，在佐治亚州，一般飞机事故中，还没有承认错误推论规则适用的事

---

① 详情参阅美国相关法律条款：Brooks v. United States，695 F. 2d 984（5th Cir. 1983）.

② 详情参阅美国相关法律条款：U. S. v. Johnson，288 F. 2d 40，4 Fed. R. Serv. 2d 277（5th Cir. 1961）（applying Texas law）. 在这种情况下，尽管飞机已经坠落在地面上，但对于人身伤害和精神痛苦的赔偿仍存在争议。

③ 详情参阅美国相关法律条款：Wilson v. Colonial Air Transport，Inc.，180 N. E. 212（Mass. 1932）.

④ 详情参阅美国相关法律条款：Kimbell v. DuBose，139 Ga. App. 224，228 S. E. 2d 205（1976）；Southern Airways Co. v. Sears，Roebuck & Co.，106 Ga. App. 615，127 S. E. 2d 708（1962）。

例[①]。不过，需要注意的是，并不是完全没有过失责任的适用可能性[②]。在相关案例中，由于存在多个被告的情况，以及被告是否排他性支配发生损害的状况的证据存在问题，所以可以认为暂时保留了适用性。

根据 GA. CODE ANN § 6-2-7. 条款："一架飞机的所有者因陆上或空中的碰撞损害，应根据适用的法律规则确定陆上侵权。"

五、美国以外国家的主要动向

西方一些主要国家虽然没有成为《罗马条约》的缔约国，但大多国家认为应该对航运者等的责任制定严格规定。例如，在七国集团（G7）中，除意大利和加拿大以外的国家没有成为缔约国（ICAO，1952）。目前似乎没有关于与无人机相关的损害赔偿的特别立法。以下是除美国、意大利和日本以外其他 G7 国家以及澳大利亚、瑞士和荷兰的概要[③]。

在英国，民航相关法律（Civil Aviation Act of 1982）第 76 条规定，航运人员将负起严格责任（Lawson，2017）。但是，航运者等可以提出共同过失的抗辩。航运业者等虽然没有法律上的义务，但为了得到管制当局的航运许可而加入了损害保险。另外，在英国，关于航空管制的命令（Air Navigation Order of 1995）中没有对飞机的一般定义，所有的气球、风筝、滑翔机、飞机（水上飞机、水陆两用、自走式滑翔机）、直升机等都包含在"飞机"中。

在英国，无人机被称为"小型无人驾驶飞机或无人驾驶飞行器"（small unmanned aircraft，or unmanned aerial vehicles（UAVs））（Feikert-Ahalt，2016）。无人机的航行是根据 1982 年民航相关法律和根据该法律制定的 2009 年航空相关命令（Air Navigation Order 2009）来规定的，在英国违反相关法令将被处以刑事处罚。另外，2009 年航空命令第 138 条规定，航运人员不得疏忽驾驶，以免造成任何财产危险。而且，根据民航管理局（Civil Aviation Authority，CAA）的方针，规定必须满足安全和航运基准，以避免在无人驾驶方面与其他同类飞机相比，对人和财产产生更大的危险。未经同意使用无人机进行摄影时，有可能与数据保护法（Data Protection Act）和监视照相机运用规定（CCTV Code Practice）相抵触。

① Ludwig Kruk（2017）.

② 详情参阅美国相关法律条款：Morrison v. Le Tourneau Co. of Georgia，138 F. 2d 339（C. C. A. 5th Cir. 1943）；Southeastern Air Service v. Crowell，88 Ga. App. 820，78 S. E. 2d 103（1953）.

③ 以下内容，主要根据以下论稿。Gates（2017）；Jeroen Mauritz（2003）：119-141.

在英国，如果无偿营运航运的话，在不靠近人员或建筑物的情况下，是无须事先向监管机构寻求许可的（Feikert-Ahalt，2016）。关于损害赔偿，大多数重量在20千克的无人机都需要投保运行。根据最新趋势，对于重量在250克或以上的无人机，现在似乎需要对安全、数据安全和隐私法规进行预注册和培训（UK Department for Transport，Civil Aviation Authority，Military Aviation Authority，Lord Callanan，2017）。

法国根据航空法（Article L6131-2 of the Transport Code），规定航运者等具有严格责任。此外，损害赔偿金额没有上限，航运者也没有法律责任确保损害赔偿。不允许对不可抗力进行辩护，而只能提出对共同过失的辩护（Sportes，2017）。在法国，无人机通常被认为是无人驾驶飞机。关于无人机的操作，自2016年1月以来，特别根据两个命令［the Arrêté du 17 décembre 2015 relatif à l'utilisation de l'espace aérien par les aéronefs qui circulent sans personne à bord（Order of December 17，2015，Regarding the Use of Airspace by Unmanned Aircraft）（Airspace Order），and the Arrêté du 17 décembre 2015 relatif à la conception des aéronefs civils qui circulent sans personne à bord，aux conditions de leur emploi et aux capacités requises des personnes qui les utilisent（Order of December 17，2015，Regarding the Creation of Unmanned Civil Aircraft，the Conditions of Their Use，and the Required Aptitudes of the Persons That Use Them）（Creation and Use Order）］对私人无人机进行了监管（Boring，2016）。这两个命令中规定了无人机的制造、使用条件、获得航行许可的条件等，气球、高度不满50米且货物等重量不足1千克的系留气球被排除在外。在法国，根据无人机的使用目的（趣味、竞技、考试、特定活动）而设置了不同的规定，特别是对于包括商业活动在内的特定活动［particular activities（activités particulières）］，对飞行条件和飞行员的合格等都有具体的限制。另外，由于过失在禁止飞行区域航行的情况下，将被处以最高监禁1个月及15000欧元的罚款。有意在禁飞区域航行，最多可处以一年拘禁和45000欧元的罚款。在禁止飞行区域使用违法摄影设备，将被处以最多1年内的拘留和75000欧元的罚款。

在德国，采用了和澳大利亚同样的方法，航运者等将以损害赔偿金额上限的形式承担严格责任（Urwantschky et al.，2017）。在德国，与英国和法国一样，运输业者等可以提出共同过失的抗辩。另外，航运人员有义务加入损害保险。德国对飞机的定义很广，包括直升机等各种各样的飞行器。

根据德国的航空法（The German Air Traffic Act），规定无人机（unmanned aerial systems，UAS）为不用于兴趣和娱乐目的的无人机（unmanned aerial vehicles that are not used for hobby or recreational purposes）（Gesley，2016）。超过5

千克的管制对象无人机运行时，必须得到州的管制当局的许可。一般而言，如果不对天空安全或公众安宁构成威胁，并且遵守了与数据保护和隐私有关的规则，则允许进行操作［the Common Principles of the Federation and the States for Granting a Permission to Fly for Unmanned Aerial Systems According to Section 16, para. 1, no. 7 of the Air Traffic Regulation（Common Principles）］，但是对包括要提交的文件的许可等，规定当局有很大的斟酌权（Gesley，2016）。许可分为普通许可和个案许可，对于重量在5~25千克之间的受管制无人机，可以寻求后者。

加拿大现在原则上由航运人员等承担过失责任（Safran and Taksal，2017; Dempsey，2011；Lauzon，2009）。在加拿大，联邦政府对航空区域拥有专有控制权，无人机（unmanned air vehicles，UAVs，defined as la power-driven aircraft, other than a model aircraft，that is designed to fly without a human operator on boardz）受联邦航空法（Aeronautics Act）和根据该法律制定（Canadian Aviation Regulations，CARs）的航空法规的管制（Ahmad，2016）。此外，刑法以及地方自治体关于"非法行为"（如非法侵害和隐私）的法律，也同样涉及无人机的航运（Ahmad，2016）。在加拿大，规定对于非娱乐性超过35千克的无人机，必须事先从管制当局（Transport Canada）获得特别许可（Special Flight Operatificates, SFOCs）。未经特别许可就航行的，将对个人处以5000加拿大元，法人可处以25000加拿大元的罚款。违反特别许可条件的，个人可处以3000加拿大元，法人可处以15000加拿大元的罚款。此外，《刑法典》对危险操作和危害其他飞机的操作规定了罚款和最长终身处罚的规定。

对于除G7以外的国家来说，如在澳大利亚有关飞机造成损害的"联邦法"（Damage by Aircraft Act of 1999）以及瑞士"基本航空法"［Switzerland Federal Act on Aviation of 21 December 1948（SR 748.0；the Aviation Act），§64］中，对航运者规定了应负有严格责任。另外，虽然在澳大利亚没有承认有共同过失的抗辩，但在2012年的修订中得到了承认（DLA Piper，2012; Damage by Aircraft Act 1999，§10-11A）。另外，澳大利亚在同年的修订中，规定在没有物理损害的情况下，精神痛苦的损害赔偿被否定（Damage by Aircraft Act 1999，§ 10）。

在澳大利亚，无人机法规于2002年开始实施，但相关法规［Part 101 of the Civil Aviation Safety Regulations 1998（CASR）］于2016年进行了重大修订（Buchanan，2016）。对于商业运营，如果满足某些要求，则可以运行重量不足2千克的无人机而无须获得远程驾驶飞机执照。重量在2~25千克之间的无人驾驶飞机，可以在自己的土地上用于娱乐目的进行航飞，但无人机的重量在25~150

千克之间的，即使是出于娱乐目的，也需要获得许可证，并且对于重量超过 150 千克的无人机和重量在 1~25 千克的无人机，在进行商业目的的飞行时，必须事先获得商业运营许可。

在瑞士，损害赔偿额的上限被取消，航运者等有义务加入损害保险。对于无人机（Unmanneed Averial Vehicles，UAVs）的航行，如果无人机重量超过 30 千克或是 30 千克以下，当其在人口密集地或是不能直接观测到的地方飞行时，必须事先得到管制当局（Federal Office of Civil Aviation，FOCA）的许可［748，941 DETEC Ordinance of 24 November 1994 on Aircraft of Special Categories（VLK）of 24 November 1994（as of 12 October 2017）］。

在荷兰，规定航运业者等的责任原则上是过失责任（Levine，Stolker，1997）。此外，相关法律规定用于商业目的的无人机航运有义务事先向有关部门取得运营许可，其中，对于那些重量未达 4 千克的无人机更容易取得许可（Government of Netherlands，2017）。

六、立法等措施的必要性

长期以来，与飞机坠落物体等有关的损害赔偿一直是作为飞机对第三方造成损害的赔偿责任而讨论的。尽管在美国，过失责任已成为主流，但许多主要国家/地区即使不是《罗马条约》的缔约国，也对运营商等承担严格责任。2009 年，民航机关通过了《关于由飞机造成第三方损失赔偿的条约》，但该条约中却放弃了 1952 年《罗马条约》中采用的严格责任的办法，关于过失责任还是严格责任的选择，由缔约国的法律来决定。

从历史上看，美国几乎没有关于飞机对第三方造成的损害赔偿的争议。与其说不需要灾害的救济，倒不如说是各州的不法行为法对灾害的救济进行了适当的安排，对于事故的预防也产生了充分的激励。当然，值得注意的是，特拉华州和新泽西州的法律规定，运营商应承担严格责任。另外，值得一提的是，在美国的夏威夷州、路易斯安那州、马里兰州、罗得岛州、威斯康星州，航运者不负有严格责任。

关于无人机的损害赔偿，不仅美国，欧洲各国也没有采取特别的立法措施。许可条件和事前的航行许可条件正在具体化，其结果是，被害人证明航运者过失的过程步骤更加简明。行政法规和刑法主要用于减少事故的发生，并有望在许可证要求和事先飞行许可证中发挥重要作用。在这一点上，似乎没有必要大幅度改

变《非法行为法》中与无人机相关的损害赔偿的规定。但是，除了要重视因无人机自身坠落和坠落物体造成的损害之外，与无人机有关的损害赔偿还包括诸如侵犯隐私和泄露机密之类的问题也需要引起人们关注（Mathews，2015）。

七、损害赔偿规则变更带来的挑战

与从飞机上落下的物体（包括无人机）有关的损害赔偿与《非法法》的基本原则密切相关，因此在日本也必须冷静和谨慎地考虑。当然，受害人和操作者的活动不是相互排斥的，无论受害人有多小心，减少或避免损害都是极其困难的。不仅是飞机，对于无人机，虽然根据航行高度和重量，但是被害者的回避损失能力也是有限的。如果是这样的话，那么在受害者受到损害的情况下，除了尽可能迅速、适当地赔偿损失外，还要产生尽可能减少受害发生的激励措施，这是非常重要的。但是，对于过失责任主义和过失等有因果关系的损害需要修正，让不法行为者全部赔偿的不法行为法的基本原则，对于是否应该为飞机等坠落物体的受害者提供救济，需要进行充分的讨论。本章不仅局限于美国，对美国以外的国家在1952年《罗马条约》实行以后的动向也做了简单的概述，包括无人机在内，对于航运者等的责任，过失责任和严格责任哪一个更有优势，并没有定论。

此外，即使针对飞机等坠落物体的损害赔偿引入了新的严格责任和对操作者等的责任，同时也希望在日本宪法中设定损害赔偿的上限，但关于设定上限似乎是一个极其困难的问题。这是因为在日本，即使对于被认为比飞机的操作更危险的活动，也没有设定损害赔偿金额的上限。

由于实现移动革命对日本来说是重要的问题，因此有必要考虑采取合理措施来应对预期的风险增加，并在必要时采取适当措施。与飞机等坠落物相关的损害赔偿方式，特别是与无人机相关的损害赔偿，只不过是众多讨论中的一个，尽管人们的担忧尚不明显，但如果能稍微考虑一下各国的动向，特别是美国的情况则可以得到经验借鉴。

● 参考文献

Abeyratne, Ruwantissa (2009) "Liability for third party damage caused by aircraft - some recent developments and issues", Journal of Transportation Security, 2 (3), 91-105, available at https://link.springer.com/article/10.1007/s12198-009-0031-6 (last visited on Nov. 1, 2017).

Ahmad, Tariq (2016) "Regulation of Drones: Canada", The U. S. Library of Congress's Legal Reports, in Apr. 2016, available at https://www.loc.gov/law/help/regulation-of-drones/canada.php (last visited on Nov. 1, 2017).

American Bar Association (2016) "DRONE ON! Emerging Legal Issues for Commercial Use of Unmanned Aerial Vehicles (UAVs): Will You and Your Clients Be Ready for the Invasion of American Airspace?", ABA Section of Litigation—Environmental, Mass Torts & Products Liability Litigation Committees? Joint CLE, Jan. 2016, available at https://www.americanbar.org/content/dam/aba/administr ative/litigation/materials/2016_joint_cle/1_drone_on__final_of_outline.authcheckda m.pdf (last visited on Nov. 1, 2017).

Boring, Nicolas (2016) "Regulation of Drones: France", The U. S. Library of Congress's Legal Reports, in Apr. 2016, available at https://www.loc.gov/law/help/regulation-of-drones/france.php (last visited on Nov. 1, 2017).

Buchanan, Kelly (2016) "Regulation of Drones: Australia", The U. S. Library of Congress's Legal Reports, in Apr. 2016, available at https://www.loc.gov/law/help/regulation-of-drones/australia.php (last visited on Nov. 1, 2017).

Centre of International Law, National University of Singapore (2009) "Convention on Compensation for Damage to Third Parties, Resulting from Acts of Unlawful Interference Involving Aircraft", available at https://cil.nus.edu.sg/wp-content/uploads/2017/08/2009-Convention-for-Damage-to-3rd-Parties-from-Acts-of-Unlawful-Inte rference-Involving-Aircraft.pdf (last visited on Nov. 1, 2017).

Christopher Rapp, Geoffrey (2009) "Unmanned Aerial Exposure: Civil Liability Concerns Arising from Domestic Law Enforcement Employment of Unmanned Aerial Systems", North Dakota Law Review, 85, 623-648.

Dempsey, Paul Stephen (2011) "Aircraft Operator: Liability for Surface Damage", Institute of Air & Space Law, McGill University, available at https://www.mcgill.ca/iasl/files/iasl/ASPL636-Surface-Damage-Liability.pdf (last visited on Nov. 1, 2017).

DLA Piper (2012) "Australia updates its aviation liability legislation", Aug. 30, 2012, available at https://www.dlapiper.com/en/australia/insights/publications/2012/08/australia-updates-its-aviation-liability-legisla__/ (last visited on Nov. 1, 2017).

Editors (1949) "Recent Cases: Res Ipsa Loquitur in Airline Accidents", University of Chicago Law Review, 16 (2), 14, available at http://chicagounbound.

uchicago. edu/uclrev/vol16/iss2/14 (last visited on Nov. 1, 2017).

Faculty of Law, the University of Oslo (2009) "Convention on Compensation for Damage Caused by Aircraft to Third Parties", available at http://www.jus.uio.no/english/services/library/treaties/07/7 - 01/icao _ compensation. xml (last visited on Nov. 1, 2017).

Feikert-Ahalt, Clare (2016) "Regulation of Drones: United Kingdom", The U. S. Library of Congress's Legal Reports, in Apr. 2016, available at https://www.loc.gov/law/help/regulation - of - drones/united - kingdom. php (last visited on Nov. 1, 2017).

Gates, Sean (2017) "Editor's preface", Aviation Law Review, Edition 5, Sep. 2017, available at http://thelawreviews.co.uk/edition/the-aviation-law-review-edition-5/1146574/editors-preface.

Gesley, Jenny (2016) "Regulation of Drones: Germany", The U. S. Library of Congress's Legal Reports, in Apr. 2016, available at https://www.loc.gov/law/help/regulation-of-drones/germany. php (last visited on Nov. 1, 2017).

Government of Netherlands (2017) "Rules for the commercial use of drones", available at https://www.government.nl/topics/drone/rules-pertaining-to-the-commercial-us e-of-drones.

Harper, Fowler V. (1930) "Res Ipsa Loquitur in Air Law", Air Law Review, 1, 278, available at http://digitalcommons.law.yale.edu/cgi/viewcontent.cgi? article=4522&context=fss_papers (last visited on Nov. 1, 2017).

Hempel, Heinrich and D. Maritz (2017) "Switzerland", Aviation Law Review, Edition 5, Sep. 2017, available at http://thelawreviews.co.uk/edition/the - aviation - law-review-edition-5/1146794/switzerland (last visited on Nov. 1, 2017).

ICAO (1952) "Convention on Damage Caused by Foreign Aircraft to Third Parties on the Surface", Signed at Rome, on 7 October 1952, available at https://www.icao.int/secretariat/legal/List%20of%20Parties/Rome1952_ EN. pdf (last visited on Nov. 1, 2017).

ICAO (2009a) "Administrative Package for Ratification of or Accession to the General Risks Convention", available at https://www.icao.int/secretariat/legal/Administra tive%20Packages/grc_en. pdf (last visited on Nov. 1, 2017).

ICAO (2009b) "Convention on Compensation for Damage to Third Parties, Resulting from Acts of Unlawful Interference Involving Aircraft", available at https://www.icao.int/secretariat/legal/List%20of%20Parties/2009_ UICC_ EN. pdf (last visited on Nov. 1, 2017).

J. Plick, James (1953) "Liability of Aircraft for Injuries to Innocent Parties on the Ground", Cath. U. L. Rev., 3, 122.

Jennison, Michael (2005) "Rescuing the Rome Convention of 1952: Six Decades of Effort to Make a Workable Regime for Damage Caused by Foreign Aircraft to Third Parties", Rev. dr. unif., 785–823.

Jeroen Mauritz, Adriaan (2003) "Liability of the Operators and Owners of Aircraft for Damage Inflicted to Persons and Property on the Surface", Shaker Publishing, at available at https://openaccess.leidenuniv.nl/bitstream/handle/1887/15342/proefs chrift%20Mauritz%202003.pdf?sequence=2 (last visited on Nov. 1, 2017).

Lauzon, Gilles (2009) "Re: Review of the Draft Unlawful Interference Convention and Draft General Risks Convention", Apr. 6, 2009, available at https://www.cba.org/CMSPages/GetFile.aspx?guid=7621970a-49b7-4e58-b42f-b90e6c03b43a.

Lawson, Robert QC (2017) "United Kingdom", Aviation Law Review, Edition 5, Sep. 2017, available at http://thelawreviews.co.uk/edition/the-aviation-law-review-edition-5/1146796/united-kingdom.

Levine, David I. and C. J. Stolker (1997) "Compensation for Damage to Parties on the Ground as a Result of Aviation Accidents", Air & Space L., 22, 60, available at http://repository.uchastings.edu/cgi/viewcontent.cgi?article=2329&context=facu lty_scholarship (last visited on Nov. 1, 2017).

Ludwig Kruk, Theresa (1949) "Res ipsa loquitur in aviation accidents", 25 A. L. R. 4th Mathews, Benjamin D. (2015) "Potential Tort Liability for Use of Drone Aircraft", 46 St. Mary's L. J. 573, available at http://www.stmaryslawjournal.org/pdfs/Mathews_Step%2011_McKeown_Final_V2.pdf.

Masutti, Anna (2017) "Italy", Aviation Law Review, Edition 5, Sep. 2017, available at http://thelawreviews.co.uk/edition/the-aviation-law-review-edition-5/1146758/italy (last visited on Nov. 1, 2017).

Pylman, Daniel J. (2010) "Res Ipsa Loquitur in the Restatement (Third) of Torts: Liability Based upon Naked Statistics Rather than Real Evidence", Chi.-Kent. L. Rev., 84, 907.

Roberts, K. J., (2017) "Tort liability of one renting or loaning airplane to another", 4 A. L. R. 2d 1306.

Safran, Laura M QC & P. Taksal (2017) "Canada", Aviation Law Review,

Edition 5, Sep. 2017, available at http://thelawreviews.co.uk/edition/the-aviation-law-review-edition-5/1146644/canada (last visited on Nov. 1, 2017).

Shupe, J. Denny Esq. and G. W. Buhler, Esq. (2004) "Liability of Owners & Lessors of Aircraft", 2004 AIA Annual Conference, May 2, 2004, available at http://www.schnader.com/files/Publication/c179e7e7-266b-4f3b-bb17-08cc3df8b414/Preview/PublicationAttachment/6f396354-1bf6-4484-997d-08024d58028a/AIA_Conference_Paper.pdf (last visited on Nov. 1, 2017).

Sportes, Carole (2017) "France", Aviation Law Review, Edition 5, Sep. 2017, available at http://thelawreviews.co.uk/edition/the-aviation-law-review-edition-5/1146760/france.

UK Department for Transport, Civil Aviation Authority, Military Aviation Authority, Lord Callanan (2017) "Drones to be registered and users to sit safety tests under new government rules", 22 July 2017, available at https://www.gov.uk/government/news/drones-to-be-registered-and-users-to-sit-safety-tests-under-new-government-rules (last visited on Nov. 1, 2017).

Urwantschky, Peter, R. Amann, C. Hess and M. Abate (2017) "Germany", Aviation Law Review, Edition 5, Sep. 2017, available at http://thelawreviews.co.uk/edition/the-aviation-law-review-edition-5/1146761/germany (last visited on Nov. 1, 2017).

国土交通省（2003）「モントリオール条約——『国際航空運送についてのある規則の統一に関する条約』について」available at http://www.mlit.go.jp/kisha/kisha03/12/120926_2/01.pdf (last visited on Nov. 1, 2017).

未来投資会議（2017）「未来投資戦略 2017——Society 5.0 の実現に向けた改革（ポイント）」。

第三部分　AI 普及带来的影响

第七章 是谁买的无人驾驶汽车

森田玉雪 马奈木俊介

一、问题背景和研究目的

近年来，自动驾驶汽车的开发迅速推进，不需要人类驾驶的全自动驾驶汽车（也称为机器人车）的应用已经成为现实。自动驾驶汽车原本是作为可引导的道路交通系统的组合使用而开发的，各个汽车公司虽然一直以提高防抱死制动系统（ABS）等性能为目标，但是在实现中，由人工智能控制自动驾驶车的目标并不是能够轻易达到的。Google 公司加快了面向无人驾驶汽车实用化的研究，美国国防高级研究计划局在注意到机器人汽车比赛后，于 2009 年确立了自动驾驶汽车项目（Self-Driving Car Project）[①]（井熊・井上，2017）。该公司在 2014 年制造了一辆没有方向盘的概念车，并且多次进行自动驾驶试运行。同年，百度（中国）有限公司同德国汽车制造商戴姆勒合作共同开发实验概念车，2015 年，戴姆勒股份公司也发布了概念车。此后，美国的 Uber、Apple、特斯拉，中国的阿里巴巴，日本的 DeNA、软银集团、NTT DoCoMo 等公司都陆续进入自动操作开发领域。这些公司的目标是 2025 年在海外推出“无驾驶员干预”的 4 级自动操作（见表 7-3），并且将其投入实际使用（见图 7-1）。

2015 年，日本政府发布了《世界上最尖端 IT 国家创造宣言》，并且表示“到 2018 年，交通事故中的死亡人数将少于 2500 人，2020 年，日本将实现世界上最安全的道路交通社会”。为了实现这一宣言，“将汽车的自动驾驶系统与汽车、道路与汽车之间的信息交换等结合起来，于 2020 年开始试用自动驾驶系统”

① 2016 年 Waymo 接手了这个项目。

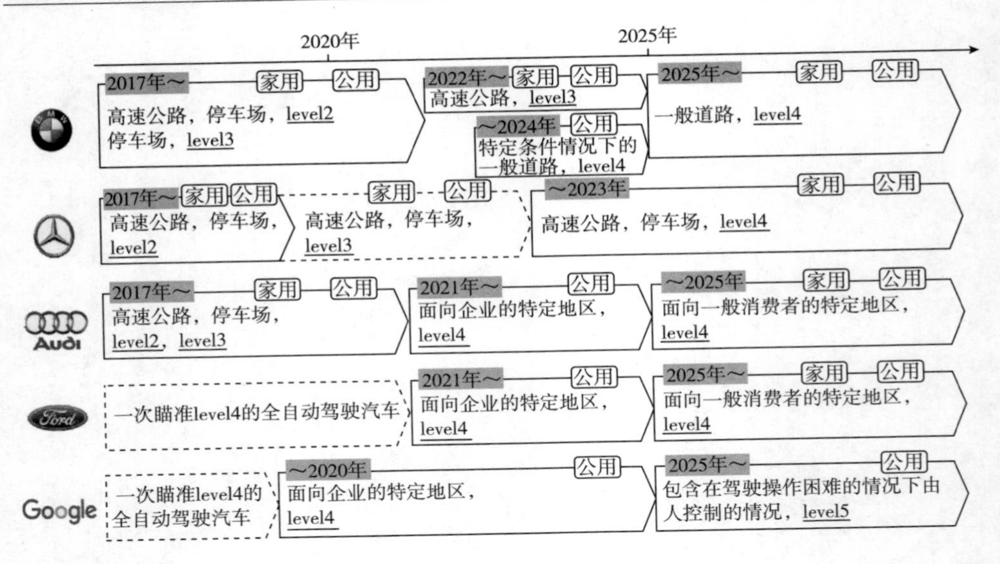

图 7-1　海外企业的自动驾驶汽车引进计划

注：①Google 的计划图截至 2016 年 11 月。从同年 12 月开始，考虑到投放市场的可行性，还将推进“提供技术”等方面的协作；②level 4 及更高级别是不需要人员干预的自动操作，级别的含义在表 7-3 中说明。

资料来源：2017 年无人驾驶商务研讨会。

(内阁办公室，2015)。与此同时，日本经济产业省制造产业局局长和国土交通省汽车局局长也于 2015 年 2 月成立了自动驾驶业务研究组。

未来，如果自动驾驶汽车迅速普及，什么类型的日本消费者会选择购买自动驾驶汽车呢？本章中，我们将使用大量互联网调查数据来估算消费者对自动驾驶汽车的潜在需求，并且根据愿意购买自动驾驶汽车的消费者的支付意愿对他们进行分组，进一步分析消费者对自动驾驶汽车持有的积极态度或消极态度。通过这种方式，预测自动驾驶汽车在日本普及的前提条件。

二、先行研究

关于自动驾驶，报纸、杂志等已经做了很多专题报道，但推测自动驾驶汽车潜在需求的先行研究在日本尚属少数。山本（2016）从供应方角度出发，对无人驾驶共享汽车普及的可能性进行了模拟研究，同时对使用自动驾驶共享汽车的消费者意愿进行了调查。调查显示，自动驾驶汽车普及后，55%的消费者希望拥有它们，13%的消费者希望租用它们，32%的消费者只想使用共享汽车①。

国外早在20世纪90年代末就开展了关于自动驾驶的调查②，但进入2010年后，需求测算才相继开始。Bansal等（2016）在得克萨斯州的调查显示，使用联网自动驾驶汽车（Connected Autonomous Vehicles，CAV）的消费者对部分自动驾驶和完全自动驾驶的额外支付意向额（Willingness to Pay，WTP）分别为3300美元和7253美元。Payre等（2014）指出，对法国进行的一项问卷调查显示，68%的驾驶者表示接受完全自动驾驶汽车，特别是在人多拥挤、自动停车、饮酒后开车的时候。Schoettle和Sivak（2015b）也表示，相较于全自动驾驶汽车而言，驾驶员似乎更喜欢半自动驾驶汽车，并且他们更加倾向于那种普通的常规车辆。König等（2017）表示，在自动驾驶汽车等技术的快速创新中，人们存在心理冲突。

有关自动驾驶汽车消费者偏好的文献，可参见Schoettle和Sivak（2014），以及Keyriakidis等（2015）。Bazilinsky等（2015）从112个国家和地区的问卷调查中，利用云源分类15个字以上的自由回答，否定了“自动驾驶的正面评价大约是负面评价的1.7倍”的结论。Hohenberger等（2016）指出女性比男性更不愿意使用自动驾驶，以此来分析自动驾驶的性别差异。Shin等（2015）展示了消费者对燃油、自动驾驶功能、语音识别，以及网络连接等偏好选择的调研结果。与本章的研究不同，关于燃油和自动运转功能等问题，请参考其他研究者的研究。

三、调查概要

这项研究涉及的互联网调查问卷是受独立行政法人经济产业研究所委托，由株式会社日经调查进行的。

以18~69岁的人群为对象，以居民基本台账的人口构成比为基础，由包括

① 本书没有将共享汽车作为直接的研究对象，而是将自动驾驶共享汽车（Shared-Autonomous Vehicle，SAV）作为在海外的研究对象，Shoettle和Sivak（2015）表明，如果要共享“回家”模式下的全自动汽车，则汽车拥有率将会降低，而个人里程将增加。Krueger等（2016）将使用成本、使用时间和等待时间列为消费者评估SAV的重要点。Haboucha等（2017）表示，如果他们选择使用常规汽车、私家车或SAV进行通勤，则有44%的人选择常规汽车，在假设SAV是完全免费的基础上，只有75%的人希望使用SAV。

② Bekiaris和Brookhuis（1997）等。

合作伙伴在内的互联网公司设定调查数量。调查程序为向被调查者发送参与提示的邮件，参与对象登录调查网站进行回答，网络调查概要如表 7-1 所示。

表 7-1 网络调查概要

测试阶段	支付意向收集方法	调查期间	样本数
预测试（第一次）	两种方法，条件价值评估法（CVM）和联合方法（各半）	2017 年 1 月 13 日至 1 月 16 日	1483 份（回收率 9.6%）
预测试（第二次）	联合法	2017 年 2 月 23 日至 2 月 27 日	815 份（回收率 11.3%）
本调查	联合法	2017 年 3 月 16 日至 3 月 21 日	18526 份（回收率 12.6%）

资料来源：《关于无人驾驶汽车潜在需求的网络调查》（2017）。

本调查实施了两次预测试（见表 7-1）。在第一次测试中，为了确认消费者对技术上尚处于开发阶段且尚未商品化的自动运转功能的支付意愿，通过“向问卷参与者提问关于自动运转技能的支付意向额进行推测的条件价值评估法（Contingent Valuation Method）”，或者“向这些参与者提问包含与其他属性相比较（如环保车），来推算其支付意愿额的选择型联合分析法（Choice-Based Conjoint Analysis）”的方式进行判断。结果显示需要采用联合分析法①，并且在第二次预测试中对问卷进行了调整。

用于组合分析的配置文件的制作使用了 Ngene。另外，还将 NLOGIT 用于潜在类别分析，将 STATA 15 用于不同属性特性的 Probit 分析，将 SPSS 用于自由回答的分析。

四、受访者特征

在受访者的属性中，男女占比分别为 54.2% 和 45.8%，略不同于截至 2016 年 9 月 1 日的人口比例 48.7% 和 51.3%。由于调查问卷的标题为“自动驾驶”，因此对汽车高度感兴趣的男性的回答率很高。如图 7-2 所示，20 岁左右的受访者的回答率较低，而 50 岁左右的受访者的回答率较高。

关于学术背景和年收入，一般互联网调查中出现的学术背景和年收入问题尚

① 关于选择的经过，在森田、马奈木（2018）的研究中有详细叙述。

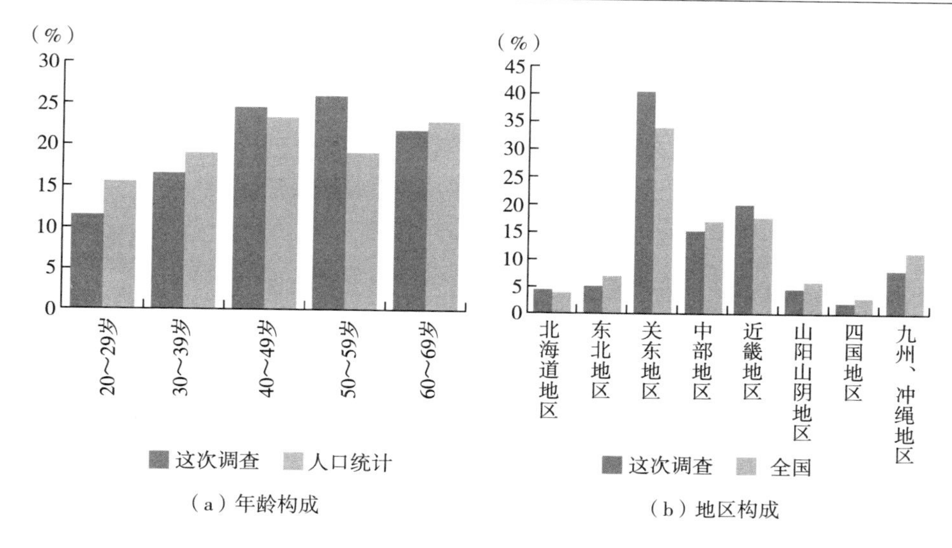

（a）年龄构成

（b）地区构成

图 7-2　受访者的年龄结构和地区结构

资料来源：《关于无人驾驶汽车潜在需求的网络调查》、总务省统计局《人口统计》。

未消除。如图 7-3 所示，高中毕业生占比较低，大学毕业生占比较高。特别是年收入不足 400 万日元的阶层占比较低，500 万~1000 万日元的阶层占比较高。即使这样，实际购买自动驾驶汽车的人仍有可能拥有很高的年收入，因此我们认为本次调查的目标人群的偏向不会成为主要问题。

下面，本书将介绍用于估算自动驾驶汽车付款意向的消费者属性及变量名。

（1）喜欢配件。

受访者是否喜欢电子机器（配件）被认为是影响其对使用人工智能自动驾驶的偏好因素，因此在图 7-4 所示的 6 个项目中询问被调查者是否喜欢配件（多选题），并且将这六个选项概括为“喜欢配件”变量①。图 7-4 从上至下按数值的降序排列，该数值是从每个项目的“喜欢+非常喜欢”的比例中减去“有点讨厌+非常讨厌”的比例。也许是由于互联网调查的影响，电脑、手机和平板电脑往往是首选，但对于“对人的声音有反应的玩偶和机器人”来说，“有点讨厌+非常讨厌”超过了“喜欢+非常喜欢”。当自动驾驶的人工智能离机器人越来越近时，它可能会变得不那么受欢迎。

① 图例“4. 没用过”包含在图例“3. 说不上来”中，对于每位受访者，将其所有配件的答案求和所得的值用作变量。

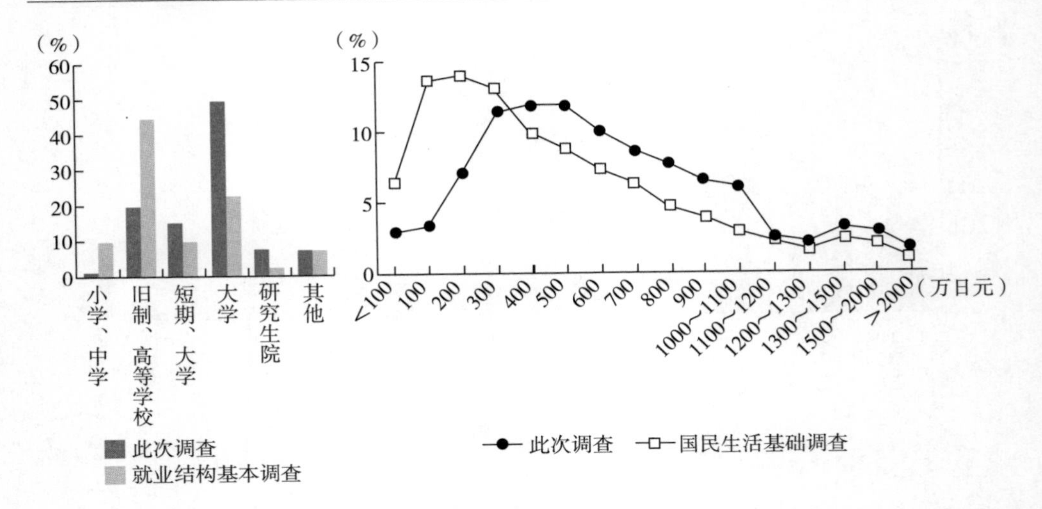

图 7-3 受访者的最终学历和年收入

资料来源:《关于无人驾驶汽车潜在需求的网络调查》、厚生劳动省《就业结构基本调查》、《国民生活基础调查》。

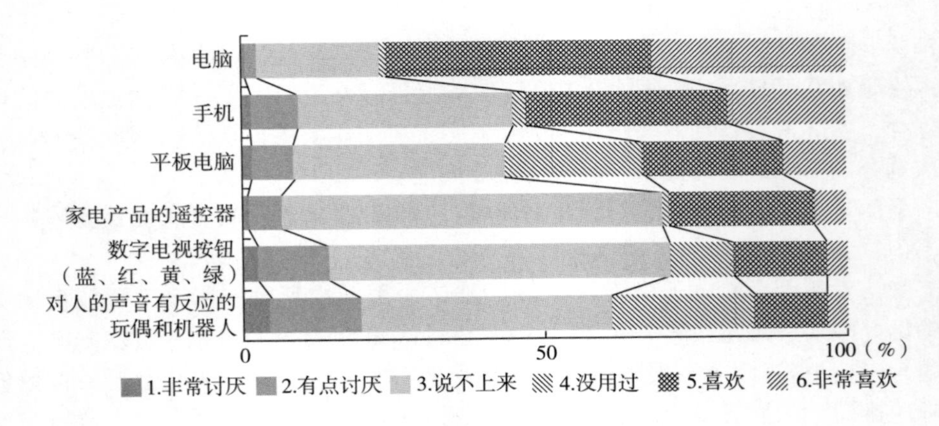

图 7-4 回答者对配件的喜好

资料来源:《关于无人驾驶汽车潜在需求的网络调查》。

(2)出过事故。

由于自动驾驶是以减少交通事故为目的而引入的,所以受访者的事故经历可能会影响其对自动驾驶汽车的选择。因此,我们向受访者询问了他们的事故经历(见图 7-5,前三项是多选题)。其中,对后续定量分析有重大影响的是“发生交通事故”选项。发生事故变量意味着因自己的过错而发生了事故。

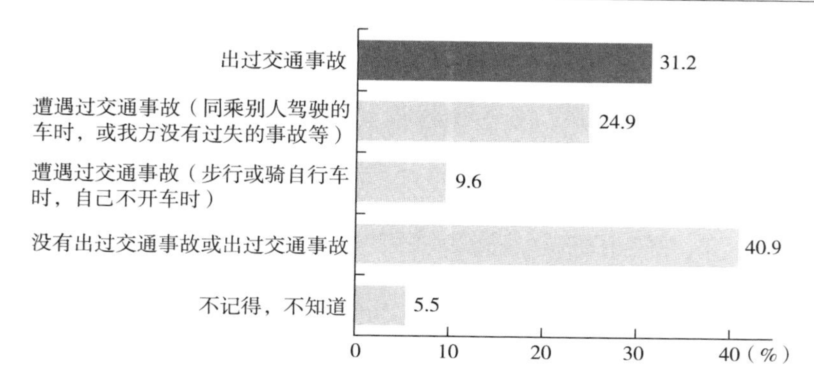

图 7-5　受访者的交通事故经历

资料来源：《关于无人驾驶汽车潜在需求的网络调查》。

（3）通过自动驾驶减少事故。

同样重要的是，受访者要对自动驾驶具有信任感，即他们是否认识到“如果采用自动驾驶，将会减少交通事故”。当被问到“您认为如果该国的所有汽车都完全自动化，交通事故将会减少吗?”时，得到的回答包含从“完全不这么认为（0）”到“完全认同（100）”。调查结果的平均值为 64. 55（标准偏差 21. 75），中值为 68，虽然受访者一般认为事故平均会减少，但“两者都谈不上（50）”的回答占到 13. 9%，并且小于 50 的回答占 15. 4%（见图 7-6）。约 30%的受访者仍对无人驾驶没有信任感。

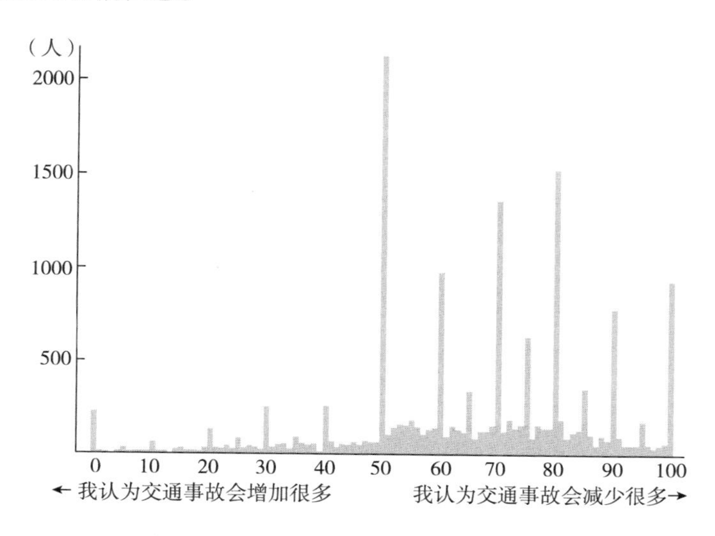

图 7-6　你认为自动驾驶会减少事故吗

资料来源：《关于无人驾驶汽车潜在需求的网络调查》。

（4）没有驾照/喜欢驾驶。

有无驾照暂且不论，关键是在拥有驾照的人群中，有多少人享受驾驶的快乐呢？相关调查如图 7-7 所示。Sivak 和 Schoettle（2015）指出，在美国，由于无人驾驶汽车的引入，使得过去不开车的人可以驾驶，因此私家车的使用量可能增加 11%。

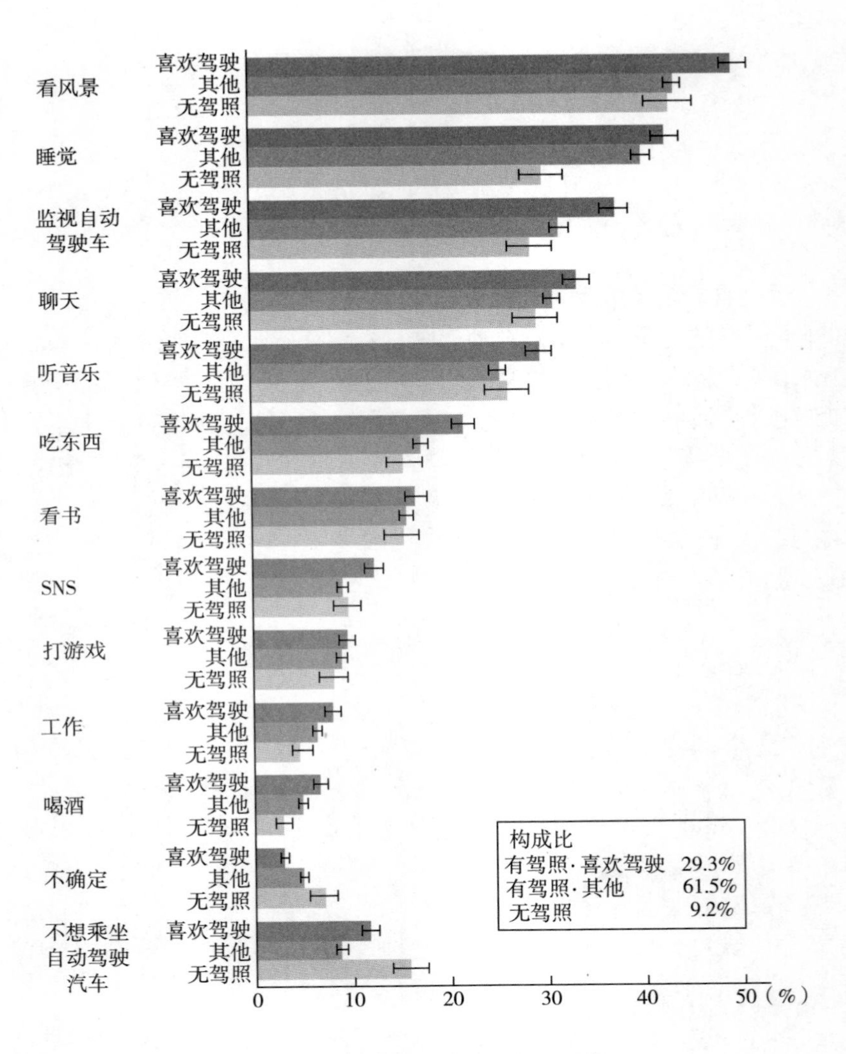

图 7-7 关于无人驾驶汽车的调查

注：①条形图上的高低线（⊢⊣）表示 95%的信赖区间；②各项目内相同颜色的条形图在平均值 5%水平上无显著性差异；③虽然是复数回答，但“不确定”及“不想乘坐自动驾驶汽车”的回答是被排除了的。

资料来源：《关于无人驾驶汽车潜在需求的网络调查》。

学者推测日常驾驶人的行驶距离不会发生太大变化，但是对于喜欢驾驶的人而言，可以预测喜欢驾驶的人可能不愿意乘坐无人驾驶汽车。于是，笔者询问拥有驾照的人是否喜欢驾驶，并且让其从“很讨厌”到“很喜欢”10个层次进行选择，从而对喜欢驾驶的程度进行分类（见图7-8）。

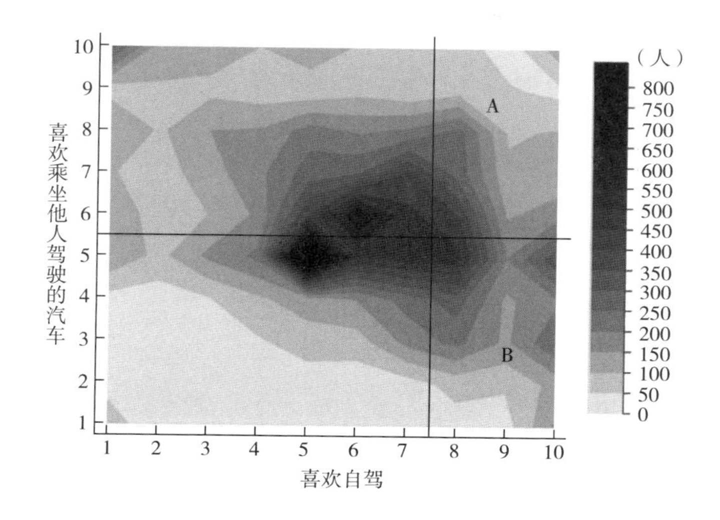

图7-8　偏向驾驶和同乘

注：各问题10个层次的回答者人数采用等高线绘制，其中1表示非常讨厌，10表示非常喜欢。
资料来源：《关于无人驾驶汽车潜在需求的网络调查》。

在这个分类中，“如果你乘坐不需要自己驾驶的自动驾驶汽车1小时左右，你想在车内做什么？请以安全为前提进行回答”。因为提问项目中同色的条形图没有统计上的差别，可以看出喜欢开车的人相对想做的事情比较多，而选择“不确定”的人较少。

受到关注的是“不想乘坐自动驾驶汽车”选项。从Sivak和Schoettle（2015）的研究结果类推，没有驾照的人才想乘坐自动驾驶汽车，但相反的是，没有驾照的人不想乘坐自动驾驶汽车的比例却变高了。另外，在持有驾照的人群中，喜欢开车的人不想乘坐自动驾驶汽车的比例较高，说明随着自动驾驶汽车的普及，喜欢开车的人可能会远离汽车（见图7-7）。

从图7-8中也可以推测出这种结论。对于有驾照的受访者的问题是，“除了自己开车外，是否喜欢乘坐别人开的车”，图7-8显示了回答人数的分布。横轴右侧的A、B区域展示的是喜欢驾驶的程度，其中A（46%）区喜欢乘坐别人开的车，而B（56%）区则讨厌乘坐别人开的车。可以看出B区域的浓度更高，这表明了喜欢开车的人更喜欢自己开车。

五、自动驾驶汽车的支付意向额

本节中，从联合分析法获得的调查数据中，通过多项式分对数模型来推算消费者的自动运转水平及对燃料（汽油、混合动力、电）选项的平均界限支付意愿（MWTP）。随后，考虑到消费者的不同特征，将消费者分为多个类别，并且明确不同类别的属性。对于受访者，作为各自隶属概率最高的类别，给出类别假设。此外，概率分析用于了解特定类别的因素。在介绍该理论之后，将解释联合分析方法表示的内容并推算其估计结果。

1. 理论

（1）选择型联合分析法。

本次调查中使用了选择型联合分析方法，一般会向受访者多次提供2~4种商品或服务类型的例子，每次受访者选择自认为最可能购买的商品或服务类型，研究者从得到的数据中对支付意愿额（WTP）进行推算。这些商品或服务以不同属性（如价格、质量和交付方式）的组合形式呈现。通过分析，研究人员设计一个组合，可以测量每个属性作为边际效用的受访者效用。因此，该方法是一种用于获得消费者对没有市场的商品的偏好的“表明偏好法”[①]。此外，通过使用价格的边际效用作为参考，其他属性的边际效用可以表示为WTP的货币值。

选择型联合方法被广泛应用于市场经济学、环境经济学和医学经济学等领域。以前有很多使用联合分析方法的研究，如柘植等（2011）分析了本章中使用的潜在类别模型。然而，据作者所知，日本尚未对自动驾驶汽车的潜在类别模型进行分析。

多项式分对数模型（Multinomial Logit Model，MNL）是通过选择型联合分析法对收集到的数据进行分析的一种模型，具体模型如下所示。当存在J种类的Profile时，回答者n在选择Profile时的效用U_{nj}分为实验者可观察的效用V_{nj}和实验者不可观察的效用ε_{nj}，表示为式（7-1）[②]。

$$U_{nj}=V_{nj}+\varepsilon_{nj},\ i=1,\ \cdots,\ J \tag{7-1}$$

这里的U_{nj}遵从独立且统一的极值分布（Extreme Value Distribution），这时

① 另一方面，从实际市场中获得的数据得出偏好的方法称为显示偏好方法。

② 模型的详细情况请参照Train（2009）。

ε_{nj} 的概率密度函数为：

$$f(\varepsilon_{nj})=\exp(-\varepsilon_{nj})\cdot\{\exp[-\exp(-\varepsilon_{nj})]\}$$

累积分布函数为：

$$F(\varepsilon_{nj})=\exp[-\exp(-\varepsilon_{nj})]$$

由于两个极值分布函数之间的差异具有逻辑分布性，$\varepsilon_{nji}=\varepsilon_{nj}-\varepsilon_{ni}$ 遵循以下逻辑分布：

$$F(\varepsilon_{nji}^{*})=\frac{\exp(\varepsilon_{nji}^{*})}{1+\exp(\varepsilon_{nji}^{*})} \tag{7-2}$$

某个人 G 选择 Profile B 的概率是：

$$P_{ni}=\mathrm{Prob}(V_{ni}+\varepsilon_{ni}>V_{nj}+\varepsilon_{nj}\quad\forall j\neq i)$$

$$\mathrm{Prob}(\varepsilon_{nj}<\varepsilon_{ni}+V_{ni}-V_{nj}\quad\forall j\neq i)$$

因为 $\varepsilon_{ni}+V_{ni}-V_{nj}$ 的累积分布函数变成了 $\exp\{-\exp[-(-\varepsilon_{ni}+V_{ni}-V_{nj})]\}$，如果给定 ε_{nj}，i 以外的所有 j 的选择概率就是 $P_{ni}\mid\varepsilon_{ni}=\prod_{j\neq i}\exp\{-\exp[-(-\varepsilon_{ni}+V_{ni}-V_{nj})]\}$。因为 ε_{nj} 的数值未知，因此关于 ε_{nj} 所有的积分（2）按方程的概率密度进行加权：

$$P_{ni}=\int(P_{ni}\mid\varepsilon_{ni})f(\varepsilon_{ni})d\varepsilon_{ni}$$

$$=\int\Big(\prod_{j\neq i}\exp\{-\exp[-(\varepsilon_{ni}+V_{ni}-V_{ni})]\}\Big)\exp(-\varepsilon_{ni})\cdot\{\exp[-\exp(-\varepsilon_{ni})]\}d\varepsilon_{ni}$$

如果进行求值的话，则选择概率为：

$$P_{ni}=\frac{\exp(V_{ni})}{\sum_{j}\exp(V_{nj})}$$

这里，具有可观察效用的 V_{nj} 中，假设参数是线性的，那么对于 Profile j 的被观察变量的向量 X_{nj} 而言：

$$V_{nj}=\beta'\mathbf{x}_{nj} \tag{7-3}$$

在这种情况下：

$$P_{ni}=\frac{\exp(\beta'\mathbf{x}_{ni})}{\sum_{j}\exp(\beta'\mathbf{x}_{nj})} \tag{7-4}$$

这里的 β 是被估计的参数，表示边际效用。

进行估算时，使用二进制变量，如“如果选择了 Profile 则为 1，如果未选择则为 0”，个人 n 的 Profile i 的选择概率为 $\prod_{j}(P_{ni})^{y_{ni}}$（但是，$V_{nj}$ 表示个人 n 如果选择 i 的话则为“1”，选择其他的话则为“0”）。使用 N 人份的回答时，有：

$$L(\beta)=\prod_{n=1}^{N}\prod_{i}(P_{ni})^{y_{ni}}$$

可以求最大化的β。但是，由于它实际上是非线性的，因此笔者找到了使对数似然函数（Log Likelihood）LL（β）最大化的β：

$$LL(\beta)=\sum_{n=1}^{N}\sum_{i}y_{ni}\ln P_{ni}$$

在选择实验中，个人n已知V_{nj}和ε_{nj}，假设可以进行使效用最大化的选择。但是，实验者只指出了变量X_{nj}，所以对于回答者来说，他们是无法判断是否存在ε_{nj}的。

（2）潜在类别模型。

由于多项式分对数模型（MNL）在误差项中假定独立且相同的极值分布，所以在选择实验的情况下，必须以“独立于无关的选择”（Independent of Irternatives，IIA）为前提。因为这个IIA条件在现实中是过于苛刻的，所以制定了一些缓和这个条件的推算方法。其中之一就是参数β中假设概率分布的混合逻辑模型（Mixed Logit Model，MLM）；另一个就是潜在类别模型（Latent Class Model，LCM）。在这项研究分析中，LCM被用来明确不同类别的消费者属性。

当存在类型的潜在组时，属于组J的个人G选择Profile B的概率为：

$$P_{ni\mid q}=\frac{\exp(\beta'_{q}\mathbf{x}_{ni})}{\sum_{j}\exp(\beta'_{q}\mathbf{x}_{ni})}\quad q=1,\ \cdots,\ Q \tag{7-4A}$$

如果z是个人属性，则个人属于某个组的概率是exp（$\theta'_{q}\mathbf{z}_{n}$）/$\sum_{q=1}^{Q}$ exp（$\theta'_{q}\mathbf{z}_{n}$）（但是$\theta_{q}=0$），当考虑到组别时，个人n选择Profile i的概率是：

$$P_{ni}=\frac{\exp(\theta'_{q}z_{n})}{\sum_{q}\exp(\theta'_{q}z_{n})}\frac{\exp(\beta'_{q}\mathbf{x}_{ni})}{\sum_{j}\exp(\beta'_{q}\mathbf{x}_{ni})}\qquad q=1,\ \cdots,\ Q \tag{7-4B}$$

自动驾驶汽车是一项新技术，预计支付意愿会因受访者的属性而有很大差异，但是在本书中，我们希望按组别比较各种属性，因此对事后确定的组进行概率分析，而无须事先假设特定属性以了解该组的特征。

（3）基于概率分析的属性判断。

在潜在类别模型中，可以估计属于每个类别的每位受访者的百分比。由此，可将各回答者隶属概率最高的等级作为1，其他等级作为0，即设立虚拟变量（这里称为虚拟类别Class Dummy）。各回答者只存在于虚拟类别中的任意一种。

作为把握各类虚拟类别等于1的个人特征的方法，虽然在估计潜在类别模型

时可以同时考虑个人属性变量来观察影响[①]，但是在本书中为了验证其对很多属性的影响，在事后使用概率分析。

2. 联合分析法的提出

当受访者被问及对自动驾驶汽车的购买意图时，其购买意图因人而异（如有人想购买轿车，有人想购买面包车）。本次的调查中，首先让受访者假设他们决定购买自己喜欢的“无自动驾驶功能的汽油车”，然后将自动驾驶功能添加到汽车中作为选择，或者改为电动汽车或混合动力汽车。表 7-2 给出了显示的属性种类，排除了没有自动操作和没有选项（汽油车）的组合后，根据 D 最优法制作了 6 组 8 种组合，每个人提示了 8 组。

表 7-2 给回答者提示的属性种类

自动驾驶等级	燃料	追加选项费用
无自动驾驶功能 level 3（有条件的自动驾驶） level 5（完全自动驾驶）	无选择（汽油车） 改装为混合动力车 改装为电动汽车	10 万日元 20 万日元 40 万日元 60 万日元

资料来源：《关于无人驾驶汽车潜在需求的网络调查》。

问题如下：

想象您已经决定要买车了。

现在，假设当您在商店中选择喜欢的汽车时，它就是“没有自动驾驶功能的汽油汽车”。

现在假设经销商提议添加新的自动操作功能且更改燃油作为选项，并且显示选项费用。

通过比较屏幕上的两个选项 A 和 B（见图 7-9），您选择哪个选项？显示的价款仅是与原始价格分开选择的价格。另外，假设所有燃料的耗油量都相同。

如果要购买不带自动驾驶功能的汽油车便无须添加任何选项，请选择“都不选择”。一共有 8 组。

如果您选择支付选择费，请考虑该金额不能用在其他购物上的情况。

根据自动驾驶的程度，尚未投入实际使用的新自动驾驶功能包括 level 3～level 5。在此，假定可以选择以下两个级别作为选项。

---

① 虽然所涉及的主题不同，但森田和马奈木（2013）在问卷调查中采用了直接将个人属性编入潜在分类模型中进行推算的方法。

level 3：基本上是自动驾驶，必要时由司机进行操作（有条件的自动驾驶）。

level 5：完全实现自动驾驶，司机不需要操作（完全自动驾驶）（没有驾照的人也可以驾驶）。

随后，图 7-9 中所示的组合每人以不同类型呈现 8 次。由于受访者不熟悉自动驾驶的级别，因此每次都会在表上显示简短的说明。这里的 3 级和 5 级含义见表 7-3[①]。

	选择A	选择B	
自动驾驶级别	level 3 （有条件的自动驾驶）	level 5 （完全自动驾驶）	不加任何选项
燃料	改装为混合动力车	无选配（汽油车）	
选择追加金	40万日元	60万日元	
	○	⊙	○

图 7-9　联合问题中向受访者显示的 Profile 组合示例

资料来源：《关于无人驾驶汽车潜在需求的网络调查》。

表 7-3　美国汽车工程师协会（SAE）对自动驾驶等级的定义

等级	概要	有关安全驾驶的监视，对应主体
驾驶人执行所有或部分驾驶任务		
SAE 0 级无运行自动化	·驾驶人执行所有驾驶任务	驾驶人
SAE 1 级驾驶支持	·系统执行与车辆控制相关的前、后、左或右驾驶任务的子任务	驾驶人
SAE 2 级部分操作自动化	·系统执行与前/后和左/右车辆控制相关的驾驶任务子任务	驾驶人
自动驾驶系统可以实现所有的驾驶任务		
SAE 3 级有条件的操作自动化	·系统执行所有驾驶任务（区域受限） ·在初步响应时，预计用户将对系统干预请求等做出适当响应	系统（倒车中为驾驶人）

① 现在等级 5 中没有规定没有驾照的人是否可以驾驶，但是为了让不熟悉自动驾驶的回答者更容易理解，表述为，“即使没有驾驶执照的人也可以驾驶”。

续表

等级	概要	有关安全驾驶的监视，对应主体
SAE 4 级高级驾驶自动化	·系统执行所有驾驶任务（区域受限） ·在预备应对时，不期待使用者做出回应	系统
SAE 5 级安全驾驶自动化	·系统实施所有驾驶任务（区域不限定） ·在准备应对时，不期待使用者做出响应	系统

注：这里的“区域”不一定局限于地理领域，还包括环境、交通状况、速度、时间条件等。

资料来源：自动驾驶商务研讨会（2017）。

3. 推算结果

（1）包含交叉效果在内的界限支付意愿额。

表 7-4 显示了使用多项式分对数模型的估计结果。上半部分是根据将其属性视为独立的“只有主效果”的推算，下半部分是考虑自动运转和燃料的交叉效果的推算。

表 7-4 附带条件的逻辑模型的推算结果 （N = 16327）

	系数	标准误差	系数的 95%信赖区间	
只有主要效果				
价格	-0.027***	0.000	-0.028	-0.026
等级 3	0.248***	0.012	0.225	0.272
等级 5	0.540***	0.011	0.517	0.562
混合动力	0.229***	0.011	0.206	0.251
电动	-0.140***	0.012	-0.162	-0.117
LL = -133769 AIC = 267548				
考虑其交叉效果				
价格	-0.030***	0.000	-0.030	-0.029
等级 3* 汽油	0.215***	0.013	0.190	0.241
等级 5* 汽油	0.366***	0.015	0.336	0.396
无自动驾驶功能* 混合动力	0.156***	0.016	0.125	0.186
无自动驾驶功能* 电动	-0.378***	0.014	-0.406	-0.350

续表

	系数	标准误差	系数的95%信赖区间	
等级3*混合动力	0.199***	0.022	0.155	0.243
等级3*电动	0.467***	0.026	0.416	0.519
等级5*混合动力	0.408***	0.020	0.368	0.448
等级5*电动	0.687***	0.022	0.644	0.729
LL=-133130　AIC=266278				

注：*** 表示在1%的水平上系数是有效的。LL是对数似然度，AIC是赤池信息量标准的值。

资料来源：《关于无人驾驶汽车潜在需求的网络调查》。

从表7-4获得的界限支付意愿额（MWTP）如图7-10所示。上面的一行是不考虑交叉效果的值，下面的一行是考虑交叉效果的值，两者都是无自动驾驶功能的汽油车的金额。如果不考虑交叉效果，则在不具有自动运输功能的汽车上增加等级level 5的WTP为20万日元，是增加level 3时的9.2万日元的2.2倍。Schoettle和Shivak（2015）提出，因为以每天开车的人作为目标人群，因此自动驾驶功能低的车是首选。但是在包含不开车人群的此次调查中表明，不需要驾驶员参与的全自动汽车越来越受欢迎。在燃料方面，从汽油车切换到混合动力车的WTP为8.5万日元，而切换为电动车的WTP为-5.2万日元。尽管日本制造商已开始专注于电动汽车，但电动汽车不太可能会受欢迎。然而，从包括交叉效应的结果可以看出，即使电动汽车具有自动驾驶功能，在level 3的WTP也为10.3万日元，在level 5的WTP为22.8万日元，仅当没有自动操作功能时，才会变为负的WTP——-12.5万日元。似乎仅通过将汽油车变成电动车不可能满足更换需求，但是如果将其与自动驾驶功能结合使用，则可以购买。即使没有自动驾驶功能，混合动力汽车的最高WTP值为53000日元，但是自动驾驶level 3的最高WTP为193000日元，level 5的最高WTP为315000日元。

由此可见，无论哪一个金额都大大低于实际销售额，但是在设置更高金额的预测试中也没有计算出较高的WTP，所以问卷调查时设置的金额似乎也没有问题。作为平均大体的推算准则，被认为是稳定的数额。

（2）潜在类分析。

一是潜在类分析的决策和隶属概率。

在本节中，我们考虑了消费者的不同性质，并分析了自动操作和燃料选择的趋势以及决定因素。在前文中说明的潜在类模型中，通常在改变类变量后进行反复推算，并选择信息量标准最低的类变量。由于样本数量众多，本研究使用的调查结果即便分为12类，赤池信息准则（AIC）、贝叶斯信息准则（BIC）均下降

且没有反转（见图 7-11）。如果类别数量太大，将很难掌握每个类别的特征，并且由于分类数量增加而导致信息量标准减少，随着分类数量的增加，其优点将变小。因此，我们采用了最容易解释潜在类别意义的 5 个类别进行分析。

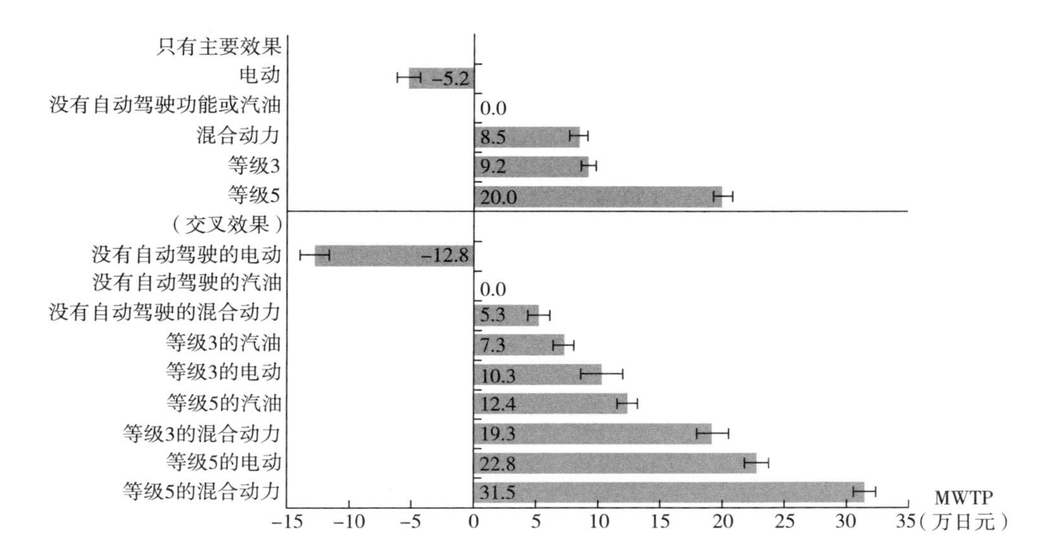

图 7-10　自动驾驶功能和燃料的边际支付意愿额

注：条形图上的线表示 95%的信赖区间。

资料来源：《关于无人驾驶汽车潜在需求的网络调查》。

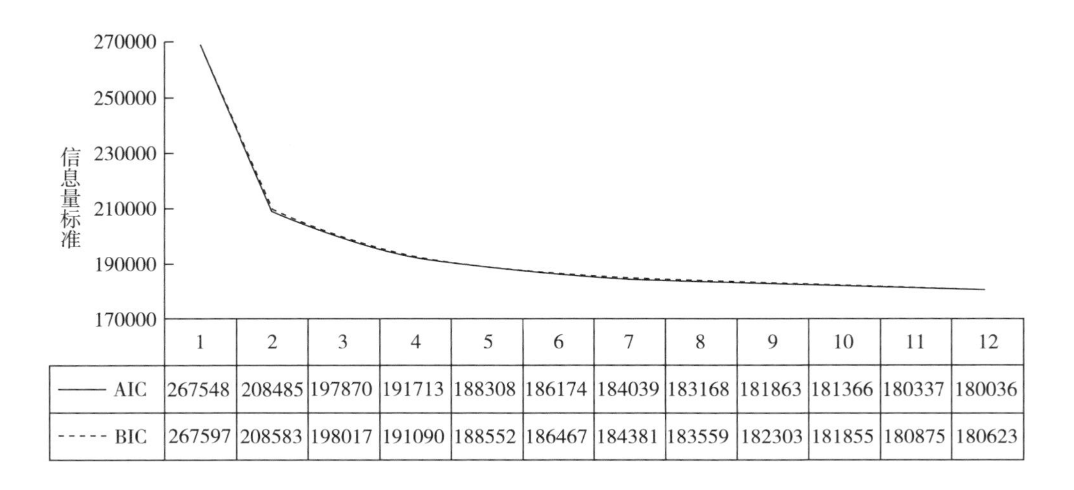

	1	2	3	4	5	6	7	8	9	10	11	12
—— AIC	267548	208485	197870	191713	188308	186174	184039	183168	181863	181366	180337	180036
----- BIC	267597	208583	198017	191090	188552	186467	184381	183559	182303	181855	180875	180623

图 7-11　潜在类模型的类数量和信息量标准

资料来源：《关于无人驾驶汽车潜在需求的网络调查》。

5 个类别根据 WTP 的特点分为：①不需要选项；②燃料>0>自动驾驶；③燃料≈自动驾驶>0；④自动驾驶>0>燃料；⑤自动驾驶>燃料>0。其各自的隶属概率为 27%、13%、24%、21%、15%（见图 7-12）。就从属关系的可能性而言，类别①的选择 WTP 值为负，是最高的，并且针对此处提出的所有 8 个问题选择，包含选择了“AB 选项都不选”的回答者（23.9%）。由于趋势没有明显差异，因此我们这次没有进行分类，但是在“均未附加任何选项”类别中，不仅是 WTP 低于提供的任何金额的受访者，而且还有 9.1%的受访者表示，即使汽车价格下跌，他们也不想添加自动驾驶功能。在类别①之后，属于类别③的每个属性显示几乎相同的正 WTP 的概率为 24%。尽管在自动驾驶等级上显示出几乎等于类别③的 WTP，但是认为不需要混合动力和电动汽车，显示出对燃料负的 WTP 的类别④也是 21%。相反，尽管可以更换燃料，但由于认为不需要自动操作功能，所以类别②的负 WTP 为 13%，对于所有选项的正 WTP，自动驾驶的最大 WTP 类别⑤占 15%。

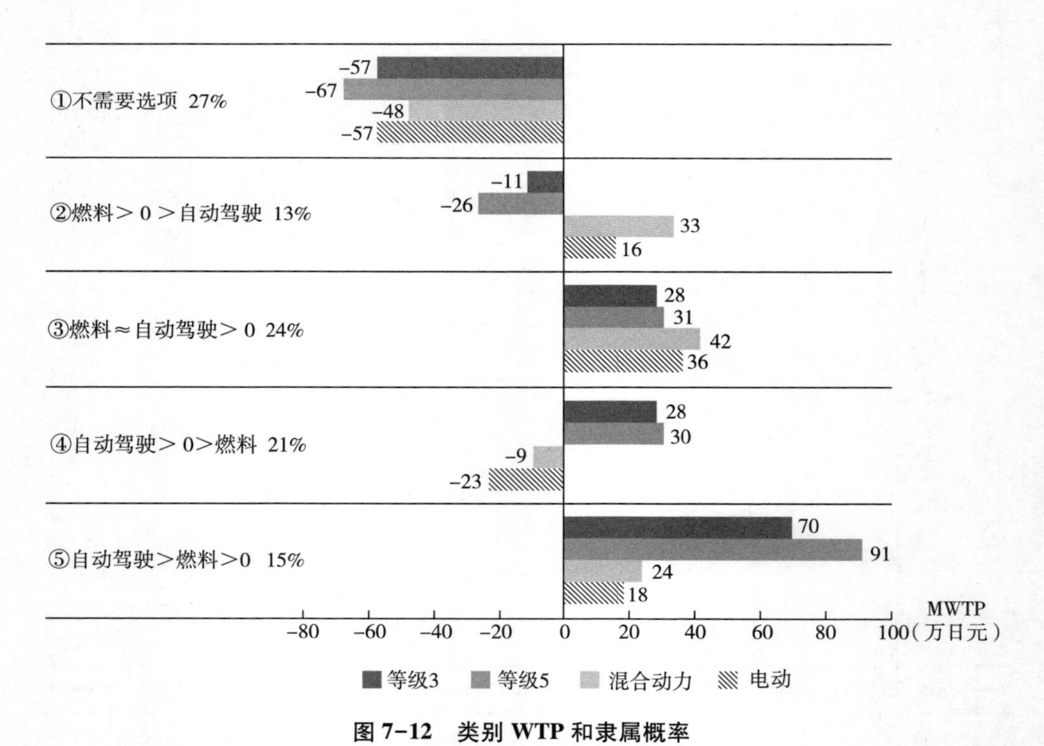

图 7-12　类别 WTP 和隶属概率

注：序号表示等级，百分比表示隶属概率。

资料来源：《关于无人驾驶汽车潜在需求的网络调查》。

二是潜在类别的特征。

每个类别的隶属概率可以单独计算。按类别将受访者归为具有最高隶属概率的类别，并且在进入该类别时使用1创建一个虚拟变量，而在未进入该类别时使用0创建一个虚拟变量。例如，如果寻求个人i的类别①~⑤时，隶属概率就分别为0.00，0.17，0.81，0.02，0.00，那么，个人i就属于类别③。如果属于这样分类的类型的话，则虚拟类别=1，如果不属于，则虚拟类别=0的变量作为独立变量，使用表7-5的记述统计量所示的变量，用概率进行分析的结果为表7-6。

表7-5　用于分析变量的描述统计量

变量		定义	平均值	标准偏差	最小值	最大值
自变量	类别①		0.279	0.448	0	1
	类别②		0.128	0.334	0	1
	类别③		0.238	0.426	0	1
	类别④		0.205	0.404	0	1
	类别⑤		0.150	0.357	0	1
社会人口统计学属性	男性	男性=1，其他=0	0.582	0.498	0	1
	年龄	以1岁为区分	47.880	12.597	18	69
	年龄（平方）	年龄的平方	2451.130	1182.096	324	4761
	大学毕业	最终学历为大学=1，其他=0	0.499	0.500	0	1
	研究生毕业	最终学历为研究生=1，其他=0	0.072	0.259	0	1
	家庭收入	家庭收入，对数值	6.339	0.717	3.912	8.161
	单身	单身生活=1，其他=0	0.168	0.374	0	1
	与子女同住	与小学以下儿童一起生活=1，其他=0	0.181	0.385	0	1
与汽车、自动驾驶等相关的属性	没有驾照	没有驾照= 1，其他=0	0.092	0.290	0	1
	反对共享汽车	对共享汽车完全不反感（1）到非常反感（10）的10个等级中，8~10级的人=1，其他=0	0.311	0.463	0	1
	喜欢配件	对于6种配件，非常讨厌=1，有点讨厌=2，都不喜欢且没用过=3，喜欢=4，非常喜欢=5	20.286	3.073	6	30
	对拥有汽车感到自豪	对有车完全不感到自豪（1）到非常自豪（10）的10个等级中，6~10级的人=1，其他=0	0.260	0.439	0	1
	拥有国产车	国产车车主=1，其他=0	0.694	0.461	0	1

续表

变量		定义	平均值	标准偏差	最小值	最大值
与汽车、自动驾驶等相关的属性	拥有进口车	进口车车主= 1，其他= 0	0.053	0.224	0	1
	行驶里程	年行驶里程（千公里）	5.029	5.995	0	40.5
	喜欢驾驶	在拥有驾照的人中，从非常讨厌（1）到非常喜欢（10）的10个等级中，8~10级的=1，其他=0	0.293	0.455	0	1
	发生过交通事故	发生过交通事故=1，其他=0	0.322	0.467	0	1
	自动驾驶汽车能减少事故	如果国内所有汽车都实现自动驾驶，认为交通事故会大大增加（0）到交通事故会大大减少（100），共101个变量	65.134	21.681	0	100
心理属性	利他性	对于“当一个人遇到麻烦时，无论遇到什么情况，您都应该提供帮助”的问题，非常不同意（1）到非常同意（5）	3.116	0.828	1	5
	曾筹集资金	有时协助募捐，经常协助募捐，每年通过自动扣款等方式进行一定金额的合作，其中一个=1，除此之外=0	0.630	0.483	0	1
	对伦理问题持肯定意见	在问卷的自由回答中，对包含伦理问题的问卷持肯定意见的人=1，其他=0	0.130	0.337	0	1
	对伦理问题持否定意见	在问卷的自由回答中，对包含伦理问题的问卷持否定意见的人=1，其他=0	0.214	0.410	01	
居住地	北海道地区		0.046	0.210	0	1
	东北地区		0.048	0.213	0	1
	关东地区		0.406	0.491	0	1
	中部地区		0.150	0.357	0	1
	近畿地区		0.199	0.399	0	1
	山阳山阴地区		0.048	0.213	0	1
	四国地区		0.022	0.415	0	1
	（九州·冲绳地区）		0.081	0.273	0	1

资料来源：《关于无人驾驶汽车潜在需求的网络调查》。

表 7-6　类别属性的概率分析

		所有变量					仅在低于 10%的水平上有意义的变量				
		类别①	类别②	类别③	类别④	类别⑤	类别①	类别②	类别③	类别④	类别⑤
社会人口统计学属性	男性	0.077** (0.024)	-0.200*** (0.028)	0.061* (0.025)	-0.102*** (0.025)	0.093** (0.029)	0.073** (0.024)	-0.185*** (0.027)	0.061** (0.024)	-0.095*** (0.024)	0.094*** (0.028)
	年龄	0.018** (0.006)	-0.001 (0.008)	-0.035*** (0.006)	0.033*** (0.007)	-0.019* (0.007)	0.018** (0.006)		-0.035*** (0.006)	0.031*** (0.007)	-0.019** (0.007)
	年龄（平方）	-0.000*** (0.000)	0.000 (0.000)	0.000*** (0.000)	-0.000*** (0.000)	0.000** (0.000)	-0.000*** (0.000)		0.000*** (0.000)	-0.000*** (0.000)	0.000** (0.000)
	大学毕业	-0.110*** (0.024)	0.050* (0.028)	0.005 (0.024)	0.028 (0.025)	0.074** (0.028)	-0.115*** (0.024)				0.074** (0.028)
	研究生毕业	-0.133** (0.046)	0.053 (0.054)	-0.041 (0.046)	0.023 (0.047)	0.147** (0.051)	-0.138** (0.046)				0.147** (0.050)
	家庭收入	-0.123*** (0.017)	-0.003 (0.021)	0.088*** (0.018)	-0.014 (0.018)	0.085*** (0.020)	-0.129*** (0.016)		0.085*** (0.016)		0.087*** (0.019)
	单身	-0.004 (0.033)	-0.080* (0.040)	0.015 (0.034)	0.042 (0.035)	-0.002 (0.039)		-0.083* (0.035)		0.055* (0.032)	
	与子女同住	-0.083** (0.031)	0.009 (0.036)	0.123*** (0.031)	-0.036 (0.032)	-0.008 (0.037)	-0.082** (0.030)		0.122*** (0.030)		
汽车、自动驾驶等相关的属性	没有驾照	0.063 (0.040)	-0.070 (0.050)	-0.027 (0.042)	-0.016 (0.044)	0.010 (0.046)		-0.099* (0.048)			
	反对共享汽车	0.187*** (0.024)	-0.017 (0.028)	-0.181*** (0.025)	-0.006 (0.025)	-0.022 (0.029)	0.188*** (0.024)		-0.180*** (0.025)		
	喜欢配件	-0.061*** (0.004)	-0.006 (0.004)	0.030*** (0.004)	0.002 (0.004)	0.033*** (0.004)	-0.051*** (0.004)		0.031*** (0.004)		0.033*** (0.004)

续表

		所有变量					仅在低于10%的水平上有意义的变量				
		类别①	类别②	类别③	类别④	类别⑤	类别①	类别②	类别③	类别④	类别⑤
汽车、自动驾驶等相关的属性	对拥有汽车感到自豪	-0.082^{**} (0.028)	-0.073^{*} (0.032)	0.146^{***} (0.027)	-0.031 (0.028)	0.026 (0.032)	-0.084^{**} (0.027)	-0.069^{*} (0.030)	0.145^{***} (0.027)		
	拥有国产车	-0.005 (0.031)	0.045 (0.037)	-0.101^{**} (0.032)	0.206^{***} (0.033)	-0.138^{***} (0.035)			-0.102^{***} (0.030)	0.200^{***} (0.031)	-0.139^{***} (0.029)
	拥有进口车	0.144^{*} (0.057)	-0.208^{**} (0.072)	-0.308^{***} (0.069)	0.285^{***} (0.057)	0.006 (0.062)	0.143^{**} (0.050)	-0.243^{***} (0.063)	-0.306^{***} (0.058)	0.268^{***} (0.054)	
	行驶里程	-0.009^{***} (0.002)	0.007^{**} (0.002)	0.012^{***} (0.002)	-0.006^{*} (0.002)	-0.006^{*} (0.003)	-0.008^{***} (0.002)	0.008^{***} (0.002)	0.012^{***} (0.002)	-0.005^{*} (0.002)	-0.006^{*} (0.002)
	喜欢驾驶	0.118^{***} (0.026)	0.229^{***} (0.030)	-0.091^{***} (0.026)	0.011 (0.027)	-0.313^{***} (0.032)	0.113^{***} (0.026)	0.227^{***} (0.029)	-0.089^{***} (0.026)		-0.311^{***} (0.031)
	发生过交通事故	0.010 (0.025)	0.047 (0.029)	-0.063^{*} (0.025)	0.063^{*} (0.025)	-0.049^{*} (0.029)			-0.061^{*} (0.025)	0.067^{**} (0.025)	-0.051^{+} (0.029)
	自动驾驶汽车能减少事故	-0.013^{***} (0.001)	-0.005^{***} (0.001)	0.003^{***} (0.001)	0.006^{***} (0.001)	0.015^{***} (0.001)	-0.013^{***} (0.001)	-0.005^{***} (0.001)	0.003^{***} (0.001)	0.006^{***} (0.001)	0.014^{**} (0.001)
心理属性	利他性	-0.026^{+} (0.014)	0.029^{+} (0.016)	0.063^{***} (0.014)	-0.065^{***} (0.014)	0.008 (0.015)	-0.026^{+} (0.014)	0.027^{+} (0.016)	0.064^{***} (0.014)	-0.063^{***} (0.014)	
	曾筹集资金	-0.237^{***} (0.023)	0.073^{**} (0.027)	0.147^{***} (0.024)	0.012 (0.024)	0.072^{**} (0.028)	-0.235^{***} (0.023)	0.073^{**} (0.027)	0.147^{***} (0.024)		0.075^{**} (0.027)
	对伦理问题持肯定意见	-0.211^{***} (0.035)	0.026 (0.038)	0.016 (0.033)	0.044 (0.033)	0.130^{***} (0.036)	-0.213^{***} (0.035)				0.129^{***} (0.036)
	对伦理问题持否定意见	-0.060^{*} (0.027)	0.121^{***} (0.031)	-0.069^{*} (0.027)	0.044 (0.028)	-0.009 (0.031)	-0.059^{*} (0.027)	0.122^{***} (0.030)	-0.070^{*} (0.027)	0.050^{+} (0.027)	

续表

		所有变量					仅在低于10%的水平上有意义的变量				
		类别①	类别②	类别③	类别④	类别⑤	类别①	类别②	类别③	类别④	类别⑤
居住地	北海道地区	0.067 (0.062)	-0.031 (0.071)	-0.191** (0.065)	0.062 (0.065)	0.131^{+} (0.076)					0.132^{+} (0.076)
	东北地区	-0.016 (0.063)	-0.036 (0.071)	-0.068 (0.063)	0.071 (0.065)	0.087 (0.077)					0.086 (0.077)
	关东地区	-0.017 (0.043)	-0.060 (0.048)	-0.065 (0.043)	0.026 (0.045)	0.154** (0.052)					0.155** (0.052)
	中部地区	0.040 (0.047)	-0.106* (0.054)	-0.097* (0.047)	0.063 (0.049)	0.127* (0.058)					0.127* (0.058)
	近畿地区	0.033 (0.046)	-0.125* (0.052)	-0.094* (0.045)	0.082^{+} (0.047)	0.121* (0.055)					0.122* (0.055)
	山阳山阴地区	0.053 (0.062)	-0.073 (0.071)	-0.064 (0.062)	0.078 (0.065)	0.005 (0.078)					0.006 (0.078)
	四国地区	0.134 (0.082)	-0.220* (0.100)	-0.026 (0.082)	-0.032 (0.087)	0.106 (0.099)					0.103 (0.099)
常数项		1.960*** (0.194)	-0.727** (0.227)	-1.541*** (0.195)	-1.805*** (0.205)	-3.058*** (0.228)	2.037*** (0.183)	-0.925*** (0.065)	-1.607*** (0.183)	-1.779*** (0.161)	-3.055*** (0.213)
样品数		16327	16327	16327	16327	16327	16327	16327	16327	16327	16327
伪决定系数		0.079	0.024	0.027	0.015	0.070	0.078	0.022	0.027	0.014	0.070
对数似然		-8904.167	-6094.751	-8719.857	-8163.958	-6403.249	-8910.1	-6105.5	-8726.3	-8170.6	-6404.1

注：①括号内为标准偏差。+表示10%水平，*表示5%水平，**表示1%水平，***表示0.1%水平；②地域是相对于九州·冲绳地区的系数；③变量之间的相关系数见附表。

资料来源：《关于无人驾驶汽车潜在需求的网络调查》。

在这个变量中，对伦理问题是肯定的还是否定的变量，在问卷调查中进行联合分析法的提问后，进行关于自动驾驶将面临的伦理问题（在事故中为了帮助别人而牺牲别人是被允许的吗？能拯救的人数越多越好？或者提出一个“电车问题”）的提问，在最后的自由回答中主要标明，对这个问题写了肯定的意见，还是写了否定的意见（或者写了两者）。由于受访者在联合分析的提问中没有阅读关于伦理问题的内容，因此，将它们作为受访者的心理属性，包含在解释变量中。

为了更容易理解每个类别的属性的特性，表 7-7 仅显示了每个类别的趋势，而没有考虑系数绝对值的大小。具有各类别表述特征的人比没有的人更有可能属于该类别。

表 7-7　回答者的潜在类别特性

	①不需要选项 27.9%	②燃料>0>自动驾驶 12.8%	③燃料≈自动驾驶>0 23.8%	④自动驾驶>0>燃料 20.5%	⑤自动驾驶>燃料>0 15.0%
社会人口统计学属性	男性 高龄 不是本科或研究生毕业 家庭收入低 与子女同住	女性 单身	男性 青年人 家庭收入高 与子女同住	女性 高龄 （单身）	男性 青年人 本科或研究生毕业 家庭收入高
汽车、自动驾驶等相关属性	反对共享汽车 不喜欢配件 对拥有车这件事没有自豪感 拥有进口车 行驶里程短 喜欢驾驶 不认为自动驾驶汽车可以减少事故	拥有驾照 对拥有车这件事没有自豪感 没有进口车 行驶里程长 喜欢驾驶 不认为自动驾驶汽车可以减少事故	不反对共享汽车 喜欢配件 对拥有车有自豪感 没有国产车 没有进口车 行驶里程长 不喜欢驾驶 没有发生过事故 认为自动驾驶汽车可以减少事故	拥有国产车 拥有进口车 行驶里程短 发生过事故 认为自动驾驶汽车可以减少事故	喜欢配件 没有国产车 行驶距离短 不喜欢驾驶 （没有发生过事故） 认为自动驾驶汽车可以减少事故
心理属性	（利他性低） 从未筹集过资金 对伦理问题持肯定意见 对伦理问题持否定意见	（利他性高） 筹集过资金 对伦理问题持否定意见	利他性高 筹集过资金 对伦理问题持肯定意见	利他性低 （对伦理问题持否定意见）	筹集过资金 对伦理问题持肯定意见

续表

	①不需要选项 27.9%	②燃料>0>自动驾驶 12.8%	③燃料≈自动驾驶>0 23.8%	④自动驾驶>0>燃料 20.5%	⑤自动驾驶>燃料>0 15.0%
居住地					从九州、冲绳地区到关东、（北海道）、近畿、中部地区

注：①带括号的属性表明系数的有效性在10%左右；②标题行的数字不是所属概率，而是根据所属概率分类后的回答者分布。

资料来源：《关于无人驾驶汽车潜在需求的网络调查》。

作为表现出最高的 WTP 自动驾驶类别⑤，主要有以下的特征：都是年轻人，高学历，高收入，喜欢配件，行驶里程短，不喜欢开车，都认为引进自动驾驶车的话事故就会减少，对伦理问题持肯定意见。与类别④相同的潜在购买者可能是通常不开车的人，他们更喜欢自动驾驶而不是需要燃料的普通车。

自动驾驶的 WTP 为正的类型③至类型⑤的共同点是，对自动驾驶汽车的安全性（减少事故）有信心。由此，再次确认自动驾驶车辆不会引起事故是能够使其广泛推广并应用的主要前提。

自动驾驶的负 WTP 的类型①和类型②的特点是热爱驾驶。在第四小节的简单统计中也指出了喜欢驾驶的人不喜欢自动驾驶的可能性，但是已经确认，即使是控制了其他条件的概率，喜欢驾驶的人的 WTP 也有很高的负概率。对于自动驾驶车的普及，有必要给喜欢驾驶的人带来比放弃驾驶更大的好处。

在这次的推算中，在“性别、与孩子的同居与否、对共享汽车的见解、自尊心”方面没有明确的倾向。有趣的是，与环保燃料和非进口车的利他性有关，自动驾驶和利他性没有直接联系。在类别②和类别③中那些对燃料的 WTP 显示为正的人，虽然在“没有相对耗油量较低的进口车”“具有利他性”以及“在筹集资金时通常对环境友好”上有共同之处，但是只喜欢自动驾驶的类别④群体却有着“拥有进口车”且“利他性低”的特征。

六、自动驾驶是否会普及

在本研究中，以自动驾驶车的快速技术革新和政策推进为背景，为了推测消费者对自动驾驶车的潜在需求，在日本进行了大规模的网络调查，是从 16327 个有效样本的选择性分析（多项分对数模型和潜在类型模型）中得到的结果。

首先，选择自动驾驶的 WTP 平均是正的，其水平大大低于实际所需的费用。另外，虽然电动汽车的支付意愿为负数，但考虑到交叉项，发现“无自动驾驶功能的电动汽车”的负值较大，若配备自动运转功能则将转为正。各汽车公司都在为电动汽车的普及而激烈争论，但单个电动汽车的吸引力较小，因此，与自动驾驶功能的协同作用将成为人们购买它的条件。

从回答者的属性来看，很多人对自动驾驶完全不感兴趣，或者感到消极（不认为自动驾驶会减少事故），相反，高学历、高收入、喜欢配件的年轻男性对自动驾驶表现出了高 WTP。另外，喜欢驾驶的人对自动驾驶表示负 WTP，因此，需要为自动驾驶车提供超过放弃驾驶的优势。与环保车不同，虽然不期待通过自动驾驶车来改善环境，但如果实现与燃料的高效组合以及总行驶距离的减少等改善环境的措施，自动驾驶车的购买人数将会增加。

人们期待交通事故的减少，对自动驾驶显示了正确的 WTP。作为自动驾驶车普及的大前提，有必要保障自动驾驶车的安全性。本章的研究能够定量地明确人们的观念，即人们没有最强有力的保证就不会接受自动驾驶汽车。

致　谢

本研究是独立行政法人经济产业研究所项目“人工智能等对经济的影响研究”，以及日本学术振兴会科研项目 JP26285057 成果的一部分。

● 参考文献

Bansal, P. , K. M. Kockleman and A. Singh（2016）“Assessing Public Opinions of and Interest in New Vehicle Technologies: An Austin Perspective”. Transportation Research Part C 67: 1-14.

Bazilinskyy, Pavlo, Miltos Kyriakidis, and Joost de Winter（2015）“An International Crowdsourcing Study into People's Statements on Fully Automated Driving”, Procedia Manufacturing, 3, 2534 - 2542. doi: https://doi.org/10.1016/j.promfg.2015.07.540.

Bekiaris, E. , S. Petica, and K. Brookhuis（1997）“Driver needs and public acceptance regarding telematic in-vehicle emergency control aids”, In Conference Paper no. 2077, 4th world congress on intelligent transport systems, Berlin. Brussel: Ertico: 1-7.

Bonnefon, J. F. , Azim Shariff, and Iyad Rahwan（2016）“The Social Dilemma of Autonomous Vehicles” Science 352（6293）（June 24）, 1573-1576.

Haboucha, Chana J, Robert Ishaq, and Yoram Shiftan (2017) "User Preferences Regarding Autonomous Vehicles" Transportation Research Part C: Emerging Technologies 78 (May): 37 - 49. doi: https://doi.org/10.1016/j.trc.2017.01.010.

Hohenberger, Christoph, Matthias Spörrle, and Isabell M Welpe (2016) "How and Why Do Men and Women Differ in Their Willingness to Use Automated Cars? The Influence of Emotions across Different Age Groups" Transportation Research Part A: Policy and Practice, 94 (December): 374 - 85. doi: https://doi.org/10.1016/j.tra.2016.09.022.

König, M, and L Neumayr (2017) "Users' Resistance towards Radical Innovations: The Case of the Self-Driving Car" Transportation Research Part F: Traffic Psychology and Behaviour, 44 (January): 42 - 52. doi: https://doi.org/10.1016/j.trf.2016.10.013.

Krueger, Rico, Taha H Rashidi, and John M Rose (2016) "Preferences for Shared Autonomous Vehicles" Transportation Research Part C: Emerging Technologies, 69 (August): 343-355.

Kyriakidis, M., R. Happee, and J. C. F. de Winter, (2015) "Public Opinion on Automated Driving: Results of an International Questionnaire among 5, 000 Respondents" Transportation Research Part F: Traffic Psychology and Behaviour 32, 127-140. doi: http://dx.doi.org/10.2139/ssrn.2506579.

Payre, William, Julien Cestac, and Patricia Delhomme (2014) "Intention to Use a Fully Automated Car: Attitudes and a Priori Acceptability" Transportation Research Part F: Traffic Psychology and Behaviour 27, Part B (November): 252 - 63. doi: https://doi.org/10.1016/j.trf.2014.04.009.

SAE International (2016) "Automated Driving Levels of Driving Automation are Defined in New SAE International Standard J3016" P141661. https://www.sae.org/misc/pdfs/automated_driving.pdf. Retrieved on May, 2017.

Schoettle, Brandon, and Michael Sivak (2014) "Public Opinion about Self-Driving Vehicles in China, India, Japan, the U.S., The U.K., and Australia" The University of Michigan Transportation Research Institute. Report No. UMTRI-2014-30.

Schoettle, Brandon, and Michael Sivak (2015a) "Potential Impact of Self-Driving Vehicles on Household Vehicle Demand and Usage" The University of Michigan Transportation Research Institute, Report No. UMTRI-2015-3.

Schoettle, Brandon, and Michael Sivak (2015b) "Motorists? Preferences for

Different Levels of Vehicle Automation" The University of Michigan Transportation Research Institute, Report No. UMTRI-2015-22.

Shin, J., C. R. Bhat, D. You, V. M. Garikapati, and R. M. Pendyala (2015) "Consumer Preferences and Willingness to Pay for Advanced Vehicle Technology Options and Fuel Types" Transportation Research Part C 60: 511-524.

Sivak, Michael, and Brandon Schoettle (2015) "Influence of Current Nondrivers on the Amount of Travel and Trip Patterns with Self-Driving Vehicles" The University of Michigan Transportation Research Institute, Report No. UMTRI-2015-39.

Train, Kenneth (2009) Discrete Choice Methods with Simulation, 2nd ed. Cambridge University Press.

井熊均・井上岳一編著（2017）『「自動運転」ビジネス 勝利の法則』日刊工業新聞社。

警察庁（2016）「自動走行システムに関する公道実証実験のためのガイドライン（平成28年5月」。

自動走行ビジネス検討会（2017）「自動走行の実現に向けた取組方針 報告書概要」平成29年3月14日 www.meti.go.jp/press/2016/03/20170314002/20170314002-2.pdf。

栢植隆宏・三谷羊平・栗山浩一（2011）『環境評価の最新テクニック：表明選好法・顕示選好法・実験経済学』勁草書房。

内閣府（2015）戦略的イノベーション創造プログラム 自動走行システム研究開発計画。

森田玉雪・馬奈木俊介（2013）「大震災後のエネルギー・ミックス——電源別特性を考慮した需要分析」馬奈木俊介編著『環境・エネルギー・資源戦略：新たな成長分野を切り拓く』日本評論社，135-177頁。

森田玉雪・馬奈木俊介（2018）「自動運転機能に対する支払意思推計手法の検討」『山梨国際研究』13，71-80頁。

山本真之・梶大介・服部佑哉・山本俊行・玉田正樹・藤垣洋平（2016）「自動運転シェアカーに関する将来需要予測とシミュレーション分析」Denso Technical。

附表 基于概率分析的变量的相关系数

	男性	年龄	年龄（平方）	大学毕业	研究生毕业	家庭收入	单身	与子女同住	没有驾照	反对共享汽车	喜欢配件	对拥有汽车感到自豪	拥有国产车	拥有进口车	行驶里程
男性	1.000														
年龄	0.110*	1.000													
年龄（平方）	0.111*	0.991*	1.000												
大学毕业	0.192*	-0.003	0.000	1.000											
研究生毕业	0.128*	-0.056*	-0.062*	-0.279*	1.000										
家庭收入	0.033*	0.039*	0.018*	0.148*	0.105*	1.000									
单身	0.056*	-0.116*	-0.107*	-0.009	0.056*	-0.343*	1.000								
与子女同住	-0.050*	-0.302*	-0.324*	0.021*	0.044*	0.107*	-0.211*	1.000							
没有驾照	-0.160*	-0.004	0.010	-0.079*	-0.031*	-0.135*	0.043*	-0.085*	1.000						
反对共享汽车	-0.017*	0.116*	0.116*	-0.038*	-0.047*	0.018*	-0.079*	-0.020*	-0.076*	1.000					
喜欢配件	0.029*	-0.057*	-0.050*	-0.002	-0.012	0.049*	-0.024*	0.015	-0.026*	-0.014	1.000				
对拥有汽车感到自豪	0.041*	-0.023*	-0.026*	0.034*	0.010	0.132*	-0.094*	0.068*	-0.121*	0.105*	0.155*	1.000			
拥有国产车	0.037*	0.050*	0.049*	-0.035*	-0.026*	0.115*	-0.278*	0.120*	-0.270*	0.167*	0.047*	0.221*	1.000		
拥有进口车	0.021*	0.050*	0.044*	0.045*	0.024*	0.146*	-0.044*	-0.005	-0.043*	0.031*	0.000	0.178*	-0.355*	1.000	
行驶里程	0.190*	0.029*	0.021*	-0.001	0.017*	0.128*	-0.112*	0.077*	-0.268*	0.128*	0.049*	0.174*	0.364*	0.033*	1.000
喜欢驾驶	0.186*	0.025*	0.023*	0.023*	0.015	0.079*	-0.041*	0.031*	-0.206*	0.151*	0.170*	0.236*	0.149*	0.079*	0.256*
发生过交通事故	0.194*	0.156*	0.147*	0.013	-0.010	0.034*	-0.030*	-0.008	-0.197*	0.073*	0.022*	0.051*	0.139*	0.022*	0.208*

续表

	男性	年龄	年龄（平方）	大学毕业	研究生毕业	家庭收入	单身	与子女同住	没有驾照	反对共享汽车	喜欢配件	对拥有汽车感到自豪	拥有国产车	拥有进口车	行驶里程
自动驾驶汽车能减少事故	0.093*	0.075*	0.074*	0.041*	0.032*	0.073*	-0.039*	-0.011	-0.045*	-0.022*	0.087*	0.049*	0.018*	0.036*	0.025*
利他性	0.019*	0.046*	0.050*	0.004	-0.019*	0.031*	-0.021*	0.009	-0.002	-0.057*	0.104*	0.046*	0.019*	0.003	0.035*
曾筹集资金	-0.072*	0.154*	0.157*	0.001	0.002	0.111*	-0.077*	-0.004	-0.015	-0.015	0.072*	0.031*	0.063*	0.031*	0.044*
对伦理问题持肯定意见	-0.028*	0.018*	0.016*	0.015	-0.006	0.004	-0.009	0.006	-0.017*	0.003	0.063*	0.032*	0.001	0.001	0.018*
对伦理问题持否定意见	-0.055*	0.132*	0.132*	-0.004	-0.003	-0.012	-0.027*	-0.029*	0.015	0.040*	-0.009	-0.015	0.021*	0.002	0.000
北海道地区	-0.016*	0.011	0.011	-0.059*	-0.025*	-0.070*	0.031*	-0.014	0.009	0.017*	-0.004	0.002	0.039*	-0.034*	0.024*
东北地区	0.015	-0.019*	-0.016*	-0.049*	-0.023*	-0.049*	-0.005	-0.003	-0.017*	0.042*	-0.002	0.006	0.077*	-0.019*	0.078*
关东地区	0.020*	0.039*	0.034*	0.092*	0.032*	0.124*	0.038*	-0.034*	0.070*	-0.075*	0.010	-0.033*	-0.219*	0.051*	-0.193*
中部地区	0.003	-0.019*	-0.016*	-0.031*	-0.004	0.014	-0.035*	0.020*	-0.060*	0.065*	-0.020*	0.021*	0.133*	-0.008	0.119*
近畿地区	-0.002	0.008	0.005	0.004	0.006	-0.015	-0.041*	0.006	0.013	-0.023*	-0.013	0.012	-0.012	0.006	-0.017*
山阳山阴地区	-0.010	-0.022*	-0.020*	-0.003	0.002	-0.032*	0.003	0.009	-0.041*	0.024*	0.013	0.016*	0.072*	-0.018*	0.078*
四国地区	-0.004	0.001	0.003	-0.011	-0.009	-0.035*	-0.001	0.005	-0.013	0.030*	0.000	0.002	0.052*	-0.024*	0.040*

续表

	喜欢驾驶	发生过交通事故	自动驾驶汽车能减少事故	利他性	曾筹集资金	对伦理问题持肯定意见	对伦理问题持否定意见	北海道地区	东北地区	关东地区	中部地区	近畿地区	山阳山阴地区	四国地区
喜欢驾驶	1.000													
曾发生过事故	0.180*	1.000												
认为自动驾驶汽车可以减少事故	0.051*	0.069*	1.000											
利他性	0.089*	0.010	-0.002	1.000										
曾募集资金	0.057*	0.032*	0.046*	0.190*	1.000									
对伦理问题持肯定意见	0.044*	0.022*	0.057*	0.030*	0.056*	1.000								
对伦理问题持否定意见	0.027*	0.040*	-0.004	0.001	0.081*	0.104*	1.000							
北海道地区	0.005	0.013	-0.016*	0.001	0.002	-0.005	0.006	1.000						
东北地区	0.030*	0.015	-0.011	-0.003	0.016*	-0.006	-0.006	-0.049*	1.000					
关东地区	-0.043*	-0.098*	0.014	-0.004	-0.039*	0.021*	-0.003	-0.183*	-0.185*	1.000				
中部地区	0.026*	0.056*	0.004	-0.002	0.014	-0.009	0.002	-0.093*	-0.094*	-0.348*	1.000			
近畿地区	-0.011	0.005	-0.003	-0.006	-0.008	0.009	0.014	-0.110*	-0.112*	-0.413*	-0.210*	1.000		
山阳山阴地区	0.017*	0.039*	-0.001	0.013	0.023*	-0.018*	-0.014	-0.049*	-0.050*	-0.185*	-0.094*	-0.111*	1.000	
四国地区	0.012	0.028*	0.006	-0.012	0.012	-0.002	0.009	-0.033*	-0.033*	-0.123*	-0.063*	-0.074*	-0.033*	1.000

注：*表示相关系数在5%的水平上有效。

第八章　自动驾驶带来的汽车行驶距离的变化

岩田和之　马奈木俊介

一、人工智能与汽车

当前，物联网（Internet of Things）、大数据（Big Data）和人工智能（Artificial Intelli gence，AI）等引人注目的技术创新正在形成所谓的“第四次工业革命”。日本也于2015年在经济产业省内成立了新产业结构审议会，预计这些技术革新将使原有的产业结构发生巨大变化。这一产业结构的变化不仅对互联网、计算机产业等技术取得突破的产业产生影响，还将对制造、农业、旅游、金融、医疗、教育等产业产生影响。数据等信息和机器人等人工智能技术是所有产业的基础技术，例如，在建筑行业中利用无人机进行施工管理，在医疗行业中利用人工智能进行医疗诊断支持系统辅助，在教育行业中根据每个学生的学习理解程度导入自适应技术等。也有人指出，这些新技术和系统可能会极大地取代传统的就业方式（Frey and Osborne，2017）。

这一技术革新也对本章所讨论的汽车的使用产生了巨大的影响，那就是出现了自动汽车（autonomous car）。本章将对此进行讨论。自动驾驶车辆中安装的自动驾驶技术可以大致分为6个阶段（National Highway Traffic Safety Adminstration，2016）。级别0表示驾驶员始终在没有自动化系统干预的情况下控制车辆（转向，制动，加速）。相反，级别5表示系统执行车辆的所有驾驶操作，包括对周围环境的监视，并且没有人为干预。对于1~4级，人员和系统将在不同程度上共享车辆控制（见表8-1）[①]。因此，级别数越高，系统自动控制的程度就越大。截

① 关于等级的差异，SAE International（2016）进行了总结。

至2017年，有些汽车已经引入了2级的技术。另外，一些汽车制造商宣布将出售配备3级自动驾驶技术的车辆，而配备4级或更高级别自动驾驶技术且几乎不需要手动驾驶的车辆目前尚未发布。在日本汽车制造商中，丰田汽车宣布将在2020年上半年①到2025年②左右实现配备4级技术的汽车（截至本章内容写作时）。

表8-1　自动驾驶等级

等级	名称	定义
0	无自动化	由人类控制所有的汽车
1	司机配合操作	自动驾驶系统偶尔会帮助人进行一部分驾驶控制
2	一部分自动化	自动驾驶系统执行部分驾驶控制，驾驶员监督周围环境并控制其他驾驶
3	有条件的自动化	以人能马上控制驾驶为前提，除特定情况之外，自动运转技术进行所有的运转控制，并对周围进行监视
4	高自动化	除特定情况之外，自动运转技术进行所有运转控制，对周围进行监视，没有人为控制
5	完全自动化	在所有情况下，自动运转系统进行所有的运转控制

目前，虽然不存在完全不需要人操作驾驶的汽车，但是预测在不久的将来会出现配备高水平自动化技术的汽车，各汽车厂商也在开发中投入了大量力量。如果自控驾驶汽车在市场上流行并普及，使用该汽车的消费者（驾驶员）行为可能会发生重大变化。随着自动驾驶便利性的提高，其使用频率有望增加。这是因为高级自动驾驶汽车对于对驾驶汽车有恐惧心理的人们具有吸引力。例如，对于在公共交通不发达地区的老年人来说，自动驾驶车具有较高的便利性，而且对于雨天环境中的行人，自动驾驶车也具有较高的便利性。因此，高自动化驾驶汽车的出现，对于未来有关汽车政策的制定具有非常重要的意义。

汽车的使用与交通拥堵和气候变化等重大社会问题密切相关。除了这些之外，还会发生诸如因燃料燃烧引起的空气污染之类的环境问题，但是考虑到日本的空气污染状况，它比上述三个社会问题的重要性要小。此外，一般情况下交通事故的数量可能会随着汽车使用量的增加而增加，但是无人驾驶汽车的普及，可以通过人工智能避免交通事故的发生，因此人们认为交通事故将会减少。

通常，拥堵随着汽车行驶里程的增加而增加。尽管未收集到日本的数据，但

① 参见日本经济新闻：https：//www.nikkei.com/article/DGKKASDZ24HY5_U7A720C1MM8000/（最后访问日期为2017年9月6日）。

② 参见日刊工业新闻：https：//www.nikkan.co.jp/articles/view/00431444（最后访问日期为2017年9月6日）。

是根据 INRIX（2016）的数据（该数据按世界上每个国家/地区的城市来对拥堵进行排名），2016 年发生堵车程度较高的是洛杉矶、莫斯科、纽约、旧金山等大城市。由于东京、大阪等地的地铁等公共交通工具发达，交通堵塞的程度可能比其他国家要轻。然而，根据日本国土交通省的资料①，由于堵车造成的年间损失时间估计为 50 亿小时（每人约 40 小时），现在也有相当长的时间因堵车而被浪费。根据 2008 年日本国土交通省的数据，每辆私家车的使用时间价值估计为 56.78 日元/分钟。如果用这个值来换算由于堵车而产生的损失时间的话，堵车每年会带来约 17 兆日元的（机会）费用。根据自动驾驶增加汽车利润的程度，这个损失有可能进一步膨胀。

2015 年日本的温室效应气体排放量约为 12.3 亿吨二氧化碳（日本国立环境研究所，2017）。其中，约 8.4%由乘用车引起，约 6.2%由货车引起，即约 14.6%由汽车引起。图 8-1 是将 1990 年温室气体排放量视为 1 时，各年排放量的变化图。1996 年以后，货车的排放量有减少的趋势，与 1990 年相比，2015 年的货车排放量也减少了约 16%。近年来汽车的耗油量也有所提高，尽管乘用车的排放量减少，但是与 1990 年相比增加了 26%。一方面，在未来，随着插电式混合动力汽车、电动汽车和氢能汽车在未来的普及，乘用车产生的温室气体可能会减少。另一方面，如果由于自动驾驶导致车辆数量和里程增加，则自动驾驶车也有可能抵消这些环保车的温室效应气体削减效果。

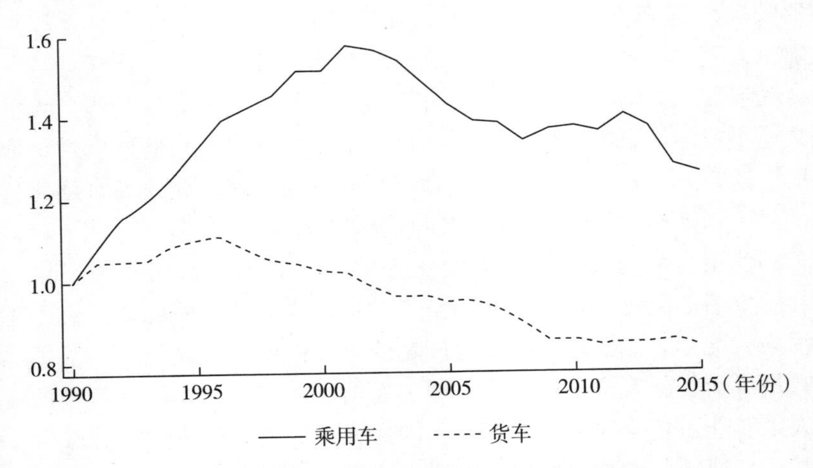

图 8-1　乘用车和货车的温室气体排放量变化

资料来源：作者根据日本国立环境研究所温室效应气体排放量数据绘制。

---

① 参见：http：//www.meti.go.jp/committee/sankoushin/sangyougijutsu/chikyu_kankyo/yakusoku_souan_wg/pdf/005_07_00.pdf（最后访问日期为 2017 年 9 月 6 日）。

自动驾驶车的增加可能会加剧交通堵塞和气候变化。据我们所知，目前还没有关于自动驾驶汽车的便利性增加了多少人使用汽车的研究。因此，在本章中，我们将使用笔者于 2017 年 3 月进行的家庭调查来了解有关家庭使用汽车的实际情况，然后根据家庭预算状况的差异，通过定量分析来估计由于自动驾驶车辆引起的里程增加程度。特别是，我们将重点关注全 5 级自动化技术的影响。本章中分析的自动驾驶假定驾驶员无须执行任何驾驶操作或检查周围环境。我们还将简要讨论温室气体将增加多少以及与自动驾驶相关的汽车相关政策。

二、行驶里程推算模型

推算汽车使用需求的模型在很多研究中被使用。如上所述，汽车的利用伴随着交通堵塞和气候变化等外部不经济因素，因此为了制定适当的政策，对汽车利用的分析也是不可或缺的。另外，为了应对 20 世纪 90 年代大气污染（氮氧化物和硫氧化物）的环境影响，有必要掌握行驶需求这一背景[①]。

例如，Brownstone 和 Golob（2009）着重研究了城市规划与汽车驾驶需求之间的关系，并研究了人口（住宅）的高度密集化给人们的汽车使用带来怎样的影响，在考虑居住地选择的同时，对汽车的行驶需求函数进行了推算。2001 年以美国加利福尼亚州 2583 户家庭为对象进行了分析，结果显示，随着人口密度增加 40%，汽车的年行驶距离增加了 4.8%，汽油消耗量也增加了 5.5%。它与 Brownstone 和 Golob（2009）的相同之处在于，它估计了汽车的驾驶里程需求函数，但是有许多研究集中在里程数与汽车燃油效率之间的关系上。这篇论文研究了汽车的回弹效应，即所谓的燃油效率改进效应被里程数的增加抵消了多少。阿部达也等（2017）使用日本 790 户人家的数据，验证了大城市圈和除此之外的逆向效果是否不同。分析结果表明，虽然未确认大城市圈的反作用，但是其他地区存在约 34%（油耗提高 1%则增加 0.34%的行驶距离）的回弹效果。

在本章中，根据上述研究估算了驾驶需求函数。然而，我们在本章中要注意的是，目前尚不存在 5 级全自动操作。因此，搭载 5 级自动运转系统的汽车与以往的汽车（等级 2 以下）相比，假定其具有“由于没有必要自行驾驶、确认周围情况，因此伴随驾驶而产生的疲劳指数更小”的特征。因此，以往的自动车和本章所使用的自动驾驶车的区别在于驾驶员“因驾驶而产生疲劳”。

① 在颗粒物质中，仍然需要处理颗粒很小的 PM2.5（Kunugi et al.，2017）。

令 D_i 为一个人汽车的年行驶距离，然后将该人在驾驶汽车时的主观疲劳程度定义为 F_i，并假设年行驶距离（D_i）由主观疲劳（F_i）和该人及其所拥有汽车的各种属性矢量 X_i 决定，则该里程函数表示为：

$$D_i=\alpha+\beta F_i+\boldsymbol{X}_i\boldsymbol{\delta}+\varepsilon_i \tag{8-1}$$

其中，α、β 和矢量 $\boldsymbol{\delta}$ 是要估计的参数，ε_i 是误差项。

为了得到“每个人在驾驶机动车的时候将会产生多大程度的疲劳”的信息变量（F_i），在家庭收支情况的调查中，对“请设想您在高速公路上长时间（一天中）驾驶汽车，这时你几分钟休息一次?”进行了问卷调查，并要求回答者以30分钟、45分钟、60分钟和15分钟为间隔进行回答。如果一个人喜欢开车，并且开车后几乎没有疲劳感，那么休息的时间可能会更长。相反，如果该人因开车感到非常疲倦，则假定他/她每30分钟休息一次。因此，休息的时间越长，行驶引起的疲劳越少。

调查就汽车的行驶里程设置了如下问题：“关于您主要使用的乘用车（两轮车除外）一年的行驶里程是多少距离，如果您的主要职业就是驾驶司机的话，请回答私人使用的乘用车的情况”，得到的回答者以1~999千米、1000~1999千米的间隔进行回答。

汽车的年行驶距离可以看作是汽车对移动服务的需求量，驾驶过程中的疲劳可被视为移动服务的成本之一（机会成本）。因此，可以认为一个人在驾驶过程中越累，就越不愿意开车，也就是说，其年里程越短。预期在驾驶期间的疲劳（F_i）估计系数 β 为负。

假设从常规汽车切换到5级自动驾驶汽车将减少驾驶员的驾驶疲劳。如果上述系数的符号是通过预测得到的，则自动驾驶车的行驶距离会增加。因此，为了理解自动驾驶与行驶里程之间的关系，最重要的是确认通过估计上述方程式而获得的 β 的符号和意义。

在其他变量（X_i）中，汽车属性使用了汽车实际耗油量、发动机排气量、汽车种类以及购买年份这4个变量。就像是汽车实际燃油费那样，关于“请选择与您主要使用的乘用车（除两轮车之外）实际耗油量最接近的值。从事汽车驾驶工作的人，请回答您个人私家车使用的情况”，询问了回答者的主观实际里程数。自动车辆有两种类型的燃料消耗，即实际燃料消耗费和产品性能燃料消耗费，两者之间存在差异，并且实际燃料消耗费小于产品性能燃料消耗费（阿部达也，2017）。因此，使用产品性能燃料消耗费时，其效果被低估了。在本研究中，我们采用直接询问实际油耗的方法。关于发动机的排气量，我们要求回答者以500毫升为增量选择自己拥有的汽车的排气量，例如660毫升以下（轻型车辆），661~1000毫升以及1001~1500毫升。至于汽车类别，我们从六个类

别中对其进行选择：轻型汽车、小型货车、紧凑型轿车、轿车、货车和运动/SUV。

作为与家庭经济有关的属性矢量 X_i，我们分别使用了，回答者的年龄、性别、最终学历、职业、汽车，自己对驾驶的偏好，对乘坐他人驾驶汽车的偏好，家庭收入、家庭人数、拥有汽车数，以及居住的都道府县这 11 个变量。其中，关于捕获偏好的两个变量，用 10 个程度让回答者进行选择（10 为“非常喜欢”，1 为“非常不喜欢”）。

三、用于分析的数据概要

用于分析的数据来源于 2017 年 3 月实施的全国 WEB 调查。WEB 调查委托了调查公司，以全国 18~69 岁的人为调查对象，并从 18526 人中获得了调查数据。各都道府县的样本数量根据各自的人口进行保证。虽然得到了 18526 人的调查数据，但是由于其中有未拥有汽车的人（4545 人）和未回答实际燃料消耗量和排气量等部分变量的人，使分析时的样本数减少到了 10456。

表 8-2 列出了各变量的描述统计。从表 8-2 来看，平均行驶距离（D）为 7.87。该变量的数据在每年行驶距离为 1~999 千米时为 1，1000~1999 千米时为 2，以下同样处理。因此，7.87 的平均值意味着年均行驶距离约为 7000 千米。日本汽车工业会（2016）也表示，乘用车的平均年行驶距离为 7000 千米，与本章的数据一致。

休息间隔（F）的平均值约为 121。由此得出，家庭在高速公路上平均每 2 小时休息一次。不过，该变量的最大值为 999。这意味着回答“完全不休息”的人有 165 人（约 1.6%），这个回答的存在提高了平均值。除去该类回答者的平均值约为 107。由于回答“完全不休息”的人很难处理，因此下文将对包括该回答者和不包括该回答者的两种类型分别进行分析。

表 8-2　描述统计量

变量	平均值	标准偏差	最小值	最大值
行驶距离	7.87	5.88	1	41
休息间隔	121.36	118.22	30	999
性别（男性=1）	0.69	0.46	0	1

续表

变量	平均值	标准偏差	最小值	最大值
年龄	49.75	11.94	18	69
家庭人数	1.93	1.18	0	4
是否为汽车相关职业（YES=1）	0.03	0.17	0	1
偏好：驾驶	6.79	2.19	1	10
偏好：乘坐他人驾驶车辆	5.66	2.06	1	10
汽车拥有台数	1.48	0.76	1	5
燃料费	13.81	5.54	1	50
排气量	3.24	1.61	1	11
汽车类别（小型货车=1）	0.19	0.39	0	1
汽车类别（紧凑型汽车=1）	0.22	0.42	0	1
汽车类别（轿车=1）	0.16	0.37	0	1
汽车类别（货车=1）	0.10	0.29	0	1
汽车类别（运动型汽车/SUV=1）	0.09	0.29	0	1
购车年份	2010.78	5.11	1980	2017

注：样品数量为10456。忽略收入样本、最终学历样本、职业样本以及都道府县样本。

关于汽车的主观实际耗油量约为13.8千米/升。而日本汽车工业会（2016）的平均油耗为13千米/升，因此认为没有发生油耗较低的汽车使用者回答较多的采样偏差现象。关于汽车的分类，以轻型汽车为基准（整体的24%）。整体来看，有22%的小型车、19%的小型货车，拥有运动型汽车/SUV汽车的人仅占整体的9%，是最少的。

图8-2是行驶距离（D）和休息间隔（F）的直方图。在行驶距离中，回答最多的是6（5000~5999千米），其次是11（10000~10999千米）。虽然平均为7.87（年移动距离7000千米左右），但是回答者中约半数的年移动距离不到5000千米。关于休息间隔，约35%的人回答是120分钟。日本国土交通省和日本汽车联盟也建议至少2小时休息一次①，所以推测选择120分钟的人会变多。

① 请参照日本国土交通省和日本汽车联盟的网页：www.mhlw.go.jp/seisakunitsuite/bunya/koyou_roudou/roudoukijun/dl/kousokubu s-03_05.pdf（最终访问日期为2017年10月28日），http://qa.jaf.or.jp/drive/careful/05.htm（最终访问日期为2017年10月28日）。

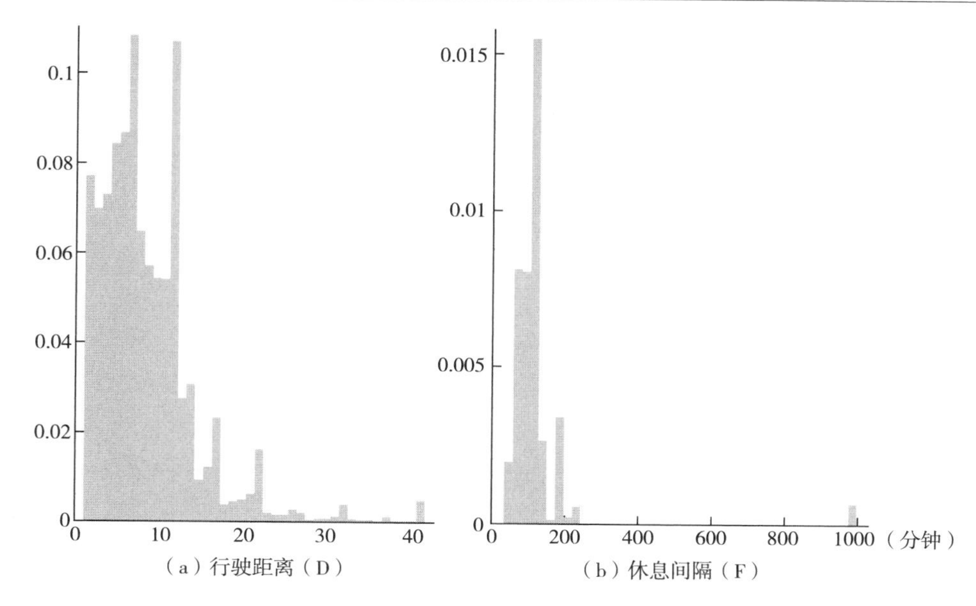

图 8-2　行驶距离（D）和休息间隔（F）的分布

注：样品数量为 10456。

四、自动驾驶对行驶距离影响的分析结果

表 8-3 显示了将年度里程估算为解释变量的结果。在估计中，收入样本、最终学历样本、职业样本以及都道府县样本都作为解释变量包含在所有模型中，但是估计结果在此省略。使用两种方法进行估计，表 8-3 中的模型（1）和模型（2）是使用最小二乘法的分析结果，模型（3）和模型（4）是使用区间回归的分析结果①。另外，模型（1）和模型（3）是使用所有样本（10456）进行分析的结果，模型（2）和模型（4）是对于休息间隔的提问中，使用除了回答“不休息”的人以外的样品（10291）进行分析的结果。查看调整后的决定系数（该系数是模型拟合的指标），取 0.12~0.13 的较小值②。

① 当里程为 1~999 千米时，里程变量为 1。因此，当变量为 1 时，间隔为下限值 1 千米和上限值 999 千米。当里程变量取 2 时，下限为 1000 千米，上限为 1999 千米。在分段回归时，与该间隔有关的数据被对数转换以进行估计。

② 调整后的决定系数是采用最小二乘法时可以计算出的指标。

表 8-3 行驶距离的分析结果

变量	(1)	(2)	(3)	(4)
	最小二乘法		区间回归	
休息间隔	0.00225***	0.0115***	0.000312***	0.00212***
	(0.000602)	(0.00148)	(8.18e-05)	(0.000219)
性别（男性=1）	0.755***	0.657***	0.164***	0.148***
	(0.167)	(0.168)	(0.0266)	(0.0267)
年龄	-0.0111**	-0.0115**	0.000890	0.000625
	(0.00558)	(0.00556)	(0.000839)	(0.000840)
家庭人数	0.770***	0.766***	0.116***	0.116***
	(0.0933)	(0.0928)	(0.0124)	(0.0122)
是否为汽车相关职业（YES=1）	0.618*	0.689**	0.120***	0.125***
	(0.350)	(0.350)	(0.0452)	(0.0451)
偏好：驾驶	0.242***	0.220***	0.0586***	0.0544***
	(0.0265)	(0.0268)	(0.00424)	(0.00428)
偏好：乘坐他人驾驶车辆	-0.102***	-0.0937***	-0.0185***	-0.0167***
	(0.0296)	(0.0297)	(0.00443)	(0.00442)
汽车拥有台数	-0.0852	-0.0731	-0.0129	-0.0109
	(0.0563)	(0.0564)	(0.00839)	(0.00837)
燃料费	2.262***	2.278***	0.349***	0.350***
	(0.165)	(0.166)	(0.0263)	(0.0262)
排气量	0.558***	0.555***	0.0754***	0.0728***
	(0.0732)	(0.0733)	(0.0101)	(0.0101)
小型货车=1	0.242	0.259	0.0916**	0.0987**
	(0.275)	(0.276)	(0.0400)	(0.0400)
紧凑型汽车=1	-0.514**	-0.505**	-0.0370	-0.0320
	(0.216)	(0.216)	(0.0328)	(0.0328)
轿车=1	-0.666**	-0.627**	-0.0467	-0.0340
	(0.287)	(0.286)	(0.0430)	(0.0429)
货车=1	0.253	0.228	0.0639	0.0656
	(0.308)	(0.305)	(0.0430)	(0.0431)
运动型汽车/SUV=1	-0.294	-0.310	0.00296	0.00987
	(0.314)	(0.310)	(0.0457)	(0.0456)

续表

变量	(1)	(2)	(3)	(4)
	最小二乘法		区间回归	
购车年份	0.0729*** (0.0108)	0.0703*** (0.0108)	0.0121*** (0.00178)	0.0113*** (0.00178)
ln (sigma)			-0.187*** (0.00875)	-0.195*** (0.00879)
常数项	-147.9*** (21.65)	-143.7*** (21.59)	-17.56*** (3.550)	-16.18*** (3.553)
调整的决定系数	0.119	0.125		
F值/wald值	14.89***	15.56***	1812.8***	1909.7***

注：*，**，***分别表示在10%、5%、1%的水平下显著。同表8-2，忽略收入样本、最终学历样本、职业样本以及都道府县样本。

在所有模型中，休息间隔的系数在1%的水平上显著为正。这表明休息间隔越长，行驶距离越长。本章中的自动驾驶车的特征是，与以往的汽车相比，驾驶时的疲劳感小。引进自动驾驶车的情况下，休息的间隔变长。因此，引入自动驾驶会增加行驶距离。然而，比较模型（1）和模型（2）的系数时，模型（2）中的系数变大了5倍左右。模型（3）和模型（4）也有同样的倾向。这可以说对待回答“不休息”的人的处理很重要。

对于其他回答者的变量，性别（男性=1）的系数是有意义的，可以说男性比女性开车时间长。另外，由于家族人数和从事汽车相关工作的变量系数也显示出了正值的有效值，因此可以说在人数多的家庭中，从事汽车相关工作的人每年的行驶距离会变长。喜欢自己驾驶的人和不喜欢乘坐别人驾驶的车的人，行驶距离也会增加。这些结果在直观上也是可信的。

作为与汽车属性相关的推算结果，在所有的模型中都显示出油耗越高行驶距离就越大的特征。随着耗油量的增加，驾驶员每单位行驶距离的行驶费用将减少。因此，作为移动服务的汽车利用需求就会增加。这是众所周知的反弹效应（Khazzoom，1980）。在日本，沟渊健一（2011）和阿部达也等（2017）也表示随着耗油量的提高，行驶距离也会增加，而本章的结果也与之吻合。

排气量系数也在所有模型中取得了显著的正值。越是拥有大排量汽车的人，行驶距离越长。按汽车类别来看，从模型（1）和模型（2）可以看出，紧凑型车和商务车与轻型车相比，其行驶距离较短。虽然只有模型（3）和模型（4）有效，但是其结果表明，微型面包车与轻型车相比行驶距离变长。对于汽车的购买年份，所有的模型都有明显的正面影响。因此，越是新车，行驶距离越长。该结果与 Su（2012）的结论相同。

五、引进自动驾驶带来的行驶距离和温室气体排放量的变化

本节利用上一节的测算结果，估算高级别自动驾驶车出现时行驶距离和温室效应气体的增加程度。用于估算的分析结果为表 8-3 中的模型（3）和模型（4）。两种模型都是使用区间回归的，模型（3）是所有样品，模型（4）是使用除了回答“完全不休息”的人以外的所有样品分析的结果。

假设未导入自动驾驶的状态为当前状况，根据表 8-3 的推定结果（模型（3）和模型（4））计算各自的行驶距离的预测值（$\widehat{D}$）。图 8-3 显示了模型的预测值分布。图 8-3 的左图是使用模型（3）的预测值的分布，右图是使用模型（4）的预测值的分布。灰色条是没有自动运转的当前行驶距离预测值的分布，白色条表示导入自动运转时的行驶距离预测值的分布。

通过以下步骤计算引入自动驾驶时的行驶距离预测值。根据第二小节中的假设，当引入高级自动驾驶汽车时，驾驶员在操作过程中的疲劳程度将降低。在本章中，“请设想您在高速公路上长时间（1 天内）驾驶汽车，此时，您每隔几分钟休息一次？”这一休息间隔的问题被用作代理变量，从中测量驾驶时的疲劳。对这个问题的回答分布在图 8-2 的右图中，从这个图可以看出半数以上的人感到疲劳，对于现在没有自动驾驶的汽车来说，这些驾驶员每 120 分钟休息一次。假设引入 5 级自动驾驶车辆时所有人的驾驶疲劳都会最小化，则假定其在该问题的选项中，选择每 240 分钟进行一次休息。因此，将所有人关于休息间隔的回答设为 240 分钟时，使用模型（3）和模型（4）的估计结果计算行驶距离的预测值，表示其分布的是图 8-3 的白色条所表示的直方图。①

比较没有自动驾驶和有自动驾驶情况下的行驶距离分布可以看出，在模型（3）的情况下，有自动驾驶情况下的分布比没有自动驾驶情况下的分布略靠右。在模型（4）的情况下，存在自动驾驶的场合分布明显向右移动。因此，在休息

---

① 在本章回答“不休息”的人在休息间隔的数据里以 999 进行数值代入，按照上面的顺序的话，因为在引入自动驾驶功能时，回答上述内容的人每 240 分钟才休息一次，所以在自动驾驶引入后会增加疲劳的感觉。为了确认其稳健性（robustness），回答“不休息”的人在引入自动驾驶时也追加了“不休息”的条件进行预测值估算。即使在这种情况下，结果也没有变化。

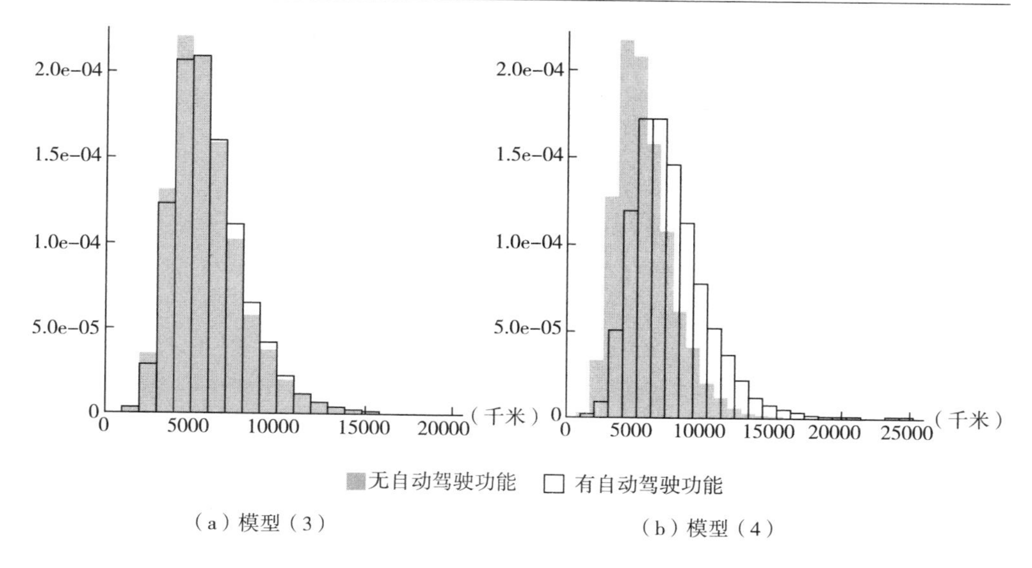

图 8-3 有无自动驾驶功能的各行驶距离预测值（D）的分布

注：模型（3）样本数为 10456，模型（4）样本数为 10291。

间隔的问题上，根据回答“不休息”的人进行处理分析的话，有可能会改变结果。

表 8-4 的上部分显示了在没有自动驾驶的情况下和引入自动驾驶的情况下，行驶距离预测值的平均值和标准偏差。从模型（3）的结果来看，在当前情况下，即在没有自动驾驶的情况下，年均行驶距离预测值约为 5650 千米。在有自动驾驶的情况下，年行驶距离预测值的平均值增加了约 207 千米，为 5858 千米（约 4%）。在模型（4）中，无自动驾驶情况下的年均行驶距离预测值约为 5666 千米，但有自动驾驶时的年均行驶距离预测值增加了 1784 千米，为 7450 千米（约 31%）①。从表 8-3 的推算结果来看，模型（3）和模型（4）的休息间隔对行驶距离的影响相差 7 倍左右。因此，这里的自动驾驶所增加的行驶距离也存在相同的差异。虽然根据是否分析回答“不休息”的人会有差异，但是至少会增加 4%的行驶距离。

因为有主观的耗油量信息，所以行驶距离除以耗油量可以计算汽油消耗量。表 8-4 的下半部分记载了按有无自动运驾驶功能分别计算每台车年均汽油消耗量的结果。模型（3）和模型（4）均表示，随着行驶距离的增加，每年汽油消耗量将增加约 16.7 升和约 144.7 升。

① 在表 8-3 的推定结果中，休息间隔的系数是有效的，因此这是理所当然的，但从 t 检验结果来看，自动驾驶时的行驶距离和不存在自动驾驶时的行驶距离在 1%的水平上存在有效的差异。

表 8-4 有无自动驾驶功能的各行驶距离平均值和标准差

		模型（3）		模型（4）	
		无自动驾驶功能	有自动驾驶功能	无自动驾驶功能	有自动驾驶功能
行驶距离	平均	5650.5	5858.0	5666.1	7450.0
	标准偏差	2043.8	2100.3	2100.7	2601.2
汽油消费量	平均	462.0	478.7	462.7	607.4
	标准偏差	232.0	238.2	235.5	295.8

据日本汽车登记信息协会统计，截至 2017 年 3 月底，日本国内乘用车登记为 6125.33 万辆。如果汽车登记台数没有因自动驾驶而变化的话，就用这里估算的每辆车的汽油消耗量增加量和每单位汽油的温室效应气体排放量①，在日本国内 100%安装自动驾驶的情况下，试看会带来多大程度的温室效应气体增加。如果是模型（3）的话，则计算公式如式（8-2）所示。如果是模型（4）的话，则可以将上文数值 16.7 换成 144.7 进行计算。

$$温室效应气体排放量增量=61253300\times16.7\times2.332 \quad (8-2)$$

根据估算结果，模型（3）每年通过自动驾驶增加 237.9 万吨二氧化碳，而在模型（4）的情况下，则增加 2066.3 万吨二氧化碳。因此，如果引入自动驾驶，会引起行驶距离的增加，从而导致温室效应气体的增加，虽然增加的部分根据模式有所不同，但是在所有车上都安装了自动驾驶的情况下，估计最少也会达到 237.9 万吨二氧化碳。

六、政策含义和今后的课题

本章估算了高级别自动驾驶被引入时行驶需求的增加会增加多少温室效应气体排放量。由于高级别自动驾驶配备车辆目前尚未上市，因此本章引入“乘坐高级别自动驾驶配备车辆时，驾驶员驾驶时的疲劳将尽可能减小”的假设，通过计量分析对其变化进行估计。

利用 2017 年 3 月的以日本全国家庭为对象的 WEB 调查数据，分析了驾驶时的疲劳（休息间隔）对汽车行驶距离的影响。利用 10456 人的数据进行分析的结果显

① 每单位汽油的二氧化碳排放量数据引用了下述的环境省 WEB 网站：https：//www.env.go.jp/council/16pol-ear/y164-04/mat04.pdf（最后访问日期为 2017 年 10 月 29 日）。

示，驾驶时疲劳程度越高，行驶距离就越小。因此，自动驾驶的投入将使驾驶时的疲劳最少，这将有助于增加行驶距离。据推算，引入自动驾驶时，与现状相比人均每年的行驶距离平均增加了4%~31%。如果日本国内所有车辆都引入自动驾驶，那么增加的行驶距离将带来237.9万吨二氧化碳到2066.3万吨二氧化碳的增加。也就是说，高水平的自动驾驶将带来不少的行驶距离和温室气体的增加。

虽然本章未提及，但是由于行驶距离的增加，温室气体以外的外部费用也有可能增加。例如，城市中的堵车，以及氮氧化物、硫氧化物、微尘等大气污染等，这些被指出与行车距离有关系（金本良嗣等，2006）。

根据本章的结论，关于此次高级自动驾驶的引入，可以引出两个政策含义。首先，如果不能避免自动驾驶车的出现，就必须优先引进混合动力车、插电式混合动力车、电动汽车等耗油量低的汽车，而不是耗油量高的汽车。如果将自动驾驶引入耗油量高的汽车，温室效应气体的排放量就会大大增加。其次，虽然结果取决于今后汽车的总台数，但是由于行驶距离的增加，交通状况可能会发生变化（交通堵塞的增加），因此也需要关注包括道路在内的交通基础设施状况。

最后，提到了本章分析中的改进。首先，在本章中，我们从目前拥有汽车的人的行为中推断出由于目前尚未推出的自动驾驶汽车而引起的驾驶需求变化，因此，不可能考虑自动驾驶汽车的购买行为。如果随着自动驾驶汽车的出现，当前未拥有汽车的人也将拥有自己的汽车，那么自动驾驶汽车的负面影响将会更大。其次，列举了通过驾驶过程中的疲劳程度来测量自动驾驶车辆与现有车辆之间的差异。与现有机动车辆相比，由于自动驾驶汽车被认为不太可能引起或遭遇交通事故，因此有必要将交通事故概率的差异纳入分析。然而，考虑到交通事故的可能性，增加自动驾驶的汽车的行驶距离的效果会更大。本章中的分析结果未考虑这些点，因此被认为低估了其影响，而这些也正是以后研究的课题所在。

● 参考文献

Brownstone, D. and T. F. Golob（2009）“The impact of residential density on vehicle usage energy consumption”, Journal of Urban Economics, 65, 91-98.

Ficano, C. C. and P. Thompson（2014）“Estimating rebound effects in personal automotive transport: gas price and the presence of hybrids”, American Economists, 59（2）, 167-175.

Frey, C. B. and M. A. Osborne（2017）“The future of employment: How susceptible are jobs to computerization?”, Technological Forecasting and Social Change, 114, 254-280.

INRIX（2016）INRIX Global Traffic Scorecard, http://www.sciencedirect.

com/scie nce/article/pii/S0959652617319728（最終アクセス日 2017 年 9 月 6 日）。

Khazzoom, J. D. (1980) "Economic implications of mandated efficiency in standards for household appliances", Energy Journal, 1 (4), 21-40.

Kunugi, Y., T. H. Arimura, K. Iwata, E. Komatsu and Y. Hirayama (2017) "Cost-efficient strategy for reducing particulate matter 2. 5 in the Tokyo Metropolitan area: An integrated approach with aerosol and economic models", WINPEC Working Paper Series, No. E1709.

Linn, J. (2013) "The rebound effect for passenger vehicles", RFF Discussion Paper, 13-19.

National Highway Traffic Safety Administration (2016) Federal Automated Vehicles Policy: Accelerating the Next Revolution in Road way Safety, https://one. nhtsa. gov/nhtsa/av/pdf/Federal_ Automated_ Vehicles_ Policy. pdf（最終アクセス日 2017 年 9 月 6 日）。

SAE International (2016) Automated driving: Levels of driving automation are defined in new SAE International standard J3016, http://www. sae. org/misc/pdfs/auto mated_ driving. pdf（最終アクセス日 2017 年 9 月 6 日）。

Su, Q. (2012) "A quantile regression analysis of the rebound effect: Evidence from the 2009 National Household Transportation Survey in the United States", Energy Policy, 45, 368-377.

阿部達也・松本茂・岩田和之（2017）「大都市圏と地方部の自動車のリバウンド効果——家計調査を用いた実証分析」『環境科学会誌』30（3），203-214 頁。

金本良嗣・蓮池勝人・藤原徹（2006）『政策評価のミクロモデル』東洋経済新報社。

国土交通省（2008）『時間価値原単位および走行経費原単位（平成 20 年価格）の算出アクセス日 2017 年 9 月 6 日）。

国立環境研究所（2017）『日本国温室効果ガスインベントリ報告書 2017 年』http://www-gio. nies. go. jp/aboutghg/nir/2017/NIR-JPN-2017-v3. 1_J_web. pdf（最終アクセス日 2017 年 9 月 6 日）。

日本自動車工業会（2016）『2015 年度乗用車市場動向調査』http://www. jama. or. jp/lib/invest_ analysis/pdf/2015PassengerCars. pdf（最終アクセス日 2017 年 10 月 28 日）。

溝渕健一（2011）「乗用車のリバウンド効果——マイクロパネルデータによる推定」『環境経済・政策研究』4（1），32-40 頁。

第九章 信息技术的利用和成本加成率的分析

松川勇

一、信息技术以及成本加成率的相关研究

随着人工智能和物联网（Internet of Things）的开发和普及，人们期待通过信息化的进一步发展促进经济增长，但也担心这会对就业产生负面影响（Autor，2015；Bessen，2016；Bresnahan and Yin，2016；Acemoglu and Restrepo，2017）。

关于信息技术（Information Technology，IT）对生产、就业、工资等经济方面产生的影响，此前已有众多学者进行了大量实证分析。例如，Brynjolfsson 和 Greenstein（1996）、Brynjolfsson 和 Hitt（2003）、Bartel 等（2007）明确指出在 20 世纪 90 年代，IT 的利用对产业生产率的提高做出了贡献。Motohashi（2007）指出，1991～2000 年，IT 的使用提高了工业生产率。金・权（2013）指出，1995～2007 年 IT 投资的附加价值弹性高达 17%～18%。此外，关于 IT 的利用对企业内部组织形式的影响（Bresnahan and Greenstein，1996；Bresnahan et al.，2002）以及对生产率和工资差距的影响（Davis and Haltiwanger，1991；Juhn et al.，1993；Bresnahan，1999；Dunne et al.，2004；Forman et al.，2012；Song et al.，2015）一直备受关注。

本章通过分析 IT 的利用和企业成本加成率的定量关系，揭示 IT 的利用对企业生产活动的影响。成本加成率是生产物价格和边际成本（Marginal Cost）的比率，反映了生产价格对边际成本的偏离，主要作为企业竞争力和市场控制力的指标。IT 的使用不仅会影响企业的生产效率，还会通过商品和服务的价值变化对价格设定产生影响。IT 的使用可以提供附加值高的材料和服务，在产品差异化发展

的情况下，由于生产效率的提高，边际费用的降低和产品价格的上升，加成价格也有可能上升。但是，由于IT的使用伴随着额外成本的增加，即使增长幅度很小，也有可能提高边际费用。同样，IT的使用在促进产业内竞争的情况下，也有可能降低产品的价格，从而降低加成价格。

关于成本加成率的计算，迄今为止已开展了诸多研究。De Loecker和Warzynski（2012）指出，从1994年到2000年，斯洛文尼亚以出口为目的的制造业企业的生产规模超过了面向国内生产的企业。Blonigen和Pierce（2016）指出，在1997~2007年的美国制造业中，企业合并和收购使成本加成率上升。Nishimura等（1999）利用1971~1994年的企业活动基本调查数据，测量了21个行业的加成，发现市场支配能力强的行业较多，企业间的加成数差异显著。Kiyota等（2009）使用1994~2002年的企业活动基本调查数据，测量制造业、批发业、零售业的加成量，发现公司之间的加成幅度存在显著差异，指出随着研究、开发和广告费用的增加，加成幅度也会增加。

在有关企业成本加成率的实证研究中，很少有分析其与IT使用之间关系的研究。Melville等（2007）指出，从1987年到1994年，美国的工业集中度（排名前四位的公司所占的份额）降低了IT的边际产品。Koetter和Noth（2013）发现，从1996年到2006年间，IT的使用提高了生产率，从而提高了德国银行业的利润率。虽然Melville等（2007）使用整个行业的数据进行了分析，但是在本书中，我们尝试使用公司活动基本调查中的单个数据来衡量公司的加成幅度。在Koetter和Noth（2013）的研究中，他们仅以银行业为对象，而本书则以制造业的22个行业为分析对象，因此，可以进行更加全面的综合分析。另外，企业活动基本调查可以利用IT相关的多种数据，从广泛的角度分析IT的使用。

本章的构成如下：在第二小节中，采用超越对数型生产函数测量成本加成率；在第三小节中，对分析中使用的数据进行说明；在第四小节中，在解释了成本加成率测量结果之后，对与IT使用相关的指标和成本加成率之间的关系进行了回归分析；在第五小节中，简要总结，并在附录中显示了按行业划分的加成幅度分布情况。

二、通过超越对数生产函数进行的成本加成率测量

1. 成本加成率

假设各企业在给定的生产水平和要素价格下决定劳动、资本、中间投入的投

入量，以使生产活动的总费用最少化。在总费用最少化的情况下，用以下两个参数来表示以企业 i 在 t 年度的价格和边际费用的比率来定义的加成μ_{it}。

$$\mu_{it}=\theta_{it}/\alpha_{it} \tag{9-1}$$

式中，θ_{it} 是企业 i 在 t 年度劳动相关生产的弹性值，α_{it} 是劳动费用除以销售额的数值。

以下假设由劳动、资本、中间投入三要素构成的企业生产函数推定 θ_{it}。根据该估计值和 α_{it} 的数据，根据式（9-1）推定各企业的加成。将 IT 使用相关的指标作为解释变量，通过回归加成来明确 IT 使用对加成的影响。

2. 生产函数的模型

生产函数的模型包含希克斯中性技术进步（Hicks-neutral Technical Progress），假设式（9-2）为三个要素的生产函数。

$$Q_{it}=F(L_{it},\ K_{it},\ M_{it})\exp(w_{it}) \tag{9-2}$$

式中，Q_{it}，L_{it}，K_{it}，M_{it} 分别表示企业 i 在 t 年度里的产值，劳动力投入，资本存量和中间投入。另外，w_{it} 是代表生产率的变量，取式（9-2）两侧的对数，并假设 $\log Q_{it}$ 的误差项 ε_{it}，可获得以下等式。

$$\log Q_{it}=\log F(L_{it},\ K_{it},\ M_{it})+w_{it}+\varepsilon_{it} \tag{9-3}$$

在式（9-3）中，假设 $\log F$（·）是超越对数型生产函数。

$$b_L\log L_{it}+b_K\log K_{it}+b_M\log M_{it}+b_{LL}(\log L_{it})^2+b_{KK}(\log K_{it})^2+b_{MM}(\log M_{it})^2+b_{LK}\log L_{it}\log K_{it}+b_{LM}\log L_{it}\log M_{it}+b_{KM}\log K_{it}\log M_{it} \tag{9-4}$$

式中，b_i 以及 b_{ij}（i，$j=L$，K，M）是参数。在式（9-4）中，假设 $b_{ij}=b_{ji}$ 为可积分条件。

在推定式（9-3）、式（9-4）时，对 $w_{it}=\tau_i+\eta_t$ 进行假设。在生产要素中，由于资本存量表示上年度末资本设备的水平，所以本年度的产量是独立的外生变量，而劳动力投入、中间投入和生产率是内生变量。因此，如果将劳动和中间投入直接作为解释变量来推测生产函数，那么由于这些变量与误差项之间的相关性，系数的推定值有产生偏差的危险性。所以，要对劳动和中间投入使用控制变量法。具体地，就是针对 $\log L_{it}$，$\log M_{it}$，$(\log L_{it})^2$，$(\log M_{it})^2$，$\log L_{it}\log K_{it}$，$\log L_{it}\log M_{it}$，$\log K_{it}\log M_{it}$ 中的各内生变量，使用 $\log L_{it-1}$，$\log K_{it}$，$\log M_{it-1}$，$(\log L_{it-1})^2$，$(\log M_{it-1})^2$，$(\log K_{it})^2$，$\log L_{it-1}\log K_{it}$，$\log L_{it-1}\log M_{it-1}$，$\log K_{it}\log M_{it-1}$ 等作为控制变量来估计方程式（9-3）和方程式（9-4），并根据已推定的参数，求式（9-5）中的 θ_{it}。

$$\theta_{it}=\partial\ \log Q_{it}/\partial\ \log L_{it}=b_L+2b_{LL}\log L_{it}+b_{LK}\log K_{it}+b_{LM}\log M_{it} \tag{9-5}$$

在加成的测量中直接采用生产函数的方法，自 Hall（1986）以来已进行了多次尝试。关于直接估计生产函数的方法，有人指出，由于显示生产性能的变量 w_{it} 与生产要素投入量之间的关系，生产函数的系数有产生偏差的风险。为规避这种偏差，Klette（1999）根据广义矩方法（GMM）进行了动态面板分析。另外，可以考虑将投资或中间投入假定为生产性的代理变量，以推测结构模型的方法（Olley and Pakes，1996；Levinsohn and Petrin，2003；Ackerberg et al.，2006；Wooldridge，2009；De Loecker and Warzynski，2012）。两种方法都需要假设一个与生产率相关的复杂时间序列结构，这会使估算工作复杂化，因此，以下假设 $w_{it}=\tau_i+\eta_t$ 为相对容易估算的模型。

另外，在推定式（9-3）和式（9-4）时，将平减指数（GDP Deflator）实质化的销售额用于生产额。关于这一点，存在以下两个问题：①生产函数的误差项中包含未观察到的各企业的产品价格的影响，因此，在平减指数和各企业的产品价格存在背离的情况下，根据价格和要素需求的相关性，生产函数的系数会产生偏差（Klette and Griliches，1996）；②在差异化行业中，有必要消除需求价格弹性和每个公司的要素价格对生产率的影响（Katayama et al.，2009；De Loecker，2011）。Katayama 等（2009）和 De Loecker（2011）建立了产品差异化模型，并通过消除价格和需求的影响来估计生产率。在下文中，由于难以使用需求方的数据，因此，使用平减指数来达到将实质化销售额作为产值来估计生产函数的目的。

三、数据和推测方法

用于分析的数据库主要来源于企业活动的基本调查，它结合 JIP 2015 及法人企业统计构建了数据。在分析时，因为公司活动的基本调查在 2012 年之前都可用，因此，下面将分析 2012 年之前的数据。

1. 有关 IT 使用的数据

在企业活动基本调查可用的数据中，选取以下四个指标：

（1）总部/总公司信息处理部门的员工数占员工总数的比率。

（2）软件占无形固定资产的比例。

（3）信息化投资占当期有形固定资产（土地除外）的比例。

（4）信息处理通信费与销售额的比率。

在四个指标中，关于指标（2）的软件资产比例和指标（3）的信息化投资

比例，只有2007年以后的数据可用。因此，以下的分析采用2007年以后的数据。信息化投资的比例是Dunne等（2004）在进行IT使用分析时所提出的指标。在《公司活动基本调查》中，可以将另外两个数据（总部/总公司信息服务业务部门的员工人数和信息服务业务办公室的员工人数）视为与IT使用相关的指标，由于这些指标只能利用数百家企业的相关数据，因此，将其排除在分析范围之外。

2. 与生产函数有关的数据

关于产值，JIP 2015行业的年度平减指数证实了《企业活动基本调查》的销售数据。劳务成本是将《企业活动基本调查》中的总工资和福利金加起来得出的。投入的劳动量是JIP 2015的企业活动基本调查中员工总数与各行业的平均年工作时间（工时）的乘积。中间投入是将《企业活动基本调查》中的运营成本减去人工成本和折旧成本得出的，并在JIP 2015的各产业年度平减指数中实现了实质化。对于资本存量，使用了《企业活动基本调查》中上一年度末的有形固定资产（不包括土地），并通过公司统计数据中的资产账面价值与2015年JIP实际资本存量的比率来进行证实。

表9-1显示了按行业和年度进行分析所使用的样本总数。表9-2总结了有关主要变量的描述性统计信息。

表9-1 按行业、年度分析的样本总数

行业	2007年	2008年	2009年	2010年	2011年	2012年	合计
食品	872	842	797	1487	1539	1622	7159
纺织业	144	220	213	431	420	452	1880
木材家具	147	110	111	260	259	253	1140
造纸业	61	193	194	348	371	378	1545
印刷业	204	255	260	515	529	556	2319
化学	271	638	627	866	892	891	4185
石油石炭	646	39	44	48	53	56	886
塑料	38	398	381	679	696	731	2923
橡胶	407	84	94	132	140	142	999
皮革	83	8	11	25	26	24	177
陶瓷工业	11	293	279	408	408	410	1809
钢铁业	300	269	279	423	415	425	2111
有色金属	281	222	227	323	336	356	1745

续表

行业	2007年	2008年	2009年	2010年	2011年	2012年	合计
金属制品	226	512	513	912	960	994	4117
通用机器	524	355	338	531	533	521	2802
生产机器	942	504	509	847	935	977	4714
商用机	517	263	247	433	432	441	2333
电子零件	209	491	448	674	679	706	3207
电动机械	443	462	449	722	735	754	3565
信息通信设备	761	204	195	303	292	275	2030
运输机械	186	782	775	1136	1188	1197	5264
其他制造业	190	193	195	321	324	353	1576
制造总量	7463	7337	7186	11824	12162	12514	58486

表 9-2 主要变量的统计

变量	平均	标准偏差	最小值	最大值
产值（百万日元，对数值）	8.67	1.42	2.08	16.32
劳务投入（工时，对数值）	5.95	1.03	4.45	11.99
资本金（百万日元，对数值）	6.45	1.98	0.00	14.55
中间投入（百万日元，对数值）	8.32	1.50	1.61	16.08
信息处理员工比率	0.02	0.03	0.00	0.57
软件资产比例	0.57	0.37	0.00	1.00
信息化投资比例	0.05	0.14	0.00	1.00
信息通信费比率	0.003	0.04	0.00	1.00
劳动费用/销售额	0.17	0.10	0.001	1.08

四、关于成本加成率的实证分析结果

1. 生产函数和成本加成率的估计结果

表9-3显示了式（9-3）和式（9-4）的生产函数的估算结果。估算时，对劳动力投入和中间投入采用控制变量法，并在解释变量中加入年份样本和行业样本。除劳动力和资本要素外，所有参数均在1%的水平上具有统计学意义。

表 9-3　三要素对数型生产函数估计结果

	系数	标准误差	z	p 值
b_L	0. 1554	0. 00257	60. 53	0. 000
b_{LL}	0. 0410	0. 00215	19. 07	0. 000
b_{LK}	0.'0001	0. 00074	0. 07	0. 946
b_M	0. 8391	0. 00217	387. 28	0. 000
b_{MM}	0. 0448	0. 00091	49. 11	0. 000
b_{KM}	-0. 0044	0. 00054	-8. 14	0. 000
b_{LM}	-0. 0877	0. 00247	-35. 45	0. 000
b_K	0. 0217	0. 00111	19. 49	0. 000
b_{KK}	0. 0029	0. 00017	17. 07	0. 000
常数项	9. 862	0. 000628	1571. 03	0. 000
观察数	39. 270			
决策系数	0. 9921			

表 9-4 列出了每个行业的中位数加成值 μ。整个制造业的加成幅度约为 2%，低于 Nishimura 等（1999）在 1971~1994 年得出的平均值，但接近 Kiyota 等（2009）在 1994~2002 年得出的平均值。此外，与之前的研究一样，行业之间的加成也存在差异。图 9-1 显示了整个制造业加成的时间序列过渡。由于全球金融危机的影响，2009 年加成幅度明显下降。从公司加成的分布情况来看（见图 9-2），加成分布广泛，这证实了加成在公司之间的差异性。在每个行业中都可以看到类似的趋势（见附录）。

表 9-4　按行业分类加成的推算结果（中心值）

行业	μ
食品	1. 244
纺织业	1. 063
木材家具	1. 125
造纸业	1. 177
印刷业	0. 962
化学	0. 947
石油石炭	0. 933
塑料	1. 127

续表

行业	μ
橡胶	0.994
皮革	1.102
陶瓷工业	1.077
钢铁业	1.129
有色金属	0.949
金属制品	1.024
通用机器	0.938
生产机器	0.923
商用机	0.923
电子零件	0.915
电动机械	0.901
信息通信设备	0.838
运输机械	1.030
其他制造业	1.011
制造业全体	1.018

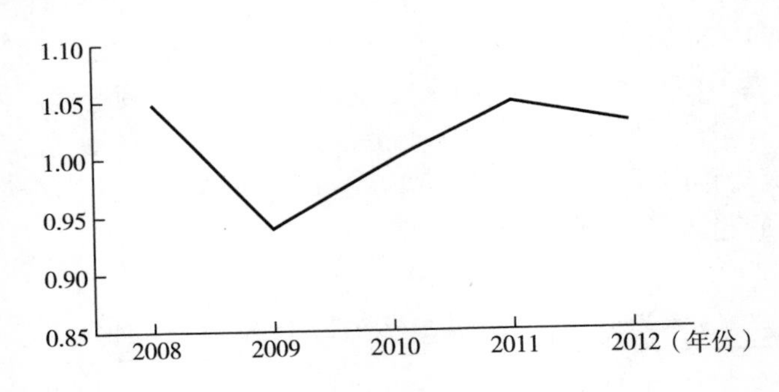

图 9-1 加成的推移（制造业全体，中心值）

2. IT 的利用对成本加成率产生的影响

对上述估计的加成进行对数转换，并利用与 IT 使用相关的各个指标的对数转换进行回归分析，通过弹性确认计算机化的结果。考虑到期间的波动，使用每家公司整个期间的中心值对每个指数进行回归分析。另外，根据先前的研究，研发和广告也被看作加成的解释变量。具体来说，将研究和开发成本（公司和寄售

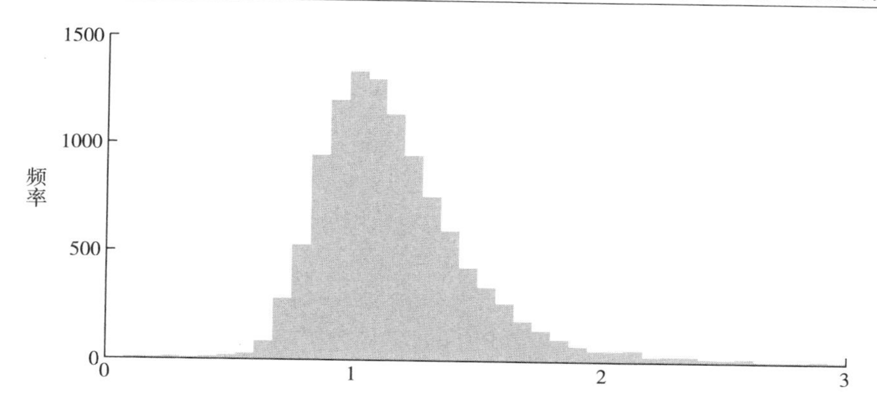

图 9-2 加成的推算分布（整个制造业）

品的总和）与《企业活动基本调查》中的广告成本除以销售所得的值添加到解释变量中。此外，在解释变量中添加了一个行业样本。

表 9-5 列出了与 IT 使用相关的每个指标的系数（弹性）。所有变量在 1%、5%的水平上具有统计学意义。信息处理人员比例显示出正弹性，表明加成随着信息处理部门工作人员比例的增加而增加。如果信息处理部门的人员比例增加 10%的话，则加成幅度将增加 0.14%。其他三个指标的系数均为负，由此可以观察到加成降低的效果。

表 9-5 IT 的利用对加成产生的影响（弹性）

	系数	标准误差	p 值	决策系数	样本数
信息处理人员比例	0.014	0.005	0.002	0.151	4.022
软件资产比例	-0.004	0.002	0.019	0.143	6.702
信息化投资比例	-0.006	0.002	0.003	0.155	5.392
信息通信费用率	-0.056	0.005	0.000	0.155	7.099

五、信息技术的利用对成本加成率产生的影响

本章以 2007~2012 年的企业活动基本调查的单个数据为基础，分析制造业中 IT 的使用和企业成本加成率的定量关系，明确指出 IT 的使用对提高加成具有积极影响。由价格与边际成本之比定义的成本加成率，是根据生产弹性和劳动成

本与销售之比来估算的。与劳动有关的生产弹性是从公司的对数型生产函数的估计结果中获得的，该函数由三个要素组成：劳动、资本和中间投入。此外，人工成本与销售比率直接根据公司活动基本调查的单个数据计算得出。将 IT 使用的相关指标作为解释变量，分析加成的估计值，研究 IT 使用对成本加成率的影响。

分析结果显示，随着信息处理部门工作人员比例的增加，企业的成本加成率也会上升。2007～2012 年，制造业全体的信息处理部门的从业人员比率提高 10%，成本加成率提升 0.14%。从这个结果可以推测出，以往的工种向以 IT 使用为中心的工种转移，在提高生产率的同时，促进了边际成本的降低，同时可以提供附加价值高的商品和服务，从而提高产品价格。相反，本年软件与无形固定资产的比率、计算机化投资与有形固定资产的总购置额的比率，以及信息处理通信成本与销售的比率均具有降低成本加成率的作用。由于这三个指标与 IT 成本高度相关，因此可以推断出，与 IT 使用相关的额外成本增加了边际成本，从而导致成本加成率下降。

致　谢

本研究是作为独立行政法人经济产业研究所的研究项目“人工智能等对经济的影响研究”的一个部分而进行的。在进行研究时，马奈木俊介教授和该项目的成员给了笔者有益的评价。特此致谢。

● 参考文献

Acemoglu, D. and P. Restrepo (2017) “Robots and jobs: Evidence from US labor markets”, NBER Working Paper, 23285.

Ackerberg, D., K. Caves and G. Frazer (2006) “Structural identification of production functions”, mimeo, UCLA.

Autor, D. (2015) “Why are there still so many jobs? The history and future of workplace automation”, Journal of Economic Perspectives, 29, 3-30.

Bartel, A., C. Ichniowski, and K. Shaw (2007) “How does information technology affect productivity? Plant-level comparisons of product innovation, process improvement, and worker skills”, Quarterly Journal of Economics, 122, 1721-1758.

Bessen, J. (2016) “How computer automation affects occupations: technology, jobs, and skills”, Boston University School of Law, Law and Economics Research Paper No. 15-49.

Bresnahan, T. (1999) “Computerization and wage dispersion: an analytic reinterpretation”, Economic Journal, 109, 390-415.

Bresnahan, T., E. Brynjolfsson, and L. Hitt (2002) "Information technology, workplace organization, and the demand for skilled labor: firm - level evidence", Quarterly Journal of Economics, 117, 339-376.

Bresnahan, T. and S. Greenstein (1996) "Technical progress and co-invention in computing and in the uses of computers", Brookings Papers on Economic Activity, Microeconomics, 1-83.

Bresnahan, T. and P. Yin (2016) "Adoption of new information and communications technologies in the workplace today", NBER Working Paper, 22346.

Blonigen, B. and J. Pierce (2016) "Concentration and dynamism: Evidence for the effects of mergers on market power and efficiency", NBER WP, 22750.

Brynjolfsson, E. and S. Yang (1996) "Information technology and productivity: A review of the literature", Advances in Computers, 43, 179-214.

Brynjolfsson, E. and L. Hitt (2003) "Computing productivity: Firm-level evidence", Review of Economics and Statistics, 85, 793-808.

Davis, S. and J. Haltiwanger (1991) "Wage dispersion between and within US manufacturing plants, 1963-1986", Brookings Papers on Economic Activity, Microeconomics, 115-200.

De Loecker, J. (2011) "Product differentiation, multi-product firms and estimating the impact of trade liberalization on productivity", Econometrica, 79, 1407-1451.

De Loecker, J., and F. Warzynski (2012) "Markups and firm-level export status", American Economic Review, 102 (6), 2437-2471.

Dunne, T. et al. (2004) "Wage and productivity dispersion in United States manufacturing: the role of computer investment", Journal of Labor Economics, 22, 397-429.

Forman, C., A. Goldfarb and S. Greenstein (2012) "The Internet and local wages: a puzzle", American Economic Review, 102, 556-575.

Juhn, C., K. Murphy and B. Pierce (1993) "Wage inequality and the rise in returns to skill", Journal of Political Economy, 101, 410-442.

Hall, R. (1986) "Market structure and macroeconomic fluctuations", Brookings Papers on Economic Activity, 1986 (2), 285-338.

Katayama, H., S. Lu, and J. Tybout (2009) "Firm-level productivity studies: Illusions and a solution", International Journal of Industrial Organization, 27, 403-413.

Kiyota, K., T. Nakajima and K. Nishimura (2009) "Measurement of the market power of firms: the Japanese case in the 1990s", Industrial and Corporate Change,

18, 381-414.

Klette, T. (1999) "Market power, scale economies and productivity: estimates from a panel of establishment data", Journal of Industrial Economics, 47, 451-476.

Klette, T. and Z. Griliches (1996) "The inconsistency of common scale estimators when output prices are unobserved and endogenous", Journal of Applied Econometrics, 11, 343-361.

Koetter, M. and F. Noth (2013) "IT use, productivity, and market power in banking", Journal of Financial Stability, 9, 695-704.

Levinsohn, J. and A. Petrin (2003) "Estimating production functions using inputs to control for unobservables", Review of Economic Studies, 70, 317-340.

Melville, N., V. Gurbaxani and K. Kraemer (2007) "The productivity impact of information technology across competitive regimes: the role of industry", Decision Support Systems, 43, 229-242.

Motohashi, K. (2007) "Firm-level analysis of information network use and productivity in Japan", Journal of the Japanese and International Economies, 21, 121-137.

Nishimura, K., Y. Ohkusa, and K. Ariga (1999) "Estimating the mark-up over marginal cost: a panel analysis of Japanese firms 1971-1994", International Journal of Industrial Organization, 17, 1077-1111.

Olley, G. and Pakes, A (1996) "The dynamics of productivity in the telecommuni-cations equipment industry", Econometrica 64, 1263-1297.

Song, J. et al. (2015) "Firming up inequality", NBER Working Paper 21199.

Wooldridge, J. (2009) "On estimating firm-level production functions using proxy variables to control for unobservables", Economics Letters, 104, 112-114.

金榮愨・権赫旭(2013)「日本企業における IT 投資の効果——ミクロデータに基づく実証分析」, RIETI ディスカッションペーパーシリーズ 13-J-018, 独立行政法人経済産業研究所。

附录　各行业加成的分布

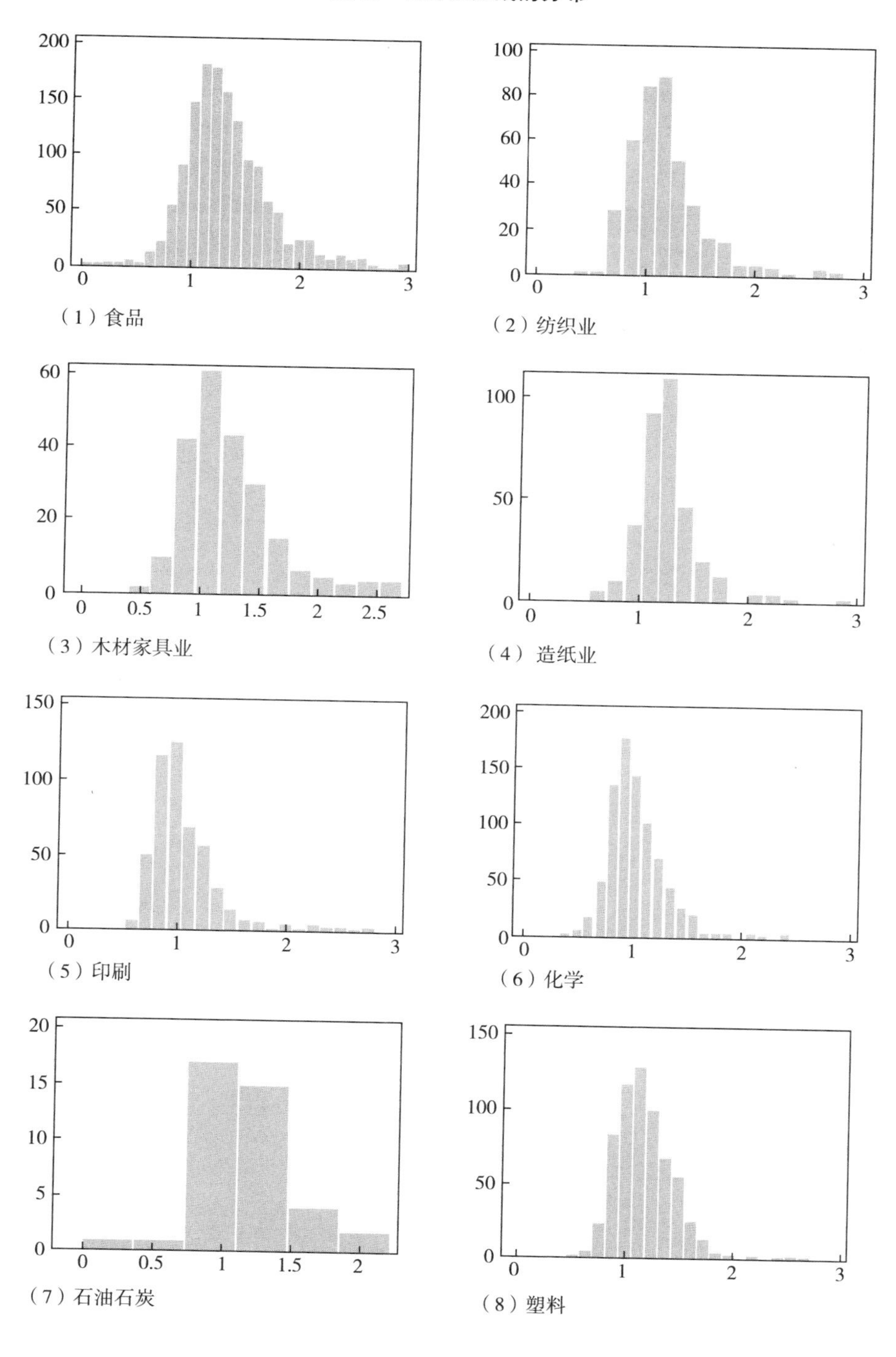

200
150
100
50
0
0
1
2
3
(1) 食品
100
80
60
40
20
0
0
1
2
3
(2) 纺织业
60
40
20
0
0
0.5
1
1.5
2
2.5
(3) 木材家具业
100
50
0
0
1
2
3
(4) 造纸业
150
100
50
0
0
1
2
3
(5) 印刷
200
150
100
50
0
0
1
2
3
(6) 化学
20
15
10
5
0
0
0.5
1
1.5
2
(7) 石油石炭
150
100
50
0
0
1
2
3
(8) 塑料

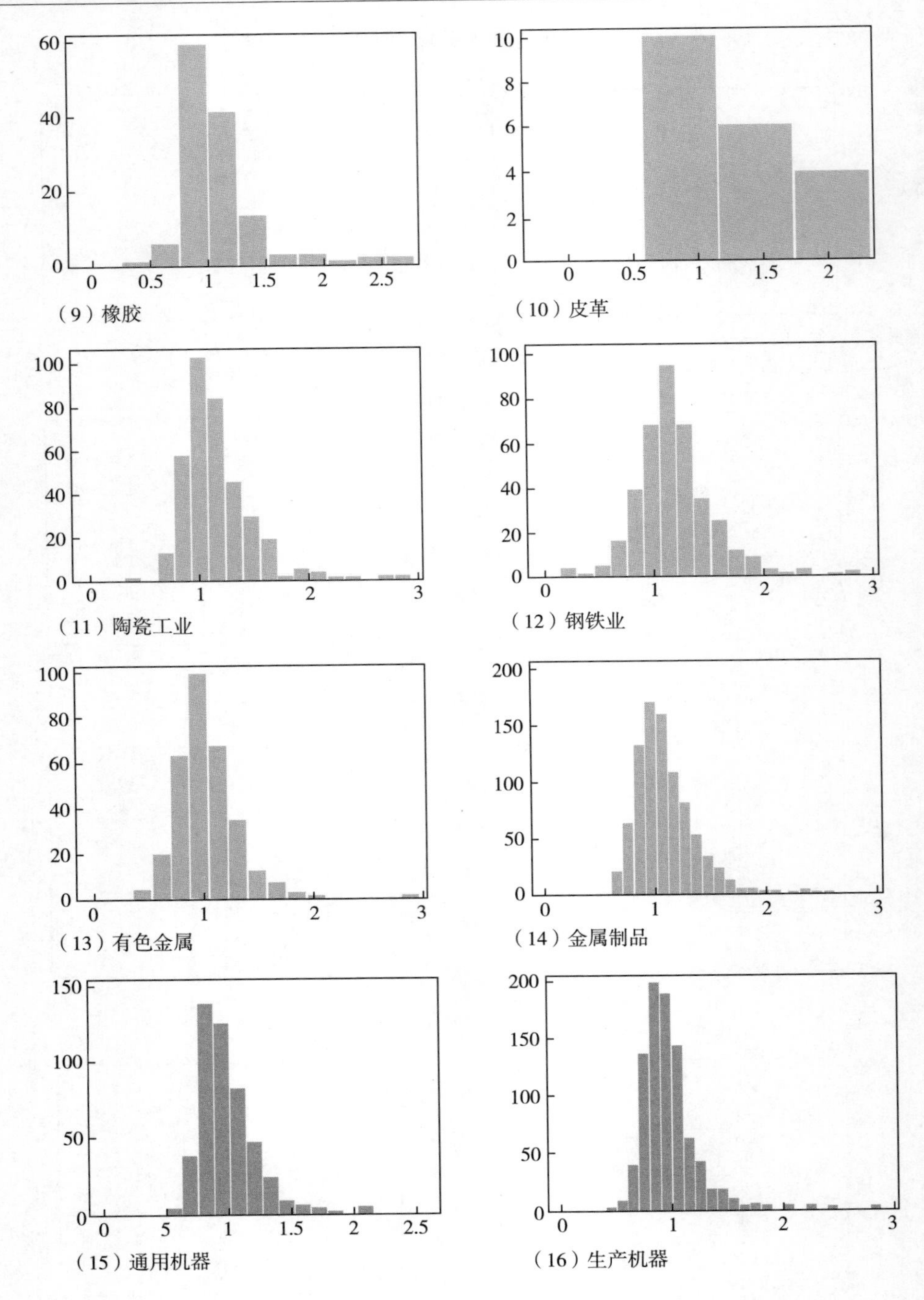

（9）橡胶

（10）皮革

（11）陶瓷工业

（12）钢铁业

（13）有色金属

（14）金属制品

（15）通用机器

（16）生产机器

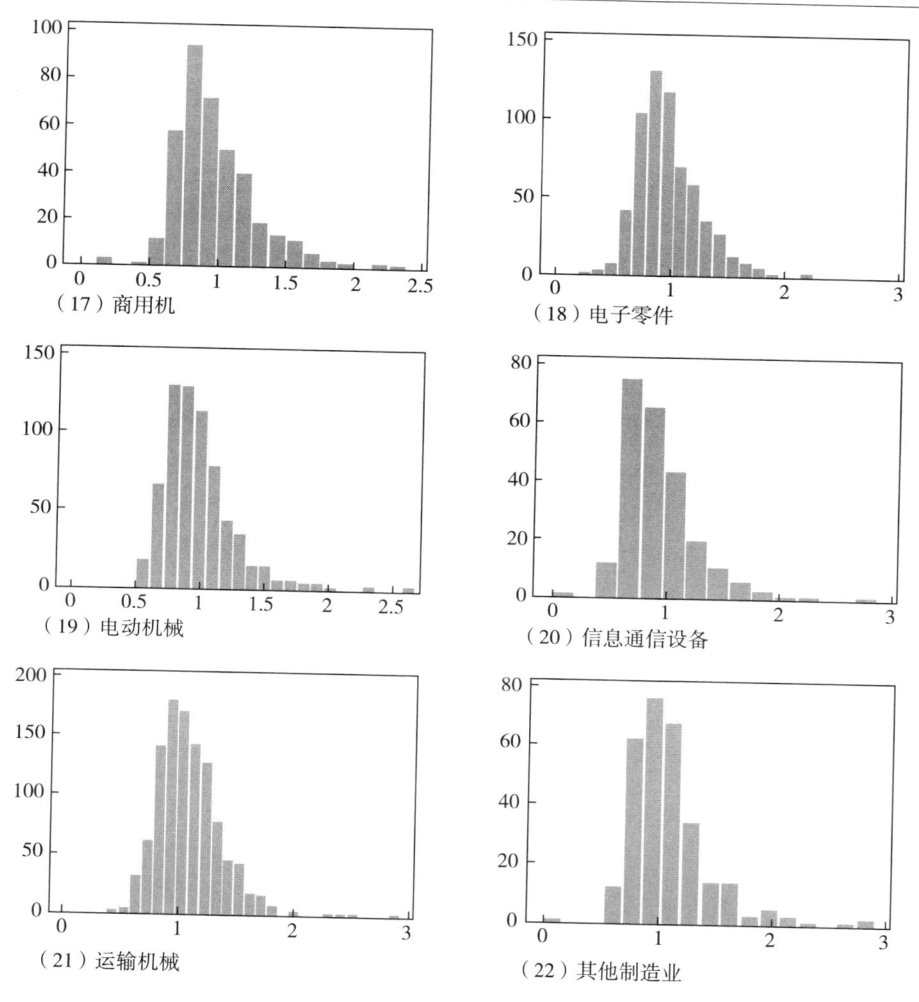
100
80
60
40
20
0
0
0.5
1
1.5
2
2.5
（17）商用机
150
100
50
0
0
1
2
3
（18）电子零件
150
100
50
0
0
0.5
1
1.5
2
2.5
（19）电动机械
80
60
40
20
0
0
1
2
3
（20）信息通信设备
200
150
100
50
0
0
1
2
3
（21）运输机械
80
60
40
20
0
0
1
2
3
（22）其他制造业

第十章　人工智能社会中失业与收入差距的经济理论

深井大干　野泽亘　马奈木俊介

一、人工智能和就业——迄今为止的研究

作为近年来快速发展的技术之一，人工智能受到了很多研究领域的关注。当前，研究和开发的重点是被称为特殊人工智能的人工智能，如表格桌球游戏对局、自动运转、图像识别等。另外，在 2030 年左右将出现人工智能能力超过人类大脑计算能力的被称为“奇点”（Singularity，技术上的转折点）的现象，以此为界，这个人工智能像人类一样给自己主动设定新的课题，并积极开发有解决能力的被称为通用人工智能的人工智能技术，预计这个技术之后会投入运用［关于“奇点”，详情可见 Kurzweil（2005）；关于“通用人工智能”，详情可见 Goertzel 和 Pennachin（2006）。Nordhaus（2015）将“奇点”定义为“信息技术发展迅速加速经济增长的时刻”］。

人工智能的普及使得重复型的简单劳动被替换，失业与无法用机械代替的特殊技能获取更多的报酬造成了社会收入差距的扩大。例如，经济学家杂志（The Economist，2016）、Frey 和 Osborne（2017）就人工智能领域的发展提出了失业可能性高的职业。卫报杂志的文章（The Guardian，2017）中有人提出，机器人和自动化的普及可能导致贫富差距。在一个可以取代人类作为劳动力的人工智能等技术迅速发展的社会中，社会的要务就是预测“人们的工作环境随着技术的进步以及工资和就业环境的变化会发生怎样的改变”，并在此基础上采取一些有效的应对措施。

迄今为止，人们已经针对技术发展对就业的影响进行了研究。Aghion 和

Howitt（1994）作为代表性人物，对技术发展的进程速度所带来的影响进行了研究。通常，他们设想的情况具有两个特征：第一个特征是劳动力市场存在搜寻成本。企业招聘工人和工人求职不会即刻形成匹配，必然有一段时滞间隔。第二个特征是技术可能会过时。其具体原因如下：公司支付安装费来建立技术研发中心，研发成功的企业可以访问当下的最新技术，支付实装费用引进设备，进而通过劳动力市场雇用工人进行生产。随着时间的推移，假定研究开发所带来的新技术的生产效率随着技术发展而提高。由于新实施的技术比过去的技术生产效率高，生产技术相对效率变低。由于技术的发展，经济整体工资上涨，采用陈旧的生产技术就不能提高利润，企业不得不解雇工人或说服其辞职。

在这种情况下，Aghion 和 Howitt（1994）分析了技术发展速度对雇佣的影响。其影响大致分为两种效果：第一种是资本化效应（capitalization effect）。随着技术发展速度的提高，进入市场的预期利润将增加，也会有更多的公司将进入。因此，这是劳动力市场的招聘数量增加，通过降低稳态下的失业率而产生的。第二种是创造性毁灭效应（creative destruction effect）。技术发展的加速导致工资上涨的加速，以致在某一时刻所引进的技术与生产效率的差距更大。也就是说，设备的老化速度加快，一旦被雇用的工人被解雇的频率加快，将导致失业率上升。作为附带的效果，老化速度的上升压低了企业的利润，抑制了劳动力市场的招聘，其结果还是使失业率上升。前者是直接创造性破坏效果（direct creative destruction effect），后者是间接创造性破坏效果（indirect creative destruction effect）。

这些效应的总和能够决定技术发展的加速是会增加还是会减少失业机会。作为技术发展的加速容易增加失业的情况，主要有招聘竞争率的上升不会减少应聘者的等待时间，或降低企业的加入成本两种情况。在这些情况下，几乎消除了资本化效应，而这种效应是通过创造性毁灭效应实现的。相反，如果技术发展速度快而设备安装成本低，那么加速技术发展就可以轻松地减少失业。

以下是基于 Aghion 和 Howitt（1994）模型的一些后续研究。Mortensen 和 Pissarides（1998）致力于研究能够由企业更新设备和继续雇用的情况。在 Aghion 和 Howitt（1994）的研究中，生产企业被赋予了两种选择，即在各阶段直接使用现状的生产设备并继续雇用劳动者，或者放弃生产设备、解雇劳动者。除此之外，他们还设想了在更新支付设备后再继续雇用劳动者的选择。在设备更新费用较低的情况下，企业与其放弃设备解雇员工，不如选择更新设备、继续雇用，因此即使在技术发展较快的情况下也不会发生创造性破坏，而是会通过资本化效应增加雇用。他们认为，随着技术发展，设备更新费用的高低与产业结构的巨大变化有关。举个例子，从打字机到文字处理器的技术发展，员工的训练虽然是必要的，但基本上在持续雇用同一员工的范围内是可以应对的，但是在作为卢德运动的原因而出名的纺织业机械化的情况下，由于基于家庭手工业的生产制度无法有效利用新技术，导致产业结构的变化，结果失业增加了。

Carrro 和 Droist（2004）分析了劳动者的学习效果。连续从事同一工作的劳动者，随着经验的积累，可以更有效率地完成工作。更简单的工作，学习可以使生产效率迅速提高，而复杂的工作则会缓慢上升。假设随着技术的发展工作变得更加复杂，如果技术发展的速度加快，将会通过劳动者的学习对雇佣产生影响，在相对简单的工作环境中，技术发展会减缓学习速度，降低工人的生产效率和工资，这会产生减缓生产设备老化速度的效果，从而增加就业。

Miyamoto 和 Takahashi（2011）、Michau（2013）分析了劳动者可能跳槽的情况①。因为劳动者在被一家企业雇用的情况下可以进行求职活动，因此可以在不因企业设备过时和失业而被解雇的情况下获得新工作。结果，与不可能跳槽的模式相比，技术发展给雇佣带来的创造性毁灭效应变小。据报告，实际上也有很多人在离职后立即找到新工作，而不用考虑失业（Fallick and Fleischman，2004）。另外，Poster-Vinay（2002）分析了短期效应，研究结果表明该效应与长期效应相反。Pissarides 和 Vallanti（2007）尝试使用发达国家的面板数据针对 TFP 增长对失业的影响进行实证分析。

在以上的研究中，技术发展并不是作为生产要素直接替代劳动的，而是主要着眼于通过其带来的企业参与行动和对劳动市场条件的影响来影响雇佣的。如上所述，要牢记的是，人工智能对就业的影响是，人工智能将执行人类所做的工作并剥夺他们的就业机会。Acmogulu 和 Autor（2011）认为，作为说明美国近几十年工资分布变化的模型，机械作为生产要素构建了劳动和替代模型。在这个模型中，工人在技能方面的分工是不同的，分为高、中、低三个级别。最终的产品是根据多个任务共同协作来生产的。每个任务具有不同的复杂性，根据其复杂性，具有不同水平技能的劳动者的生产效率不同。概言之，更复杂的任务是指高技能劳动者具有比较优势的任务，而更单纯的任务是指低技能劳动者具有比较优势的任务。在一定的条件下，平衡是由低技能劳动者从事的任务和中等技能劳动者从事的任务分开的阈值，以及中等技能劳动者从事的任务和高水平劳动者依次划分任务的阈值来表示其特征的。他们认为，美国劳动力市场的数据表明，中等技能劳动者所从事的任务受到了机械替代的最强影响，他们还研究了以上模式对工资差距、技能高低和任务复杂度之间关系的影响。

① 与 Aghion 和 Howitt（1994）一样，Michau（2013）分析了需要更新生产设备以受益于技术发展的情况，而 Miyamoto 和 Takahashi（2011）设想了技术发展的影响，无论导入的时机如何，都会波及经济中存在的所有生产设备的状况。

通过企业参与行动及其伴随的劳动力市场条件变化的影响和劳动替代的影响之间存在相互作用。人工智能劳动的替代，影响了工人的任务或部门的选择，最终结果是影响了劳动力市场的条件。在讨论人工智能对就业的影响时，应同时考虑这两种影响。下一节将介绍这种模型。

二、人工智能搜寻理论的模型

本章使用 Diamond（1982）、Mortensen 和 Pissarides（1994）提出的搜寻（探索）理论，分析人工智能技术的发展对失业和工资差距等劳动力市场经济现象的影响，并在最后给出简单的分析框架。搜寻理论在劳动力市场的环境中，是将求职者的求职行动和企业的招聘探索行动应用于理论化的经济学领域，现在除了劳动力市场之外，还应用于货币、消费行动等各种各样的情境中。

在劳动力市场的搜寻理论中，假设用匹配函数记述求职者和企业相遇的概率。现在，劳动力市场上有求职者 u，也有招聘的企业 v。为了简单起见，如果每个公司雇用一名工人生产某种商品，那么整个经济体提供的工作机会为 v。这时，$\theta=\frac{u}{v}$，我们将其称为市场紧张程度（market tightness）。市场紧张程度代表劳动力市场的“购买者”的数量程度（即对求职者不利），求职者的数量越多或公司越少，该比率就越高。通常，在搜寻理论中，每个求职者与提供职位的公司会面的概率为 $0<\zeta(\theta)<1$，每个求职者将与求职者相遇的概率为 $0<\zeta(\theta)<1$，并且每个求职者将与求职者相遇的概率为 $0<\eta(\theta)<1$。这里，ζ 是单调递减函数，η 是单调递增函数，并且满足 $\lim_{\theta\to 0+}\eta(\theta)=0$。请注意：通过假设，相遇概率仅取决于比率 θ，而不取决于 u 和 v 中的任意一个。由于相遇概率小于 1，因此存在无法找到工作的求职者和无法招到求职者的公司。像这种在搜寻过程中可能出现的所有障碍都称为搜寻摩擦。

现在假设有一个连续找工作的求职者，其勒贝格测度为 1。如果实际区间［0，1］上的所有点都是求职者，这将很容易理解。求职者从消费品中获得效用。以下，以消费品为基准价值财富，其价格不失一般性，固定为 1。求职者的 μ 比例为高技能拥有者，$1-\mu$ 为低技能拥有者。在经济上，存在人工智能的生产部门和消费品的生产部门，对这两种类型的求职者来说，高技能劳动者在人工智能部门进行求职，低技能劳动者在消费品部门进行求职。企业可以自由进入各个部门，如果要在某个部门招聘，就需要花费小成本。从自由加入的假设来看，各部门的市场紧张程度决定了加入企业的期待利润为零的概率。如果进入时的收益为正，则随着求职者尝试进入更多的公司，v_A 将增加，因此，η（θ_A）将减少，直到进入时的预期利润变为零。现在，如果设人工智能部门的市场紧张程度为 θ_A，人工智能每个单位的价格为 p，投入一个劳动者时的人工智能的生产量 $y_A>0$，把每个人工智能劳动者的工资 w_A 表示出来的话，由于人工智能部门的自由加入，所以

$$\eta(\theta_A)(py_A-w_A)-k=0 \tag{10-1}$$

就成立了。假设工人的工资是由纳什谈判决定的，并且如果工人的议价能力为 $0<\sigma<1$，则将工资确定为

$$w_A=\sigma py_A \tag{10-2}$$

在消费品部门的生产方面，将投入劳动者或人工智能。当求职者和企业相遇时，各企业会受到不确定性的影响，因此用1单位人工智能代替1名工人进行生产。直接投入劳动者的概率为 a，投入人工智能的概率为 b。假设人工智能是在没有摩擦的竞争市场上进行交易的。消费品部门的市场紧张程度为 θ_R，投入1名工人时的消费品产量为 $y_R>0$，每名消费品工人的工资为 w_R，投入1单位人工智能时的消费品产量为 $z>0$。这时，因为消费品部门的自由加入，

$$\eta(\theta_R)[\pi(y_R-w_R)+(1-\pi)(z-p)]-k=0 \tag{10-3}$$

成立；又因为薪资是由纳什谈判确定的，所以

$$w_R=\sigma y_R \tag{10-4}$$

需要注意的是，由于工资谈判是在求职者和企业见面之后进行的，因此不会受到不确定性的影响。

通过满足式（10-5）至式（10-11）的条件（u_A，u_R，v_A，v_R，θ_A，θ_R，p，q）来设置平衡（在搜寻理论的意义上）。首先，人工智能部门和消费品部门中寻求平衡的求职者 u_A^* 和 u_R^* 的数量分别为

$$u_A=\mu \tag{10-5}$$

和

$$u_R=1-\mu \tag{10-6}$$

从人工智能部门的公司的自由进入式（10-1）和工资确定式（10-2）中，

$$\eta(\theta_A)=\frac{k}{(1-\sigma)py_A} \tag{10-7}$$

成立，而在消费品部门的公司中，因为式（10-3）和式（10-4），所以

$$\eta(\theta_R)=\frac{k}{\pi(1-\sigma)y_R+(1-\pi)(z-p)} \tag{10-8}$$

成立。

依据定义，各部门的市场紧张程度为

$$\theta_A = \frac{u_A}{v_A} \tag{10-9}$$

和

$$\theta_R = \frac{u_R}{v_R} \tag{10-10}$$

最后，根据人工智能市场的市场清算条件，

$$v_A \eta(\theta_A) y_A = (1-\pi) v_R \eta(\theta_R) \tag{10-11}$$

可以成立。左边是人工智能部门人工智能的总生产（供给）量，右边是消费品部门人工智能的总投入（需求）量。请注意：消费品市场的清算条件是从瓦尔拉斯法则中自动成立的。

三、模型的比较静态分析

当模型的每个参数更改时，将执行比较静态分析。为简单起见，假设 ζ 和 η 分别由 $\zeta(\theta) = m\theta^{\beta-1}$ 和 $\eta(\theta) = m\theta^{\beta}$ 给出。其中 $m>0$ 是一个小常数，$0<\beta<1$ 是一个常数。这些函数对于所有 θ（可能不均衡）来说，都不满足 $0<\zeta(\theta)<1$ 和 $0<\eta(\theta)<1$，但是却易于处理。

首先，试着考虑一下人工智能的生产性 Z 上升的情况。如果将平衡条件式（10-5）至式（10-11）进行整理，则得到

$$\mu\left[\frac{k}{(1-\sigma)py_A}\right]^{(\beta-1)/\beta} y_A = (1-\pi)(1-\mu)\left[\frac{k}{\pi(1-\sigma)y_R+(1-\pi)(z-p)}\right]^{(\beta-1)/\beta} \tag{10-12}$$

左边是人工智能的总供给量，右边是总需求量。由此可知，价格 p 不依赖 k，如果常数 k 足够小，$\frac{k}{(1-\sigma)\ py_A}$ 和 $\frac{k}{\pi\ (1-\sigma)\ y_R+\ (1-\pi)\ (z-p)}$ 小于 1，则存在满足各部门的均衡自由加入式（10-7）和式（10-8）的市场紧张程度。如果解开 θ_A 的自由加入式（10-7），得到 $\theta_A=\left[\frac{1}{m}\right]^{1/\beta}\left[\frac{k}{(1-\sigma)\ py_A}\right]^{1/\beta}$，由此得到 $\zeta(\theta_A) = m\theta_A^{\beta-1} = m^{(1-\beta)/\beta}\left[\frac{k}{(1-\sigma)\ py_A}\right]^{(\beta-1)/\beta}$。因为价格 p 也不依赖于 m，所以关于 m 的 $\zeta(\theta_A)$ 就会增加。因此，如果常数 m 足够小，则在均衡中成立 $0<\zeta(\theta_A)<1$ [$0<\zeta(\theta_R)<1$ 也可以进行同样的讨论]。此外，如果

$\pi\frac{y_R}{y_A}\left[\frac{\mu y_A}{(1-\mu)(1-\pi)}\right]^{\beta/(\beta-1)}<z$ 成立，则可以显示投入消费品企业人工智能时的利润 z-p 为正。下面是满足这一设想的模型参数。

现在假设价格 p 固定了，则 z 的上升会导致总需求量上升。因此，通过 z 的上升，可以看出总需求曲线向右移动（图 10-1 的 D_1 到 D_2 的位移）。左边的总供应量在 p 固定的情况下不依赖 z，所以不移动。由此可知，在平衡方面，总供给量和总需求量（左面和右面）如果上升的话，价格 p 也会上升。各部门的失业率 s_A 和 s_R 分别用 $s_A=1-\zeta(\theta_A)$ 和 $s_R=1-\pi\zeta(\theta_R)$ 来定义。由于价格 p 上升，相较于人工智能的自由参与式（10-7），V_A 也上升，则人工智能部门的失业率 s_A 下降。另外，由于人工智能的总需求增加，v_R 必须上升（同样，消费品企业的利润 z-p 也在上升）。因此，消费品部门的失业率 s_R 也将下降。但是，该结论在模型中取决于在消费品部门被人工智能替代的外生给定概率π。稍后将对此进行描述。

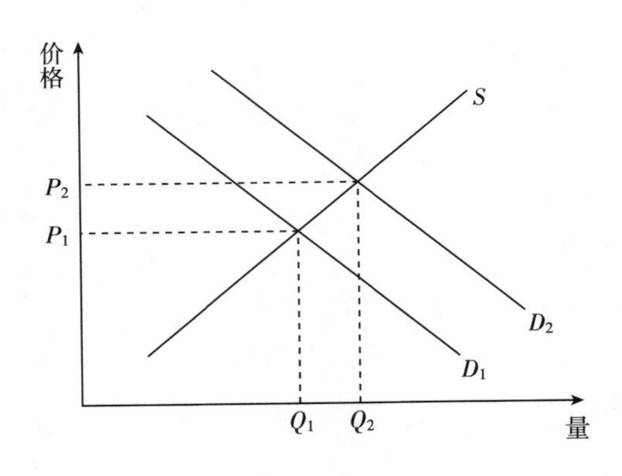

图 10-1　人工智能市场的供求关系（z 的上升）

其次，考虑工人的工资议价能力 σ 提高的情况。此时，从人工智能供需协议式（10-12）可以看出，在价格 p 固定的情况下，总需求量和总供应量均下降。因此，总供给曲线和总需求曲线都向左移动（图 10-2 中从 D_1 移到 D_2 并从 S_1 移到 S_2）。由此可知，在新的均衡中，价格取决于模型参数，但总供给量、总需求量会减少。因此，可以看出，因为总供应量为 $um\theta_A^{\beta-1}y_A$，所以 v_A 减少了，因为总需求量为 $(1-\pi)(1-\mu)m\theta_R^{\beta-1}$，所以 v_R 也减少了。因此，可以看出，σ 的上升增加了工人的工资，但同时也增加了人工智能和消费品部门的失业率。

最后，考虑高技能工人比例 μ 增加的情况。此时，在固定值 p 下，人工智能的总供给增加而总需求减少。因此，在均衡状态下，尽管总供给和总需求取决于

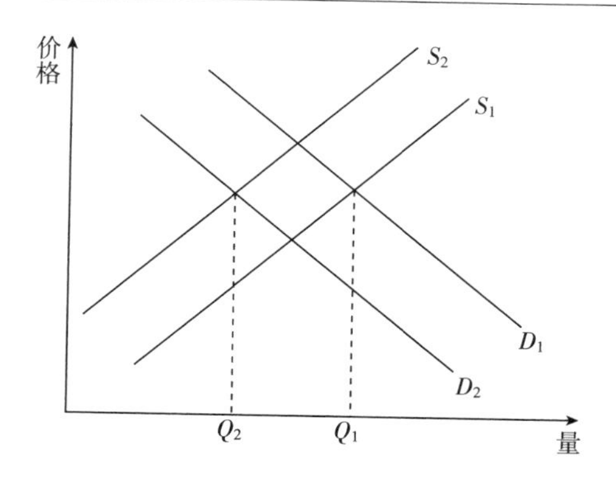

图 10-2　人工智能市场的供求关系（σ 的上升）

模型参数，但可以看出价格 p 下降了（省略该图）。因此，根据人工智能部门的自由参与式（10-7），θ_A 有所增加。另外，根据消费品部门的自由参与式（10-8），θ_R 有所减少。因此，高技能劳动人员的增加表明在人工智能部门中失业率上升，而在消费品部门的失业率下降。这里应该注意的是，随着人工智能价格 p 的下降，不仅人工智能领域的求职者数量在增加，而且能够确保雇佣劳动者的公司利润（$1-\sigma$）py_A 也在下降。

四、外生变量的内生化

至此，我们已经分析了劳动者被人工智能取代的概率π被外生变量影响的情况。下面，我们将对这个模型设定进行修改，并简要讨论企业是否将特定职业置换为人工智能的内在决定模型。现在，求职者存在异质性（如学习能力和工作上的一般生产性等），求职者 $h\in$［0，1］拥有能力 h。求职者只能在人工智能部门或消费品部门寻找工作，而不能在两个部门同时寻找工作。工作部门应满足具有随机能力的求职者在该部门寻找工作的机会［当然，要减去概率 η（θ）］。求职者为了在人工智能部门进行应聘，有必要掌握一些有关人工智能开发的专业技能，并且为了获得这些技能（如学校教育和职业培训），其有必要支付一定的费用。设成本（的倒数）由 g（h）给出。在这里，为简单起见，假设 g 是单调递增，并且满足 g（0）= 0 和 g（1）= 1，并且在人工智能部门工作时的工资由 g（h）w_A 给出。能力越高，在人工智能领域求职的诱因越高。从这里开始，如果工人的职业选择是内生的，并且求职者 h 满足 ζ（θ_R）π $w_R<\zeta$（θ_A）g（h）w_A

的话，则该求职者就会选择在人工智能领域工作（成为人工智能工程师）。在此，π是由消费品公司确定的内生变量。

当求职者在消费品领域找到工作时，求职者作为劳动者投入时的生产率（代替常数 y_R）是由概率确定的，由 y_R+ah+b 给予。这里，a 是正常数，b 是消费品部门中求职者的固有风险（idiosyncratic risk），并在［0，e］上均匀分布（e 是正常数）。另外，经济上没有合计风险（aggregate risk）。遇到具有生产性 y_R+ah+b 的求职者时，消费品企业如满足（$1-\sigma$）（y_R+ah+b）$>z-p$ 则投入劳动者，否则投入人工智能生产消费品。在这里，如果公司在工人的输入和人工智能的输入之间，将变得不加区分的 b 的值写为 $\bar{b}$（h）的话，则为（$1-\sigma$）（$y_R+ah+\bar{b}$）$=z-p$。这里的 $\bar{b}$（h）因为依存于 p，所以为内生变数。这时，如果求职者在消费品领域寻找工作，其被人工智能所取代的概率为$\pi=\bar{b}$（h）$/e$。现在，在平衡状态下，我们假设一个模型参数，其中该概率对任何能力的求职者都为正，并且如果求职者的能力不高的话，那么被人工智能替代的可能性也不会为零。在数学上，我们假设模型参数对于所有 $h\in$［0，1］，$\bar{b}$（h）>0 和 $h\in$（0，1）均为 $\bar{b}$（h）$<e$，以达到平衡。假设 $a>0$ 足够小，使得 $\zeta(\theta_A)\,g(h)\,w_A-\zeta(\theta_R)\,\frac{\bar{b}(h)}{e}w_R$ 相对于 h 单调递增（注意，当 $a\to 0$ 时，$\bar{b}$ 收敛为常数）。此时，具有某种程度以上能力的求职者将在人工智能领域求职，而具有以下能力的求职者将在消费品领域求职。这个能力水平如果用 $1-\bar{\mu}$ 表示的话，则 $\zeta(\theta_A)\,g(1-\bar{\mu})\,w_A-\zeta(\theta_R)\,\frac{\bar{b}(1-\bar{\mu})}{e}w_R=0$。在这里，$\bar{\mu}$ 依赖于 $\bar{b}$ 的函数形式和各领域的市场紧张程度，是内生变量，$\bar{\mu}$ 比例的求职者在人工智能领域（内生）进行求职活动，$1-\bar{\mu}$ 比例的求职者在消费品领域进行求职活动。

直观地考虑一下，这样的模型设定会发生什么。假设现在人工智能的生产率 S 上升了。此时，在消费品领域，更多的劳动者将被人工智能所取代。求职者预测到了这一点，所以在进行求职活动的部门选择时，更多的求职者选择了人工智能部门。因此，首先，在消费品领域，由于企业的利润增加，更多的企业加入，导致市场紧张程度降低，有降低失业率的效果，另外，更多的劳动者因为被人工智能所取代，导致失业率上升。其次，在人工智能领域，不断上涨的人工智能价格将增加企业利润，从而使更多的企业参与进来，并降低失业率，同时，更多的求职者将在人工智能领域进行求职，这降低了每个求职者与招聘部门相互了解的概率，这会使失业率上升。

五、对政策和未来前景的影响

在上述模型中发现，人工智能生产率的提高并不一定导致人工智能部门和消费品部门的失业率下降。在一个由于人工智能的出现而失业率上升的经济体中，政府扮演着重要的角色。第一，有必要通过所得税和一次性税将劳动者的工作名额重新分配给失业者，并纠正贫富差距。第二，为了达到各部门的最佳市场紧张程度，有必要对特定职业进行就业支援（例如，对人工智能技术人员和其他特定职业的补助金政策）。第三，根据市场原理选择企业加入、开发人工智能、导入特定职业未必是理想的。在这种情况下，适当进行人工智能的开发支援和加入限制、缓和是很重要的。

在以上的讨论中，虽然一直关注着在现有的生产活动中人工智能是否能代替劳动者，但是像过去的事例中所看到的由于技术发展而产生新的雇佣效果一样，研究人工智能技术的发展给雇佣带来的效果也是很重要的。Acemoglu 和 Restrepo（2017）是考虑到其影响的为数不多的研究之一，并且有待进一步深入。

• 参考文献

Acemoglu, D., D. Autor（2011）"Skills, Tasks and Technologies: Implications for Employment and Earnings", In: Handbook of Labor Economics. Elsevier, pp. 1043-1171, doi: 10. 1016/S0169-7218（11）02410-5.

Acemoglu, D. and P. Restrepo（2017）"The Race between Machine and Man: Implications of Technology for Growth, Factor Shares and Employment", MIT Department of Economics Working Paper, 16（05）.

Aghion, P., P. Howitt（1994）"Growth and Unemployment", The Review of Economic Studies, 61, 477-494, doi: 10. 2307/2297900.

Autor, D. and A. Salomons（2017）"Robocalypse Now: Does Productivity Growth Threaten Employment?" Chapter in forthcoming NBER book Economics of Artificial Intelligence, edited by Ajay K. Agrawal, Joshua Gans, and Avi Goldfarb.

Carré, M., D. Drouot（2004）"Pace versus type: the effect of economic growth on unemployment and wage patterns", Review of Economic Dynamics 7, 737-757, doi: 10. 1016/j. red. 2003. 12. 002.

Diamond, Peter A.（1982）"Aggregate demand management in search equilibrium", Journal of Political Economy, 90, 881-894.

The Economist (2016) Artificial Intelligence: The Impact on Jobs, Automation and Anxiety, June 25, 2016.

Ford, M. (2015) The Rise of the Robots: Technology and the Threat of Mass Unemployment. Oneworld Publications, London, England.

Frey C. B. and M. A. Osborne (2017) "The Future of Employment: How Susceptible Are Jobs to Computerisation?", Technological Forecasting and Social Change, 114, pp. 254-280.

Goertzel, B. and C. Pennachin (Eds.) (2006) Artificial General Intelligence, Springer.

The Guardian (2017) Robots Won't Just Take Our Jobs-They'll Make the Rich Even Richer, 2017.

Fallick, B., C. A. Fleischman (2004) Employer-to-employer flows in the US labor market: The complete picture of gross worker flows. Federal Reserve Board, Finance and Economics Discussion Series Working Paper, 2004.

Kurzweil, R. (2005) The Singularity Is Near: When Humans Transcend Biology, New York: Viking Books.

Michau, J.-B. (2013) "Creative destruction with on-the-job search", Review of Economic Dynamics, 16, 691-707, doi: 10.1016/j.red.2012.10.011.

Miyamoto, H., Y. Takahashi (2011) Productivity growth, on-the-job search, and unemployment. Journal of Monetary Economics, 58, 666-680. doi: 10.1016/j.jmoneco.2011.11.007.

Mortensen, D. T. and C. A. Pissarides (1994) "Job creation and job destruction in the theory of unemployment", Review of Economic Studies, 61, 397-415.

Mortensen, D. T. and C. A. Pissarides (1998) "Technological Progress, Job Creation, and Job Destruction", Review of Economic Dynamics, 1, 733-753.

Nordhaus, W. D. (2015) "Are We Approaching an Economic Singularity? Information Technology and the Future of Economic Growth", NBER working paper, No. 21547.

Pissarides, C. A., Vallanti, G. (2007) "The Impact of TFP Growth on Steady-State Unemployment", International Economic Review, 48, 607-640.

Postel-Vinay, F. (2002) "The dynamics of technological unemployment", International Economic Review, 43, 737-760.

第十一章　工作时间对生活满意度的影响
——从人工智能利用方案的角度讨论

鹤见哲也　今氏笃志　马奈木俊介

一、日本的工作与生活平衡

关于人工智能对劳动的影响，Frey 和 Osborne（2013）表示，即便人类认为机器至今仍替代不了非常规性工作，今后也有可能被机器取代；此外，他们还指出，大约 47%的美国职业在未来 10~20 年被自动化的可能性超过 70%。基于这项研究，人们就人工智能和物联网对劳动的影响进行了众多讨论①。关于劳动自动化是创造工作岗位还是剥夺工作岗位的问题，大部分研究认为，由于机械化，虽然有工作岗位减少的工种，但也有工作岗位增加的工种，因此总体上来看，工作岗位将向增加的方向变化（OECD，2016）。对于那些容易被机器取代的工种，一般情况下都认为是一些常规性工作，当然，其中也存在一些医生或者金融机构的工作被部分自动化取代等（Stewart，2015），而关于哪些职业容易被机器取代的争论仍在持续。

可以说，如上所述的关于工作内容改变的讨论与关于工作时间的讨论紧密相关。例如，正如 Lorenz 等（2015）指出的，随着自动化生产效率的提高，简单工作的效率化、人员配置的优化、工厂管理系统的自动化等，效率的提高可能会减少徒劳的劳动，减少劳动时间。此外，一部分工作换成机器可以减少每个人的工作量，由此也可以减少加班。换句话说，工作与生活的平衡可能也会受到影

---

① 岩本、波多野 2017 年的研究详细介绍了先前的研究调查。

响。有研究指出雇佣形式也在变化（OECD，2016），已经考虑开发将工作内容细分并分配给工人的系统，劳动者将承担更加简单化的廉价劳动，也有可能导致非正规就业的增加。尽管涉及有关为非正规就业调整工资水平的讨论，但随着女性进入社会，工作方式多样化的重要性也被讨论至今，这也与短时间内分配劳动的工作份额的讨论有关。随着信息通信技术的发展，人们能够在工作场所之外的任意地方进行办公（家中等地方远程办公），在不分性别、工作、家务的情况下，劳动时间和工作单位的流动化会进一步发展（岩本、波多野，2017）。如上所述，工作内容的变化、生产率的提高、雇佣形式的变化，以及劳动时间和工作岗位的流动化，有可能对人们工作生活的平衡产生很大影响。在本章中，我们将着眼于这一点，在人工智能普及到来之前，就人工智能和工作能力平衡的关系进行讨论。当然，在人口下降、出生率下降、人口老龄化的日本，维持劳动力这个话题仍是不可或缺的。

日本目前的工作与生活平衡状况。作为衡量国家富裕程度的新指标，经济合作与发展组织（OECD），以过去庞大的先行论文为基础，将与“更好的生活”相关的要素归纳到 11 个支柱[①]中，制成了更好的生活指数（Better Life Index，BLI）。在 OECD 成员国中，以南非、巴西、俄罗斯等 38 个国家 2016 年的数据为基础制作的 BLI 综合评价排行榜[②]中，日本在 38 个国家中排名第 23。如图 11-1 所示，11 个支柱中日本与 OECD 成员国的平均值相比，评价特别低的是“健康状态”“工作生活平衡”“市民参与治理”，以及“主观幸福”。

本章所关注的“工作生活平衡”中，在“工作与生活”平衡且充实的北欧地区，丹麦 9.1（第 2 位），挪威 8.7（第 4 位），瑞典 8.5（第 6 位），与此相对，日本 5.4（倒数第 4 位），可以看出差距很大。从内容来看，在长时间劳动者（OECD 规定，周工作时间为 50 小时以上为长时间劳动）的比例上，日本是 21.89%（倒数第 4 位），比 OECD 成员国平均的 13.02%还要大，这成了排名下降的主要原因。

那么，究竟哪些日本人的工作生活平衡度差呢？根据 2017 年《男女共同参画白皮书》，如图 11-2 所示，在 30 岁和 40 岁育龄期的男性中，每周工作 60 小时，分别占 14.7%和 15.3%，与其他年龄段相比水平较高。此外，如图 11-3 所示，有 6 岁以下子女的丈夫每天在做家务和育儿上花费的时间为 1 小时 7 分钟，是发达国家中最低的水平，而妻子则为 7 小时 41 分钟，在发达国家中相对较长。

---

① 11 个支柱包括收入和资产、工作和报酬、居住、健康状态、工作生活水平、教育和技能、社会联系、公众参与和治理、环境质量、生活安全、主观幸福。这些支柱中，包括 24 个指标。

② 针对 24 个指标的评价对象，以各国排行榜为基础，各指标以最高国家为 10，在 0~10 进行评价，计算出各柱的平均值。综合排名是以 11 个柱子的平均值进行排名的。

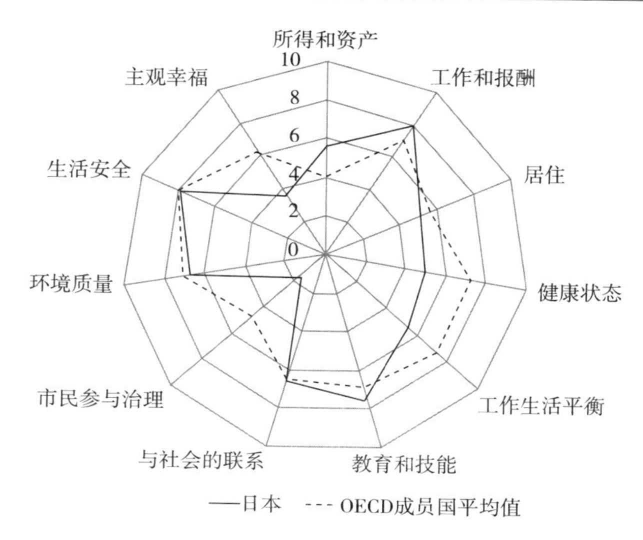

图 11-1　生活水平指标各方面的得分

资料来源：作者整理。

但是，女性就业人数 1985 年为 2304 万人，而 2016 年为 2754 万人，30 年增加 450 万人，随着女性进入社会，双职工家庭增加（见图 11-4）[①]。可以说，随着社会的进步，人们在工作与家庭之间的平衡状况正在发生变化。

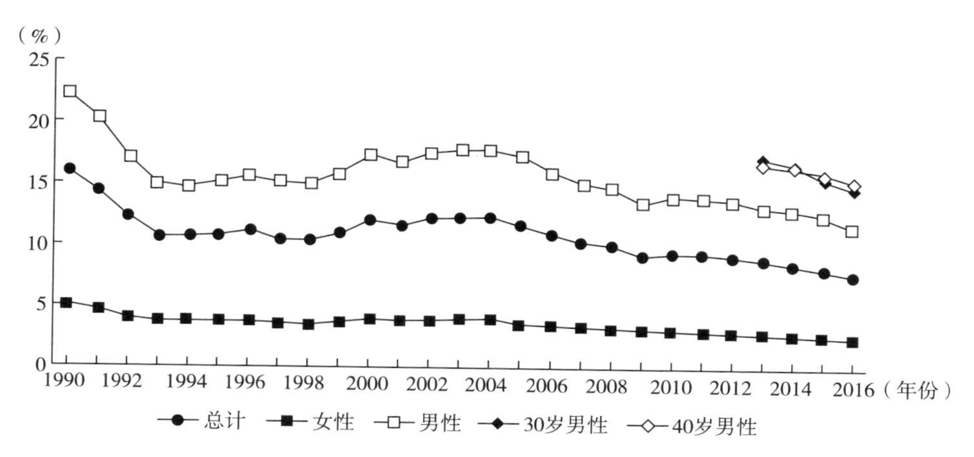

图 11-2　周劳动时间 60 小时以上的劳动者比例

资料来源：《男女共同参画白皮书》（2017）。

① 1980 年的男性雇佣者和专职主妇家庭为 1114 万户，双职工家庭为 614 万户，而 2016 年的男性雇佣者和专职主妇家庭为 664 万户，双职工家庭为 1129 万户。

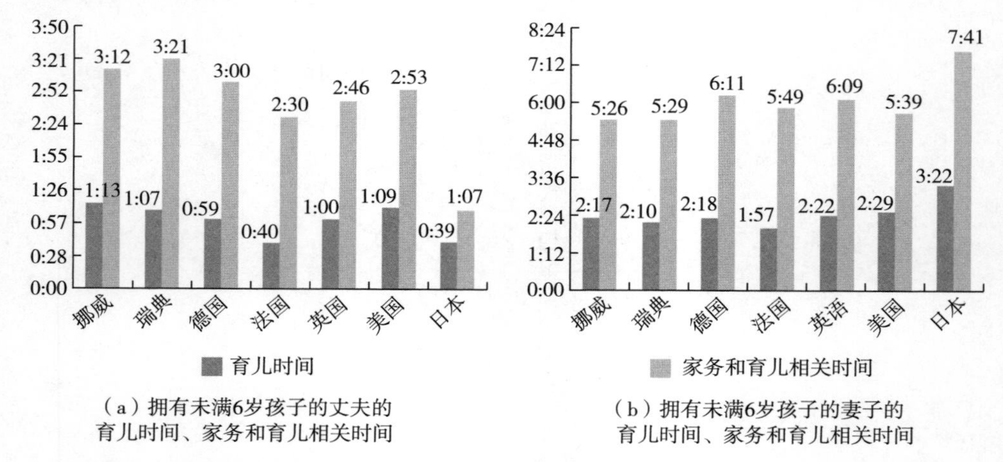

图 11-3 拥有未满 6 岁孩子的父母的家务、育儿相关时间（每日·国际比较）

资料来源：《男女共同参画白皮书》（2017）。

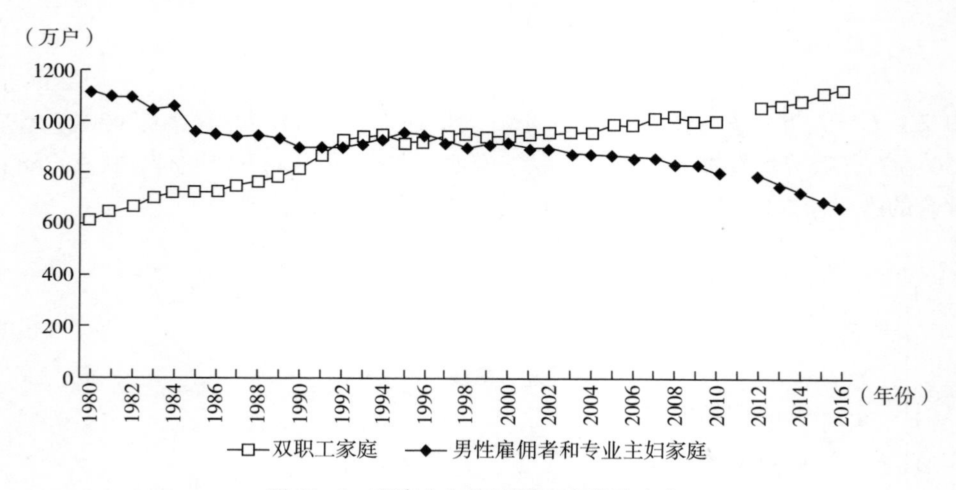

图 11-4 家庭主妇和双职工家庭的变化

资料来源：《男女共同参画白皮书》（2017）。

此外，如图 11-5 所示，目前雇佣人数的增加主要是因为非正式员工的增加形成的。特别是在女性中这种倾向尤为明显，从图 11-6 所示的女性劳动比例的推移也可以看出这一点。也就是说，1985 年 25~29 岁、30~34 岁、35~39 岁的女性劳动率较低，可以说这一代女性经历着结婚、生子、育儿等生活阶段，有离开劳动力市场的倾向。但可以看出，近年来女性参与劳动的比例呈逐年上升趋势。在女性劳动率变化的背景下，作为非正规劳动者的劳动需求发生了变化，劳动时间的限制少，能够灵活工作的非正规劳动者，主要是选择兼职的女性劳动者

的增加带来的，这是“M”形曲线得到改善的主要原因。多样的工作方式可能会影响人们的生活满意度，为了实现“一亿总活跃社会”的政府目标，有必要从劳动和幸福的观点来分析现状。

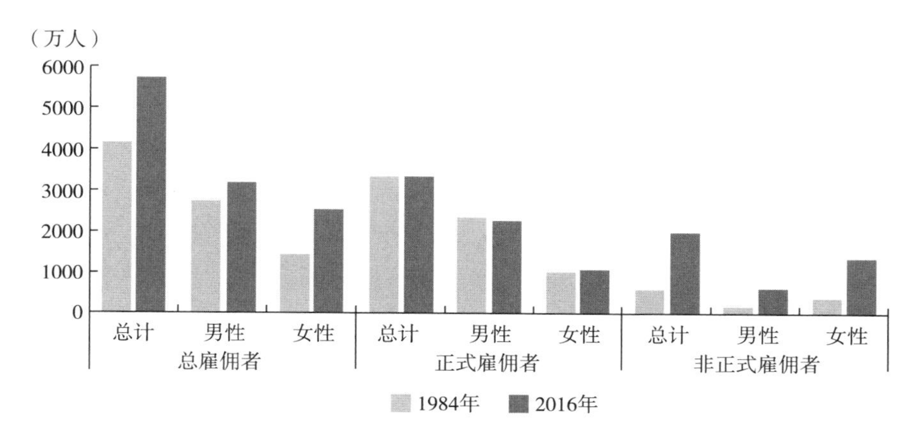

图 11-5　各雇佣形式的雇佣人数

资料来源：作者整理。

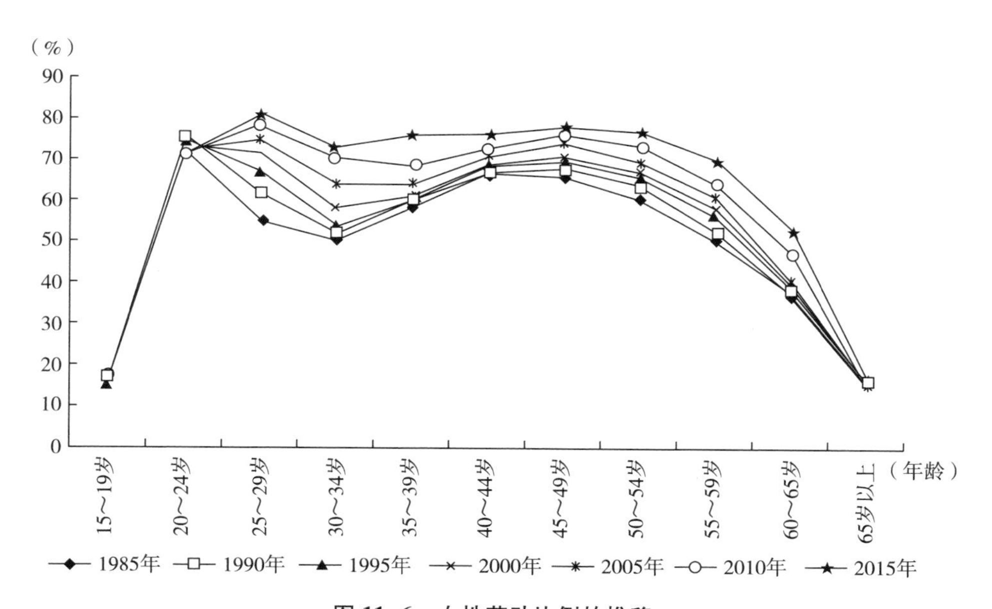

图 11-6　女性劳动比例的推移

资料来源：作者整理。

如图 11-7 所示，近年来由于双休日制度的普及等，平均实际劳动时间有减少的倾向，但是规定外的劳动时间，也就是所谓的加班时间几乎保持不变，这一点需要注意。由于女性劳动参与率的变化，劳动人口增加导致了劳动时间减少，但加班时间并没有减少，对于女性和男性而言，育儿和家务很难兼顾。在本章中，我们使用了只在日本进行的大规模问卷调查的数据，并按性别、未婚/已婚、双收入（双职工）、就业类型（正式员工、非正式员工、兼职等）和行业等进行了分类。对于每个样本，阐明了其工作时间与生活满意度之间的关系。特别是从生活满意度的角度研究劳动分配，并考虑采取不降低生活满意度的方式维持日本劳动力的措施。

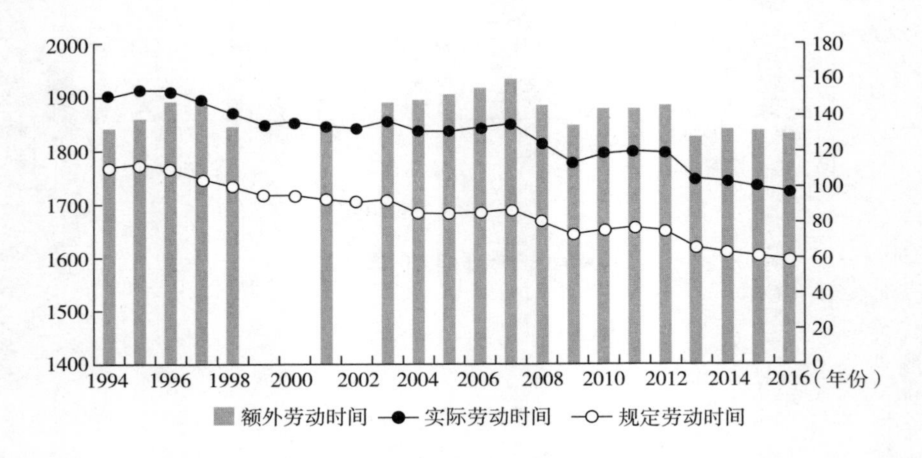

图 11-7　年总实际工作时间的推移（包括兼职）

注：左轴为实际工作时间及规定内工作时间，右轴为规定外工作时间。

资料来源：作者整理。

对于劳动的分配，可以考虑基于多种工作方式的工作共享方式。但是，本章还将在工作共享的基础上讨论活用人工智能来改善劳动环境的方法。与工作共享类似，人与机器可能会划分其工作，即使用人工智能减少不必要工作，或者利用人工智能提高生产率的工作。我们希望根据本章的分析结果来考虑减少时间等措施。

二、劳动的非货币效应

根据新古典经济学理论，效用包括消费和休闲。根据这一理论，劳动增加了消费可以增加收入，而增加工作时间则减少了闲暇时间。因此，人们决定劳动

（收入）和休闲之间的平衡，以便最大限度地发挥效用。但是，许多实证研究表明，劳动力可能会产生除收入以外的其他影响。例如，Maennig 和 Wilhelm（2012）使用德国面板数据进行了分析，甚至考虑收入对生活满意度的影响，研究表明“失业者成为雇员”能够显著影响生活满意度。此外，德国以此为研究对象进行的其他研究（Gerlach and Stephan，1996；Winkelmann and Winkelmann，1998；Clark，2001；Clark et al.，2008；Kassenboehmer and Haisken - DeNew，2009；Winkelmann，2009；Knabe et al.，2010；Knabe and Rätzel，2011）也得出了同样的结果。在德国以外的国家，以瑞士（Frey and Stutzer，2000）和澳大利亚（Carroll，2007）为对象的研究也得出了同样的结果，表明劳动不仅对生活满意度有货币效应（收入），还可能存在非货币效应。

被认为与劳动的非货币效应相对应的因素可以分为正面效应和负面效应。此外，积极影响可分为两类：工作内容和工作场所的人际关系。具体研究如下所示：Andersson（2008）利用瑞典的面板数据，发现自营业者在工作中拥有自由裁量权，可以无上下关系地控制劳动时间，因此生活满意度和工作满意度较高[①]。但是，应该指出的是，自雇人士往往要长时间工作，他们对工作负有重大责任，因此更容易感到工作压力和心理健康问题。Grün 等（2010）还发现，在良好的职场环境（工作自由裁夺的权利、适度的员工教育、有加薪）下工作的人和职场环境不好的人相比，前者的生活满意度明显较高。与这项研究相似，Coad 和 Binder（2014）发现，工作自由度对工作满意度和生活满意度有着明显的积极影响。Johnnston 和 Lee（2013）发现晋升会对雇佣的稳定性、工资的公平性、工作满意度产生短期影响[②]。

消极效果可以分为健康问题和家庭问题。Artazcoz 等（2009）的研究结果表明，每周工作时间为 51~60 小时的男性与 30~40 小时的男性相比，精神健康存在问题，高血压、吸烟率高、运动和睡眠时间容易不足。Park 等（2010）发现一周工作时间 60 小时以上的男性和工作时间 40 小时以下的男性相比，压力更大。另外，Virtanen 等（2010）表示，每天加班 3~4 小时的人患冠状动脉性心脏病的风险很高，Cheng 等（2014）表示每周工作时间 60 小时以上的人和工作时间 40~48 小时的人相比，患冠状动脉性心脏病的风险也很高。此外，Virtanen 等（2012）表示，一天工作时间在 11 小时以上的人与工作时间为 7~8 小时的人相

① 此外，Binder 和 Coad（2013）发现，从雇员转变为自雇者的就业模式对生活满意度具有统计学上显著的积极影响，Millán 等（2013）发现，即使考虑收入和工作时间的影响，自雇人士对工作内容的满意度也要比对雇员的满意度高得多。

② 除此之外，CorneliBen（2009）还发现了雇佣的稳定性、与上司和同事的关系、工作内容的多样性对工作满意度有显著影响，Geishecker（2012）表示，就业不稳定的人对生活满意度显著降低。

比，精神健康指数较低。除此之外，Adkins 和 Premieaux（2012）在以美国为对象的研究中，发现长时间劳动会增加夫妻间关于工作和家庭问题的冲突频率。以日本为对象的研究中，黑田、山本（2014）通过使用面板数据证实了长时间劳动是导致心理健康恶化的主要原因，表示服务加班等没有金钱价值的长时间劳动会对心理健康产生较大的负面影响。此外，岛津（2011，2013）表示，在工作和家庭关系中，夫妻一方的压力会影响对方的压力，而另一方的工作活力也会影响对方的活力。

以上先行研究指出，劳动的非货币效应同时具有积极效果和消极效果，这些效果可能包括工作内容、职场人际关系、家庭问题、身体和精神健康问题等因素。研究还表明，长时间工作可能造成负面影响，包括家庭问题以及身心健康问题。但是，从生活满意度的观点来看，关于具体什么样的人在什么样的劳动时间中有着怎样的非货币效应的研究较少。Rätzel（2012）使用德国的面板数据，研究显示，工作对生活满意度的积极影响最大的是男性，大约为 7.5 小时，女性大约为 4 小时[①]，之后将减少。本章通过使用日本的大规模问卷数据，在更详细的分析基础上进行验证。此外，为了考虑工作时间和生活满意度的非线性，以不设函数形式的假设进行推算，具有独立性，该分析将对每个工作小时内不同的非货币效应提供更详细的信息。

三、基于数据的推算方法

本书为了分析工作时间和生活满意度之间的关系，使用了 2015 年 12 月进行的网络调查数据。调查对象是日本全部的正式职员、合同派遣职员、临时工、经营者、个体经营者、公务员和专业职员等工作人员，回答者为 121514 人，除去缺损值和回答不当者，本书使用的样本为 96602 人。表 11-1 是用于分析的数据概要，表 11-2 是用于分析的基本统计量。

年龄是受访者的实际年龄，性别假设是“男性为 1，女性为 0”的虚拟变量，婚姻状况是“已婚者为 1，其他为 0”的虚拟变量。性格有表示个人性格特性的大五人格（Big Five）。大五人格（Big Five）包含外向性、协调性、神经病倾向、勤勉性、开放性，分别进行 2 个问题，平均得分（1~5 分）越高的人，性格特性越强。受访者的行业假设对象包括农林水产业，矿业，建造业，制造业，电力、

① 女性样本的系数在统计上没有发现有意义的结果。

煤气、供热、供水业，信息通信业，运输业，邮政业，批发业，零售业，金融业，保险业，不动产业，物品租赁业，学术研究、专业、服务业，住宿业、饮食服务业，生活相关服务业、娱乐业，教育与学习支援事业，医疗与福利，复合服务业，其他服务业，公务员等，其中将每一个虚拟变量都设为1。与父母同居的虚设变量，如果回答者与配偶的父母同住则为1，如果不同住则为0。双职工虚拟变量是指如果配偶是全职雇员，则将其设为1，其他变量设为0。回答者的就业形态假设是将正式职员、合同派遣员工、临时工、经营者和自营者的虚拟变量全部设定为1。都道府县虚拟变量是以回答者居住的各县为1的虚拟变量。工作时间表示回答者在过去1个月内平均每天的工作时间，是回答者从0~12小时中选择接近的工作时间的数据。

表 11-1　数据概要

变量	数据的定义
生活满意度	问题：您对自己的整个生活有多满意？5个级别（0~1），其中1表示“完全不满意”，5表示“非常满意”（将最小值标准化为0，将最大值标准化为1）
年龄	回答者的年龄
男性虚拟变量	男性为1，女性为0的虚拟变量
已婚虚拟变量	已婚者为1，未婚者为0的虚拟变量
外向性	问题：您认为以下词语适用于您吗？ ·积极而善交际的，“我一点也不这么认为”为1，“我非常认同”为5（1~5） ·内向和安静的，“我一点也不这么认为”为5，“我非常认同”为1（1~5）
协调性	问题：您认为以下词语适用于您吗？ ·容易引起争议、纠纷，“我一点也不这么认为”为5，“我非常认同”为1（1~5） ·关心他人，温暖他人，“我一点也不这么认为”为1，“我非常认同”为5（1~5）
神经病倾向	问题：您认为以下词语适用于您吗？ ·容易担心、惊慌，“我一点也不这么认为”为1，“我非常认同”为5（1~5） ·冷静、情绪稳定，“我一点也不这么认为”为5，“我非常认同”为1（1~5）
勤勉性	问题：您认为以下词语适用于您吗？ ·对自己严格要求，“我一点也不这么认为”为1，“我非常认同”为5（1~5） ·散漫、对学习工作等不在意，“我一点也不这么认为”为5，“我非常认同”为1（1~5）
开放性	问题：您认为以下词语适用于您吗？ ·喜欢新事物并且有不同的想法，“我一点也不这么认为”为1，“我非常认同”为5（1~5） ·平凡、缺乏创新，“我一点也不这么认为”为5，“我非常认同”为1（1~5）

续表

变量	数据的定义
回答者年收入	回答者的年收入
配偶年收入	回答者配偶的年收入
回答者的行业假设	行业：农林水产业，矿业，建造业，制造业，电力、煤气、供热、供水业，信息通信业，运输业，邮政业，批发业，零售业，金融业，保险业，不动产业，物品租赁业，学术研究、专业、服务业，住宿业、饮食服务业，生活相关服务业、娱乐业，教育与学习支援事业，医疗与福利，复合服务业，其他服务业，公务员等，其中将其每一个虚拟变量都设为1
与父母同居的虚拟变量	回答者与配偶的父母同住设为1，如果不同住则设为0
双职工的虚拟变量	配偶是全职雇员设为1，其他设为0
回答者的就业形势虚拟变量	将正式职员，合同派遣员工，临时工，经营者、自营者的虚拟变量全部设定为1
劳动时间	回答者在过去1个月内平均每天的工作时间

表 11-2 基本统计量（全样本）

变量	样本数	平均值	标准偏差	最小值	最大值
生活满意度	96.602	0.602	0.243	0	1
劳动时间（小时）	96.602	7.989	2.468	0	12
年龄	96.602	47.088	9.948	15	87
男性虚拟变量	96.602	0.698	0.459	0	1
已婚虚拟变量	96.602	0.647	0.478	0	1
性格（外向性）	96.602	2.908	0.861	1	5
性格（协调性）	96.602	3.495	0.667	1	5
性格（神经病倾向）	96.602	2.981	0.753	1	5
性格（勤勉性）	96.602	3.156	0.771	1	5
性格（开放性）	96.602	3.038	0.724	1	5
回答者年收入（日元）	96.602	5244.838	3728.587	1	20000.000
配偶年收入（日元）	96.602	1683.004	2848.402	1	20000.000
业种（农林水产业、矿业）	96.602	0.007	0.086	0	1
业种（建造业）	96.602	0.065	0.246	0	1
业种（制造业）	96.602	0.199	0.399	0	1
业种（电力、煤气、供热、供水业）	96.602	0.013	0.112	0	1
业种（信息通信业）	96.602	0.080	0.272	0	1
业种（批发业、零售业）	96.602	0.110	0.313	0	1

续表

变量	样本数	平均值	标准偏差	最小值	最大值
业种（金融业、保险业）	96.602	0.040	0.196	0	1
业种（不动产业、物品租赁业）	96.602	0.028	0.165	0	1
业种（学术研究、专业、服务业）	96.602	0.032	0.175	0	1
业种（住宿业、饮食服务业）	96.602	0.029	0.166	0	1
业种（生活相关服务业、娱乐业）	96.602	0.028	0.165	0	1
业种（教育与学习支援事业）	96.602	0.057	0.231	0	1
业种（医疗与福利）	96.602	0.085	0.278	0	1
业种（复合服务业）	96.602	0.004	0.064	0	1
业种（其他服务业）	96.602	0.086	0.280	0	1
业种（运输业、邮政业）	96.602	0.045	0.208	0	1
业种（公务员）	96.602	0.062	0.241	0	1
就业形式（正式职员虚拟变量）	96.602	0.537	0.499	0	1
就业形式（合同、派遣员工虚拟变量）	96.602	0.025	0.156	0	1
就业形式（临时工虚拟变量）	96.602	0.138	0.345	0	1
就业形式（经营者、自营者虚拟变量）	96.602	0.036	0.186	0	1
就业形式（公务员虚拟变量）	96.602	0.062	0.241	0	1
就业形式（专门职务虚拟变量）	96.602	0.032	0.175	0	1
与父母同住虚拟变量	96.602	0.232	0.422	0	1
双职工虚拟变量	96.602	0.171	0.376	0	1

在这项研究中，为了验证劳动时间和生活满意度的关系，使用广义加法模式。生活满意度作为被解释变量，解释变量中仅将劳动时间作为非参数变量进行处理分析。关于其他解释变量，设为参数变量。具体的推算模型见式（11-1）。

$$LS_i = \alpha_1 + f(work_i) + \sum_i \beta_l X_i + \sum_m \beta_m Y_i + \sum_n \beta_n Z_i + \varepsilon \quad (11-1)$$

式中，LS_i 表示个人 i 的生活满足度。$work_i$ 表示个人 i 过去一个月内一天的平均劳动时间。X_i 表示个人 i 的性格特性（外向性、协调性、勤奋性、神经病倾向、开放性）[①]。Y_i 表示个人 i 的社会人口统计的变量，包括年龄、年龄的平方、

① 在幸福度研究的先行研究中，已经采用了控制性格特性的方法，作为在不能使用面板数据的情况下去除个人固定效果的第二佳方法。对于主观的问卷项目是采取积极的态度，还是采取消极的态度等，期待能够控制回答的偏差。

男性虚拟变量、已婚虚拟变量、回答者和回答者的配偶的年收入。Z_i 指其他的控制变量，包含个人 i 居住地的地理特性（都道府县虚拟变量，以北海道为基准）、就业形式（以“正式员工、派遣员工、合同工、临时工、经营者、自营者、专业职务、公务员”为虚拟变量，并以正式员工为基准）、行业种类（以“建筑业，制造业，电力、煤气、供热、供水业，信息通信业，运输业、邮政业，批发零售业，金融业、保险业，房地产业、租赁业，住宿业、餐饮业，生活服务业、娱乐业，教育与学习支援事业，医疗与福利学术研究、专业技术服务业，综合服务业，其他服务业，公务员”为虚拟变量，并以公务员为基准）、双职工（配偶为正式社员的情况下，双值虚拟变量为 1，其他情况下虚拟变量为 0）、与父母同住（与父母同住时的虚拟变量为 1，未同住时为 0）。α_i 和 ε_i 是常数项和误差项。

此外，如前文所述，劳动时间对生活满意度的影响，除了收入带来的影响之外，还可能存在由于业余时间减少而产生的消极影响以及通过工作获得的积极影响（工作价值等）。为了验证这一点，本书除了在控制变量中包含回答者和配偶所得的回归式之外，还对控制变量中不包含回答者和配偶收入的回归式进行了分析。前者是除去所得影响的劳动时间的影响，后者是包含收入影响的劳动时间的影响。如前文所述，在先行研究中，前者的劳动时间效应被称为非金钱效应，后者的劳动时间效应被称为综合效应。本书也将验证非金钱效应和综合效应。

在本书中，除了根据式（11-1）使用所有样本进行估算外，还按属性对每个样本的就业类型和行业问题进行了估算。具体来说，基于样本的估算是针对男性、女性、婚姻状况、他们是否一起工作、年龄、收入水平、就业状况、行业进行的。分类方法如下：婚姻状况适用于已婚人士和其他人，是否共同工作适用于已婚人士，并且当配偶是正式社员的情况。这一代人的年龄分别为 20 多岁、30 多岁、40 多岁、50 多岁、60 多岁或以上。收入水平是指被访者的个人收入少于 400 万日元、400 万日元及以上且小于 600 万日元、600 万日元及以上且小于 850 万日元，以及 850 万日元及以上。就业形式为正式员工、派遣合同工、兼职打工者、经营者和个体经营。产业是第一产业（农林水产业、矿业）、第二产业、第三产业。行业种类是建造业，制造业，电力、煤气、供热、供水业，信息通信业，运输业，邮政业，批发业，零售业，金融业，保险业，不动产业，物品租赁业，学术研究、专业、服务业，住宿业、饮食服务业，生活相关服务业、娱乐业，教育与学习支援事业，医疗与福利，复合服务业，其他服务业，公务员[①]。

---

① 关于“农林水产业、矿业”，第一产业的分类显示了推算结果。

四、工作时间和生活满意度的关联性

1. 基于全部样本的推算结果

图 11-8 表示所有样本的推算结果，图 11-9 至图 11-16 表示各个样本的推算结果（章末）。各图如前文所述，显示了包括收入影响在内的劳动时间效果（综合效果）和排除收入影响的劳动时间效果（非金钱效果）两者的函数形式。纵轴表示对生活满足度的影响的大小，纵轴的 0 表示样本平均的影响。估算结果还显示了 95%的置信区间。此外，半参数回归中控制变量参数的推算结果，与先行研究中得到的倾向相同。

图 11-8 是所有样本的分析结果。收入也被考虑在内的综合效果的图表虽然在 10 个半小时内保持样本平均以上的生活满意度，但是除去收入的影响的非金钱效果在 8 个半小时左右成为平均以下的生活满意度。由此可以看出，如果考虑收入的话，长时间工作会使生活满意度高于平均值，但是除去收入的影响，8 个半小时左右就会达到平均以下的生活满意度。此外，两种效果的特点是生活满意度从 8 小时左右开始逐渐下降，从 10 小时左右急剧下降。

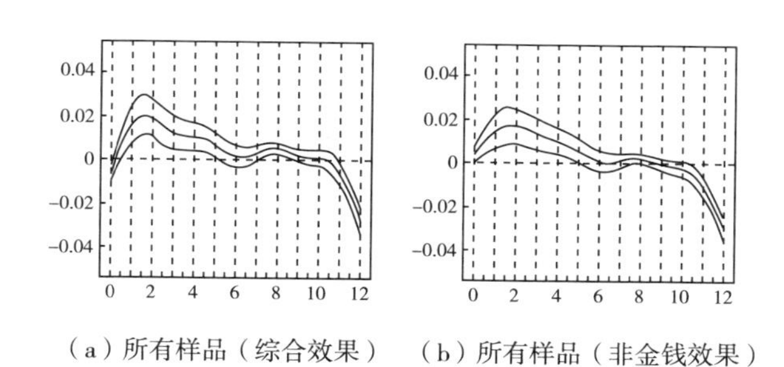

（a）所有样品（综合效果）　（b）所有样品（非金钱效果）

图 11-8　分析结果（所有样本）

注：图表的横轴表示工作日 1 天的劳动时间，纵轴表示生活满意度。纵轴 0 表示生活满意度的样品平均值。上下曲线表示 95%的置信区间，下同。

资料来源：作者整理。

2. 男女分开推算的结果

图 11-9 是男女分开的分析结果。男性样本中包含收入影响的综合效果在 11

小时左右保持平均以上的生活满意度，11 小时以上达到平均以下。除去收入影响的非金钱效果是 10 小时以上平均以下的生活满意度。但是，在综合效果中，4 小时左右一度达到平均以下的生活满意度，并且两种效果都以 5.5 小时左右为底，每 7.5 小时左右出现下一个峰值。一方面，和所有样本一样，两个效果的特点是生活满意度从 8 小时左右开始逐渐下降，从 10 小时左右急剧下降。另一方面，包括收入影响在内的综合效果在 7 小时左右达到平均以下的生活满意度，除去收入影响的非金钱效果在 6 小时以上达到平均以下的生活满意度。由此可见，女性与男性相比，长时间劳动的负荷更大。女性样本中，包括收入影响在内的综合效果在 3 小时左右达到生活满意度峰值，但非金钱效果没有峰值，可以说是一直减少。这意味着女性如果除去收入的影响，工作时间越长，生活满意度越低。对于男性来说，8 小时左右有一座小的“第二座山峰（生活满意度提高的时间）”，当然也有收入的影响，但在非金钱效果方面，这个时间段生活满意度也会有所上升。这意味着在 8 小时左右的工作内容中，有可能获得工作价值这样积极的工作满意度。但是，由于这“两座山峰”在综合效果和非金钱效果上都看不到，所以考虑女性在这附近的劳动时间里是否能感受工作的价值，以及在家务和育儿两方面都很难兼顾的情况下，有可能找不到“第二座山峰”，在此就发生了性别差异。

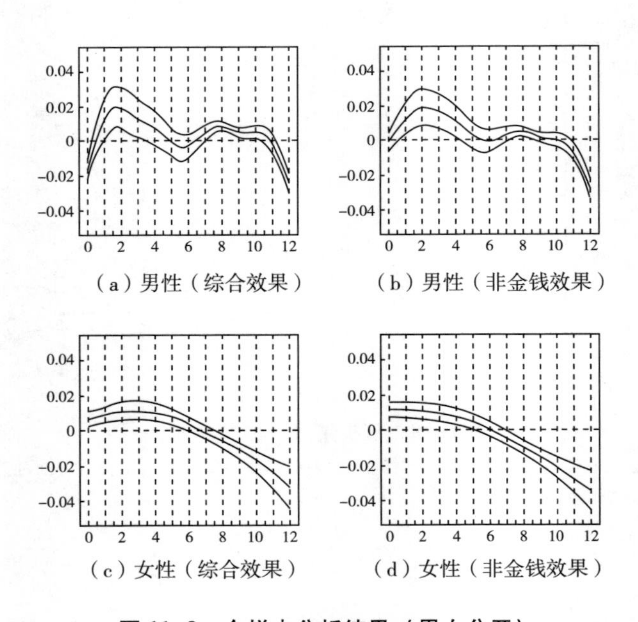

图 11-9　个样本分析结果（男女分开）

注：同图 11-8。

资料来源：作者整理。

3. 按婚姻状况估算的结果

图 11-10 是根据婚姻状况的分析结果。对于已婚者来说，长时间劳动降低生活满意度的时间在 8 小时以后变得显著，与整体样本相比，短时间的劳动时间起初会降低生活满意度，这可能暗示了在工作和家庭两方面难以兼顾的现状。对于未婚者来说，长时间工作的生活满足度很难低于平均值，而且不仅综合效果，即使是非金钱效果，10 小时左右也会有“第二座山峰”，这表明工作的价值和收入在这个时间段内有正作用。此外，还特别指出，“第二座山峰”的生活满意度高于其他样本的“第二座山峰”，但是 11 小时以后的生活满意度在平均值以下，这一点需要注意。

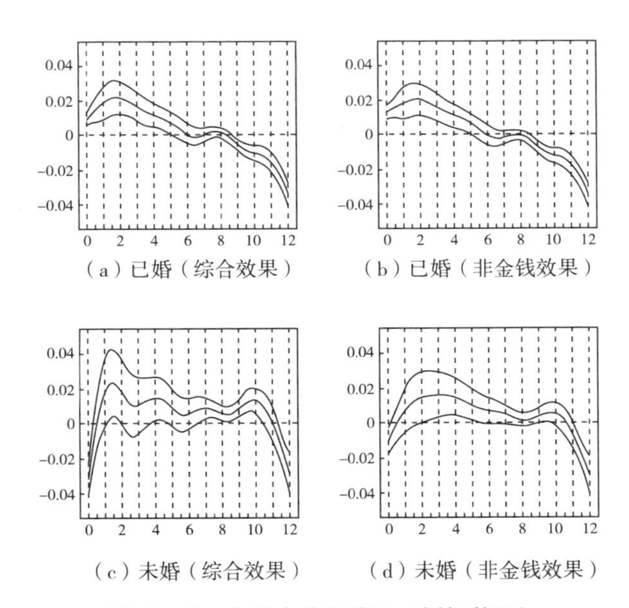

图 11-10　个样本分析结果（婚姻状况）

注：同图 11-8。

资料来源：作者整理。

图 11-11 显示了已婚人士基于样本的分析结果，区分了双职工和单职工的家庭，可以看出已婚（双职工）在 9 小时后生活满意度会下降。对于已婚者（单职工）来说，“第二座山峰”不如未婚者清晰，但可以从总体效果上看“第二座山峰”，生活满意度低于平均水平的工作时间为 11 小时。非金钱效应为 10 小时，这表明与长时间工作相比，即使长时间工作，生活满意度也不太可能下降。但是，单职工的情况下，11 小时以后生活满意度也有急剧下降的倾向。

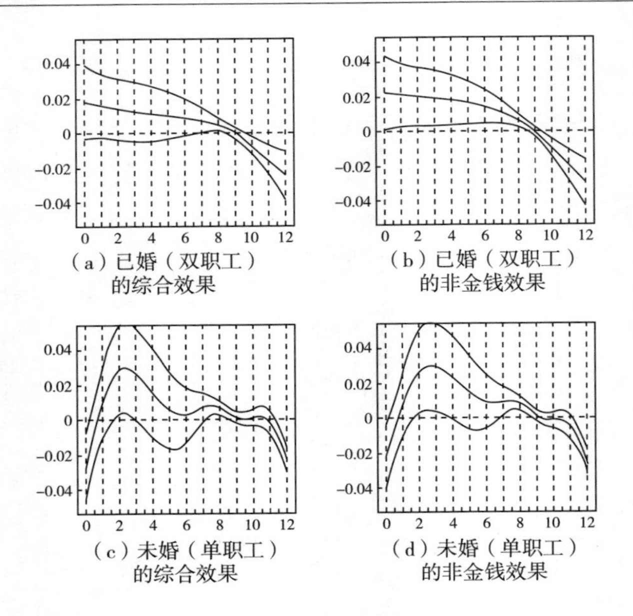

图 11-11　分析结果（双职工和单职工）

注：同图 11-8。

资料来源：作者整理。

4. 年龄段及所得分类推算结果

图 11-12 是各年龄段的分析结果。20~29 岁的人兼职和非正式员工的比例比较高，但是 5 小时左右就能达到生活满意度的顶峰。生活满意度在平均值以下的劳动时间，综合效果和非金钱效果都在 9 小时以后。30~39 岁的人总体上工作时间和生活满意度的关系性很弱。40~49 岁的人“第一座山峰”是 3 小时左右，“第二座山峰”是 10 小时左右。此外，生活满意度低于平均值的劳动时间综合效果为 11 小时，非金钱效果为 10.5 小时，可以推测是育儿告一段落的原因。即使在 50~59 岁的人中也发现了和 40~49 岁的人同样的结果，但是“第一座山峰”是 2 小时，“第二座山峰”是 9 小时左右，和 40~49 岁的人相比，峰值早 1 小时。60~69 岁的人也发现了“两座山峰”，但是峰值更小，特别是“第二座山峰”大约 8 小时。60~69 岁的人在长时间劳动的情况下，整体生活满意度处于较低的水平（平均值以下）。

图 11-13 是所得分析结果。个人收入不满 400 万日元的样本，8 小时左右生活满意度就在平均值以下，虽说没有“第二座山峰”，但也有可能对工作内容不满意。个人所得 400 万日元及以上且不足 600 万日元的“第二座山峰”也无法读取，9 小时左右的生活满意度在平均值以下。个人所得 600 万日元及以上不足 850

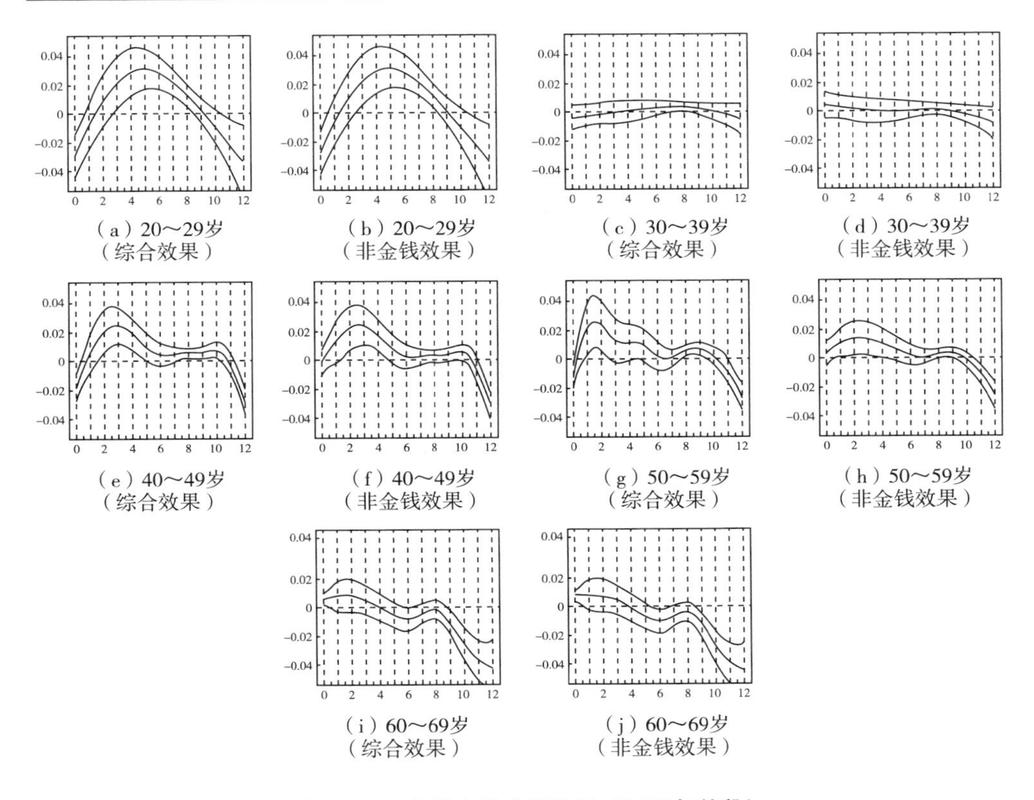

(a) 20～29岁（综合效果） (b) 20～29岁（非金钱效果） (c) 30～39岁（综合效果） (d) 30～39岁（非金钱效果）

(e) 40～49岁（综合效果） (f) 40～49岁（非金钱效果） (g) 50～59岁（综合效果） (h) 50～59岁（非金钱效果）

(i) 60～69岁（综合效果） (j) 60～69岁（非金钱效果）

图 11-12　个样本的分析结果（不同年龄段）

注：同图 11-8。

资料来源：作者整理。

万日元的情况下，存在“三座山峰”，“第二座山峰” 为 8 小时左右，“第三座山峰” 为 10. 5 小时左右表示在此期间工作满意度可能很高，但是在 11 小时之后，生活满意度迅速下降。个人收入 850 万日元及以上的情况下，5 小时左右达到顶峰，可以说整体上长时间劳动中生活满足度降低的速度较慢。虽然长时间劳动会带来辛苦，但是高收入特有的工作内容的充实是维持生活满意度的背景，与 600 万日元及以上且不足 850 万日元的样本相比，生活满意度低于平均值的劳动时间较短。

5. 按就业、产业、行业类型推算结果

图 11-14 是根据就业形态的分析结果[①]。正式职员在包括收入影响在内的综

① 专业在不同行业的学术研究、专业、技术服务业中展示。

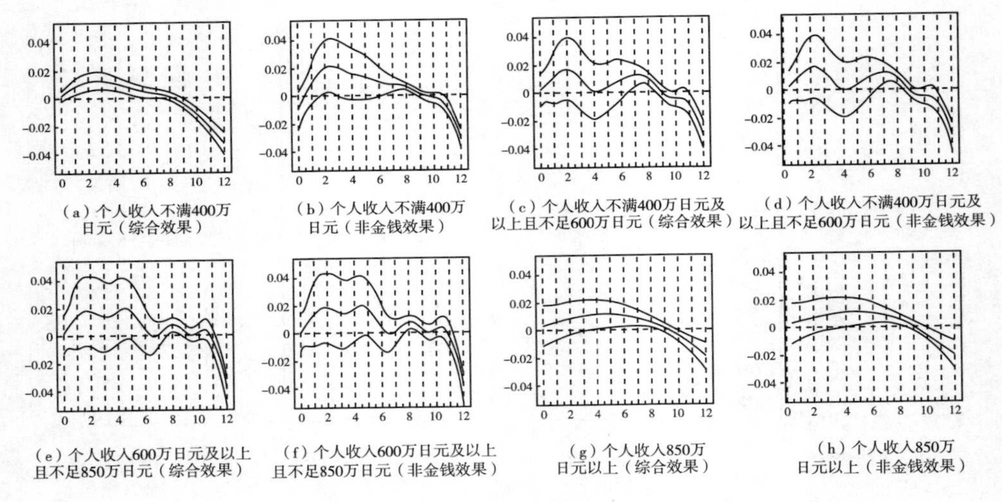

图 11-13 分析结果（按所得水平）

注：同图 11-8。
资料来源：作者整理。

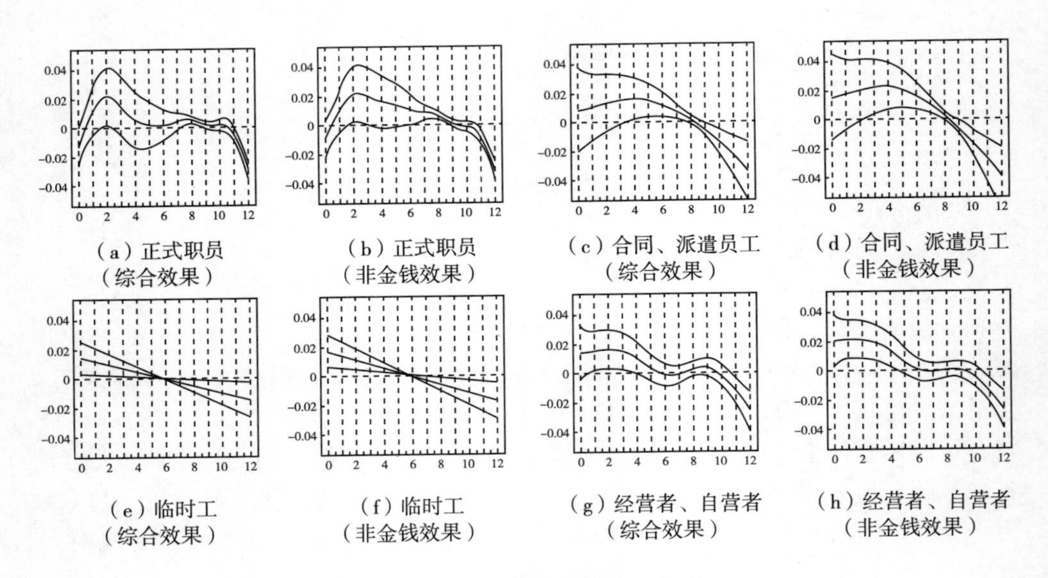

图 11-14 分析结果（按就业类型）

注：同图 11-8。
资料来源：作者整理。

合效果中，7.5 小时左右和 10.5 小时左右就会出现第二个和第三个峰值，但是除去收入影响的非金钱效果中，第二个峰值是不存在的，可以说长时间的工作无法

提高生活满意度。对于生活满意度低于平均值的劳动时间，综合效果为10.5小时左右，非金钱效果为9小时左右。合同、派遣员工在4小时左右达到高峰，之后生活满意度几乎一直下降。临时工是线性的结果，随着劳动时间的增加，可以看出生活满意度下降的倾向，6小时左右的生活满意度低于平均水平。经营者、自营者在包括收入影响在内的综合效果中，第二个峰值在9小时左右。非金钱效果在这个时间段也有维持生活满意度的倾向。经营者、自营者在一定程度上可以兼顾家庭，因为拥有工作的裁量权。

图11-15是各产业的分析结果。第一产业劳动时间和生活满意度的关系很弱。第二产业有两个峰值，第一个峰值为4小时左右，第二个峰值为10小时左右。第三产业没有第二个峰值，表明长时间劳动逐渐减少了生活满意度。

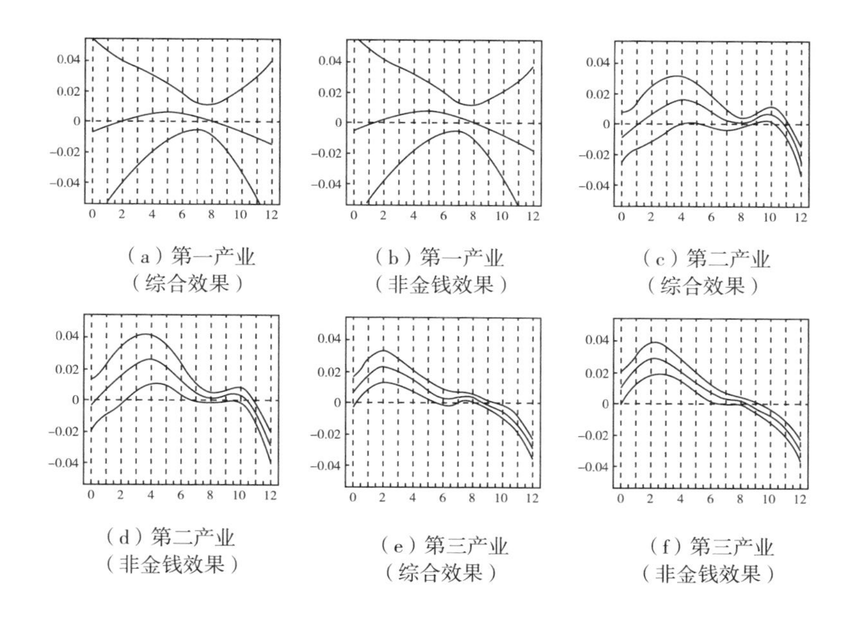

图11-15　分析结果（按产业类型）

注：同图11-8。

资料来源：作者整理。

图11-16是不同行业的分析结果。图表的形式为一直减少（建造业，信息通信业，住宿业，饮食服务业，医疗与福利，复合服务业，生活相关服务业、娱乐业，其他服务业，公务员）；1个峰值（电气、煤气、供热、供水业，运输业、邮政业，批发业、零售业）；2个峰值（制造业，不动产业、物品租赁业，教育与学习支援事业，学术研究、专业、服务业）以及其他（金融业、保险业）。在

许多行业中发现了一直减少的倾向和 8 小时左右的平均生活满意度。此外，公务员和金融业、保险业的劳动时间和生活满意度的关系很弱。应当指出，第二个峰值在教育与学习支援事业中大约需要 9 小时，在制造业和学术研究、专业、服务业中大约需要 10 小时，即这些行业在长时间劳动中对工作的满意度有提高的倾向。基于以上分析结果，下面将探讨利用人工智能的方法。

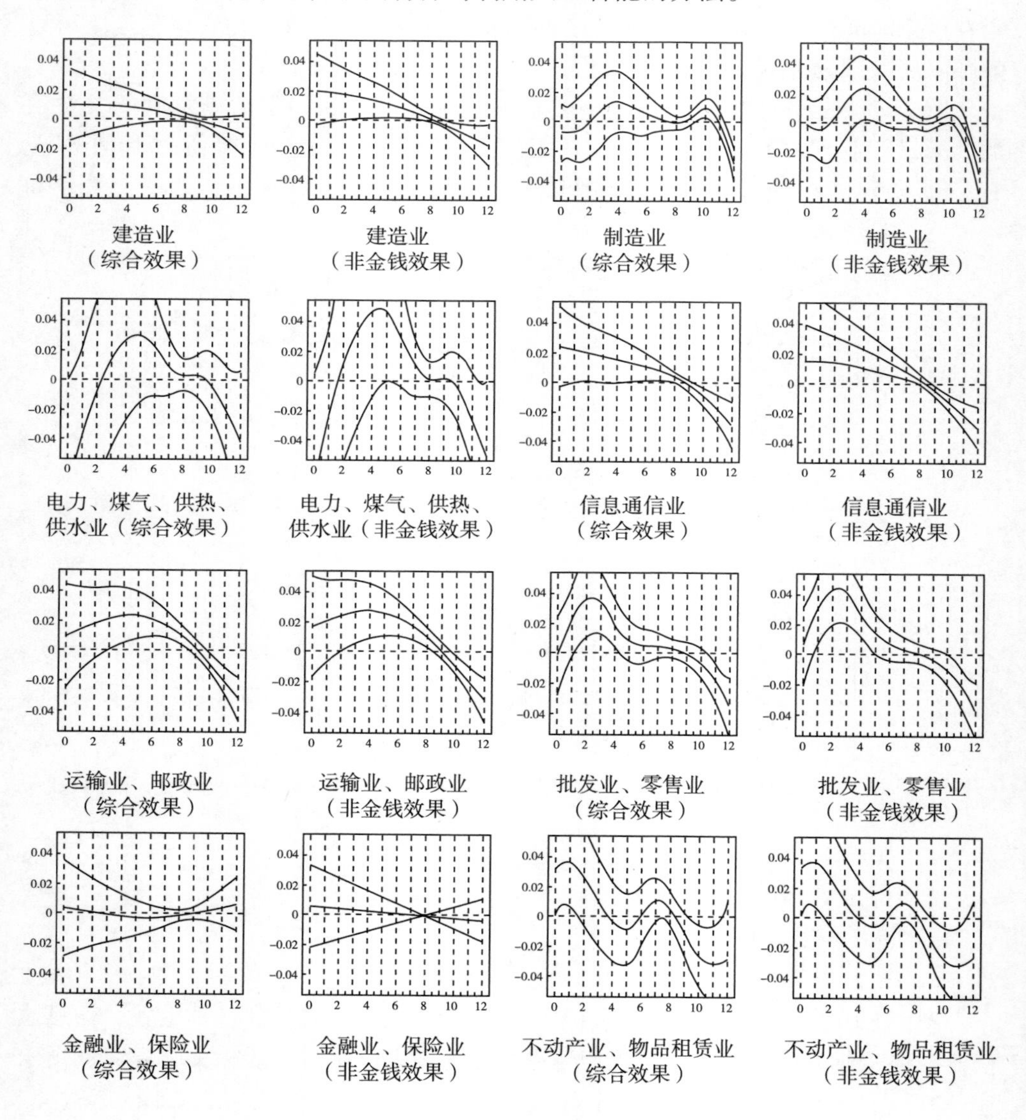

图 11-16　分析结果（不同行业）

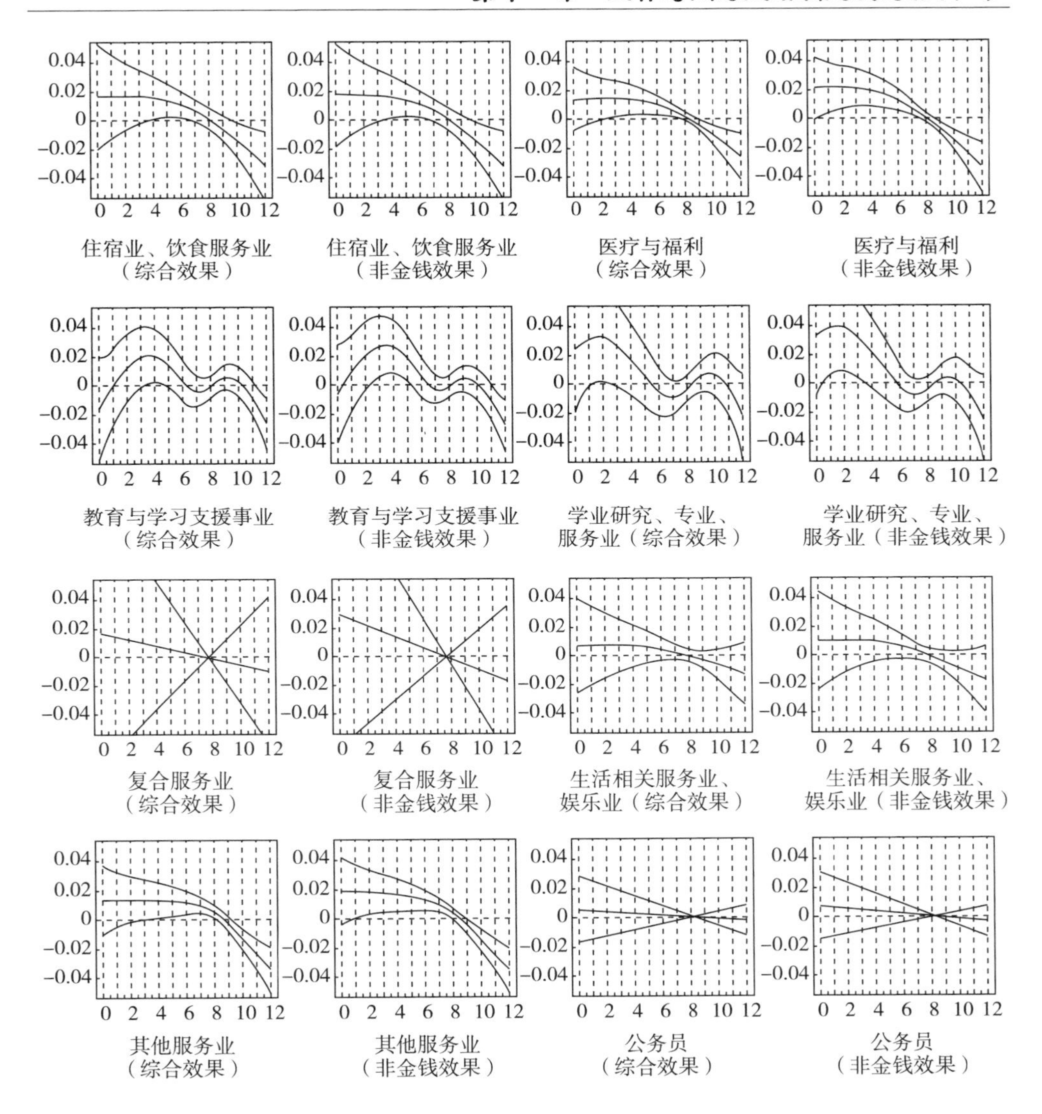

图 11-16　分析结果（不同行业）（续）

注：同图 11-8。

资料来源：作者整理。

五、人工智能的应用方案

1. 长时间劳动纠正和工作共享

根据图 11-8 至图 11-16 所示的分析结果，劳动时间和生活满意度的关系有可能根据性别、年龄、收入水平、雇佣形式、产业、行业而有很大的不同。本章获得的分析结果如何与人工智能的利用联系起来？如前文所述，在人工智能普及的将来，可以考虑活用人工智能来纠正长时间的劳动。此外，随着社会分工的细化，可以根据劳动者的需要来分配工作内容，这一点也与实现短时间劳动相结合的工作共享相关联。为了纠正长时间劳动，实现符合人们需求的工作方式，应活用本书得到的劳动时间和生活满意度的关系。

2. 长时间劳动的纠正

在图 11-8 所示的所有样本中，无论是包括收入影响在内的综合效果，还是非金钱效果，劳动时间超过 10.5 小时后生活满意度都会急剧下降，图 11-9 所示的男性样本也有同样的倾向。女性工作时间在 6~7 小时，生活满意度低于平均值，之后生活满意度也逐渐下降，这个男女差别暗示着“男性长时间工作，女性支撑家庭”的倾向在日本还很强。此外，与家庭并存的影响也表现在图 11-10 所示的已婚和未婚的差异上，已婚者工作时间超过 8 小时，生活满意度就在平均值以下，从 11 小时左右开始快速下降，在 8~11 小时，所有样本都保持着平均生活满意度，而已婚者工作时间从 8 小时开始，生活满意度就在平均值以下。未婚者在 10.5~11 小时保持着平均以上的生活满意度。特别是在 10 小时左右的综合效果和非金钱效果中，生活满意度都有上升的阶段，从收入和工作满意度的意义上来说，可以认为这个时间段的劳动也得到了满足。在将已婚者分成双职工和单职工的图 11-11 中，有家庭支持的单职工也有类似于未婚者的倾向，特别是在 10.5~11 小时保持着平均以上的生活满意度。双职工的情况下，工作 9 小时以后平均生活满意度会下降，之后生活满意度会逐渐下降。

从不同年龄段来看，处于养育未就学儿童的二三十岁的年轻人，工作 9 小时以后的生活满意度低于平均值，四五十岁的平均生活满意度在 10 小时以后，对家庭的兼顾可能体现在这 1 小时的差距上。但是，30~39 岁的人由于长时间劳动而导致的生活满意度降低的水平相对较小。因为在长时间劳动中工作满意度会上

升，这一倾向在四五十岁人的身上也能看到。这种工作满意度的影响也表现在收入水平的推算结果中，收入水平较高的个人所得600万日元及以上的样本在9小时内也与生活满意度高于平均值有关。但是，需要注意的是，与所有样本一样，在超过11小时的阶段，无论哪一代人在收入水平上生活满意度都会大幅下降[①]。

以上是关于长时间劳动得到的结果的总结，特别值得一提的是女性和已婚者（双职工）长时间劳动导致生活满意度下降的现状。除此之外，11小时以上的长时间劳动会明显降低生活满意度。当然，固定男性和女性在家庭中的作用与时代潮流是相反的，不论男女，长时间劳动被纠正可以让配偶早点回家。

3. 工作共享的可能性

关于工作共享的可能性，可以认为与就业形态的分析结果有关。根据就业形态，在正式员工、经营者、个体经营中综合效果和非金钱效果也有提高工作满意度的影响，即使是9小时左右也维持着平均值以上的生活满意度，而合同、派遣员工及临时工在这个时间段内的生活没有发现维持生活满意度的倾向，8小时以后的生活满意度低于平均水平。虽然希望成为正式员工，但却不作为正式员工被雇用，对于合同、派遣员工、兼职人员来说是个问题。但是，就能够灵活工作的合同、派遣员工以及以自己的意志从事临时工的人来说，能够在短时间内工作的职业可以提高生活满足度，这种倾向有可能表现在分析结果中。特别地，研究发现合同、派遣员工的生活满意度不会下降到5小时左右，可以说，这样的人在将来获得4~5小时的工作时（例如，当工作共享变得很普遍时）可能会找到一定的价值。关于兼职打工，随着劳动时间的线性增加，生活满意度也在下降，这表明在短时间内的劳动中找到了一定的价值。随着社会分工系统的发展，工作共享的可能性越来越大。

从长时间劳动纠正及工作共享的观点出发，就人工智能的活用方法进行了讨论，与人工智能会剥夺劳动的消极想法不同，本章的讨论结果对今后会越来越重要。

• 参考文献

Adkins, C. L., and S. F. Premeaux (2012) "Spending time: The Impact of

---

① 关于长时间劳动中工作满意度的上升，也表现在根据就业形态、产业以及行业类别的推算结果中。从就业形态来看，在正式员工、经营者、个体经营中，综合效果和非金钱效果在9小时左右能保持在平均值以上的生活满意度。合同、派遣员工及临时工没有发现长时间劳动导致工作满意度上升的倾向，8小时以后的生活满意度低于平均水平。从产业来看，只有第二产业在长时间劳动10小时左右，生活满意度有上升的倾向。从不同行业来看，制造业，教育与学习支援事业，学术研究、专业、服务业都有这种倾向。

Hours Worked on Work–Family Conflict", Journal of Vocational Behavior, 80, 380–389.

Andersson, P. (2008) "Happiness and Health: Well–Being among the Self–Employed", Journal of Socio–Economics, 37, 213–236.

Artazcoz, L, I. Cortès, V. Escribà–Agüir, L. Cascant, and R. Villegas (2009) "Understanding the Relationship of Long Working Hours with Health Status and Health–Related Behaviours", Journal of Epidemiology and Community Health, 63, 521–527.

Binder, M., and A. Coad (2013) "Life Satisfaction and Self–Employment: A Matching Approach", Small Business Economics, 40, 1009–1033.

Carroll, N. (2007) "Unemployment and Psychological Well–Being", The Economic Record, 83, 287–302.

Cheng, Y., C. Du, J. Hwang, I. Chen, M. Chen, and T. Su (2014) "Working Hours, Sleep Duration and the Risk of Acute Coronary Heart Disease: A Case–Control Study of Middle–Aged Men in Taiwan", International Journal of Cardiology, 171, 419–422.

Corneliβen, T. (2009) "The Interaction of Job Satisfaction, Job Search, and Job Changes. An Empirical Investigation with German Panel Data", Journal of Happiness Studies, 10, 367–384.

Clark, A. E. (2001) "What Really Matters in a Job? Hedonic Mesurement Using Quit Data", Labour Economics, 8, 223–242.

Clark, A. E., E. Diener, Y. Georgellis, R. E. Lucas (2008) "Lags and Leads in Life Satisfaction: A Test of the Baseline Hypothesis", Economic Journal, 118, 222–243.

Coad, A., and M. Binder (2014) "Causal Linkages between Work and Life Satisfaction and Their Determinants in a Structural VAR Approach", Economics Letters, 124, 263–268.

Frey, B. S., and A. Stutzer (2000) "Happiness, Economy and Institutions", Economic Journal, 110, 918–938.

Frey, C. B. and M. A. Osborne (2013) "The Future of Employment: How Susceptible are Jobs to Computerization?" University of Oxford, pp. 1–72.

Geishecker, I. (2012) "Simultaneity Bias in the Analysis of Perceived Job Insecurity and Subjective Well–Being", Economics Letters, 116, 319–321.

Gerlach, K., and G. Stephan (1996) "A Paper on Unhappiness and Unemployment in Germany", Economics Letters, 52, 325–330.

Grün, C., W. Hauser, T. Rhein (2010) "Is Any Job Better than No Job? Life

Satisfaction and Re-Employment", Journal of Labor Research, 31, 285-306.

Johnston, D. W., and W. Lee (2013) "Extra Status and Extra Stress: Are Promotions Good for Us?", Industrial and Labor Relations Review, 66, 32-54.

Kassenboehmer, S. C., and P. Haisken-DeNew (2009) "You? re Fired! The Causal Negative Effect of Entry Unemployment on Life Satisfaction", Economic Journal, 119, 448-462.

Knabe, A., S. Rätzel, R. Schöb, and J. Weimann (2010) "Dissatisfied with Life but Having a Good Day: Time-Use and Well-Being of the Unemployed", Economic Journal, 120, 867-889.

Knabe, A., S. Rätzel (2011) "Income, Happiness, and the Disutility of Labour", Economics Letters, 107, 77-79.

Lorenz, M., M. Rüβmann, R. Strack, K. L. Lueth, and M. Bolle (2015) "Man and Machine in Industry 4.0", Boston Consulting Group, 18.

Maennig, W., and M. Wilhelm (2012) "Becomig (Un) Employed and Life Satisfaction: Asymmetric Effects and Potential Omitted Variable Bias in Empirical Happiness Studies", Applied Economics Letters, 19, 1719-1722.

Millán, J. M., J. Hessels, R. Thurik, and R. Aguado (2013) "Determinants of Job Satisfaction: A European Comparison of Self-Employed and Paid Employees", Small Business Economics, 40, 651-670.

OECD (2016) "Automation and Independent Work in a Digital Economy", POLICY BRIEF ON THE FUTURE OF WORK, 2.

Park, J., Y. Yi, and Y. Kim (2010) "Weekly Work Hours and Stress Complaints of Workers in Korea", American Journal of Industrial Medicine, 53, 1135-1141.

Rätzel, S. (2012) "Labour Supply, Life Satisfaction, and the (Dis) Utility of Work", Scandinavian Journal of Economics, 114, 1160-1181.

Stewart, H. (2015) "Robot revolution: rise of lthinkingz machines could exacerbate inequality", The Guardian. Retrieved from https://www.theguardian.com/technology/2015/no v/05/robot-revolution-rise-machines-could-displac e-third-of-uk-jobs.

Virtanen, M., J. E. Ferrie, A. Singh - Manoux, M. J. Shipley, J. Vahtera, M. G. Marmot, and M. Kivimäki (2010) "Overtime Work and Incident Coronary Heart Disease: The Whitehall Ⅱ Prospective Cohort Study", European Heart Journal, 31, 1737-1744.

Virtanen, M., S. A. Stansfeld, R. Fuhrer, J. E. Ferrie, and M. Kivimäki

(2012) "Overtime Work as a Predictor of Major Depressive Episode: A 5-Year Follow-Up of the Whitehall Ⅱ Study", PLoS ONE, 7, 1-5.

White Paper Work 4.0. (2016) "Federal Ministry of Labour and Social Affairs", November, 2016.

Winkelmann, L., and R. Winkelmann (1998) "Why are the Unemployed so Unhappy? Evidence from Panel Data", Economica, 65, 1-15.

Winkelmann, R. (2009) "Unemployment, Social Capital, and Subjective Well-Being", Journal of Happiness Studies, 10, 421-430.

岩本晃一・波多野文（2017）「IoT/AI が雇用に与える影響と社会政策 in 第4次産業革命」『RIETI ポリシーディスカッションペーパーシリーズ』17-P-029。

島津明人（2011）「ワーク・ライフ・バランスとこころの健康」『心と社会』144，96-101 頁。

島津明人（2013）「働き方の見直しからこころの健康づくりを考える」国土交通省観光庁編『会社と社員を輝かせる「ポジティブ・オフ」企業における取組ポイント& 事例集』86-96 頁，国土交通省観光庁。

黒田祥子・山本勲（2014）「従業員のメンタルヘルスと労働時間——従業員パネルデータを用いた検証」『RIETI ディスカッションペーパーシリーズ』14-J-020。

第四部分　AI技术开发的课题

第十二章　日本企业的IT化[1]进步了吗
——对AI导入的印象

乾友彦　金榮愨

一、日本劳动生产率的低迷

为了克服日本经济所面临的劳动人口减少问题，建立持续增长的基础，提高劳动生产率是亟须解决的问题。图12-1使用经济合作与发展组织（OECD）的统计数据比较了美国、德国、日本和韩国的劳动生产率变化。1990年，美国每小时国内生产总值（GDP，平均购买力平价，2012年标准）为42.1美元，德国为40.7美元，日本为28.1美元，而2015年美国为62.9美元，德国为59.0美元，日本为41.4美元，日本的劳动生产率与25年前美国和德国的劳动生产率水平大致持平。此外，韩国的劳动生产率在1990年达到10.3美元，约为同时期日本劳动生产率的1/3，同时，韩国的劳动生产率在此期间急速提高，2015年达到了31.8美元，约为同时期日本的八成。1990~2015年，日本的劳动生产率没有超过1990年美国和德国的劳动生产率，而韩国却迅速地追上了日本。

为了提高劳动生产率，需要提高全要素生产率（Total Factor Productivity，TFP）和资本装备率。由于20世纪90年代和21世纪初日本产业的TFP上升率低迷，日本劳动生产率的改善推迟了。

受此影响，2015年以后日本政府的成长战略中强调了提高生产率的政策。通过推进使用人工智能（Artificial Intelligence，AI）和机器人的“第四次产业革命”，正在讨论实现“未来投资的生产性革命”的政策。但是，在研究AI和机

---

[1] IT（Information Technology）和ICT（Information Communication Technology）的意思严格来说并不相同，一般来说IT是更广泛的概念，但本章没有严格区分两者。

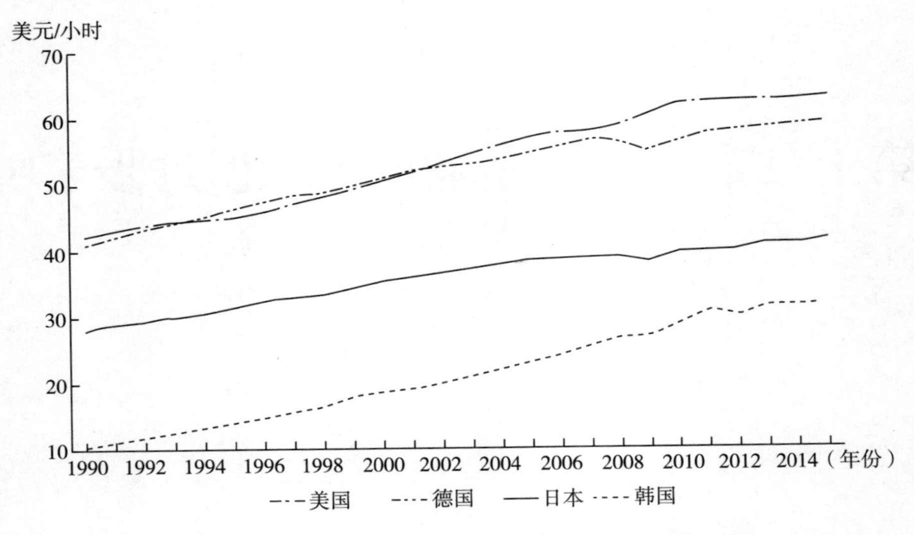

图 12-1　美国、德国、日本、韩国的劳动生产率的比较

资料来源：作者使用 OECD 数据制作。

器人的导入是否有进展时，虽然认识到其重要性，但是也有必要进行验证，这也是 IT 的导入未能顺利进行的原因。

本章的构成如下：第二小节概述了日本各产业 IT 投资的情况；第三小节全面观察日本 IT 引进延迟的现有研究；第四小节使用“企业活动基本调查”探讨使用企业层面数据的 IT 投资状况以及其 IT 投资对企业生产率的效果；第五小节考察结论及未来研究。

二、按产业分类的 IT 投资

1. IT 投资与经济增长、生产率

重视 IT 投资是因为 IT 投资加速了整个经济的增长和生产率的提升。Jorgenson 等（2008）将 1959~2006 年这一期间分割为 1959~1973 年、1973~1995 年、1995~2000 年、2000~2006 年四个部分，对美国劳动生产率的增长进行比较，并分析其主要原因。这四个期间劳动生产率的年均增长平均为 2. 82%、1. 49%、2. 70%、2. 50%，其中 1973~1995 年年均增长暂时停滞后，1995 年以后恢复增长。1995 年以后劳动生产率的恢复增长可以分解为三个主要原因：资本深化

（IT资本、非IT资本）、劳动质量的提高、TFP增长率（TFP增长率的IT资本、非IT资本的贡献度）。在资本深化方面，1995~2000年、2000~2006年，IT资本的年均增长率分别为1.01%、0.58%。另外，TFP增长率中IT资本的主要贡献度分别为0.58%和0.38%。也就是说，IT资本对劳动生产率增长的贡献度合计为1.59%、0.96%。1995~2000年IT资本的贡献度占这个期间劳动生产率增长的六成左右。另外，2000~2006年劳动生产率上升的主要原因是资本深化和TFP增长率两者都从IT制造产业向IT利用产业转移。

Fukao等（2016）指出，与美国相比，日本的IT投资对经济增长和生产率的上升没有太大贡献。如果将日本和美国按产业分类的TFP增长率分为1980~1995年、1995~2001年、2001~2008年三个期间进行比较，在美国除了IT制造产业之外，在IT利用产业中，在1995年以后的期间TFP增长率也在加速；而在日本，IT制造产业的生产率虽然在加速上升，但是在IT利用产业中看不到TFP增长率的加速。与美国流通业（零售、批发、运输业）的TFP增长率在1995~2001年大幅上升相比，日本流通业的TFP增长率反而在此期间下降。从流通业的IT投资动向来看，美国的IT投资和附加价值比率在1991年以后急速增加，而日本的IT投资和附加值比率在1991年以后几乎保持平稳趋势。综上所述，日本IT利用产业中TFP增长率停滞是由于IT利用产业中IT导入进展缓慢，无法获得IT技术提高带来的优势。

Van Ark等（2008）表示，美国劳动生产率的年均增长率从1973~1995年的1.2%上升到1995~2006年的2.3%，而同一时期欧洲15个国家的劳动生产率从2.4%下降到1.5%。作者指出，美国和欧洲劳动生产率差距加大的原因是TFP增长率的差距，同时这种差距的扩大对流通业的影响很大。据推测，美国的流通业通过IT投资成功提高了库存管理和市场营销手法，而在欧洲由于流通业的营业时间限制、布局限制、劳动市场限制等导致IT化延迟，TFP增长率停滞。Bloom等（2012）为了验证欧洲IT化的延迟以及TFP增长率的停滞是由于市场限制等经济环境还是基于经营管理方法，对在欧洲拥有据点的美国资本的跨国企业和国内企业之间IT投资为生产率带来影响的效果进行了比较。结果表明，在美国资本的跨国公司或被美国资本收购的企业中，对IT投资的生产率有很大的效果，并指出经营管理方法很有可能发挥重要作用，以便IT投资发挥效果。

2. 日本各产业IT投资的动向

图12-2是将1990~1999年与2000~2012年各产业的IT投资、附加价值比率平均值进行对比。一般来说，所有产业中2000~2012年的平均值都超过了1990~1999年的平均值，可见IT投资势头强劲。

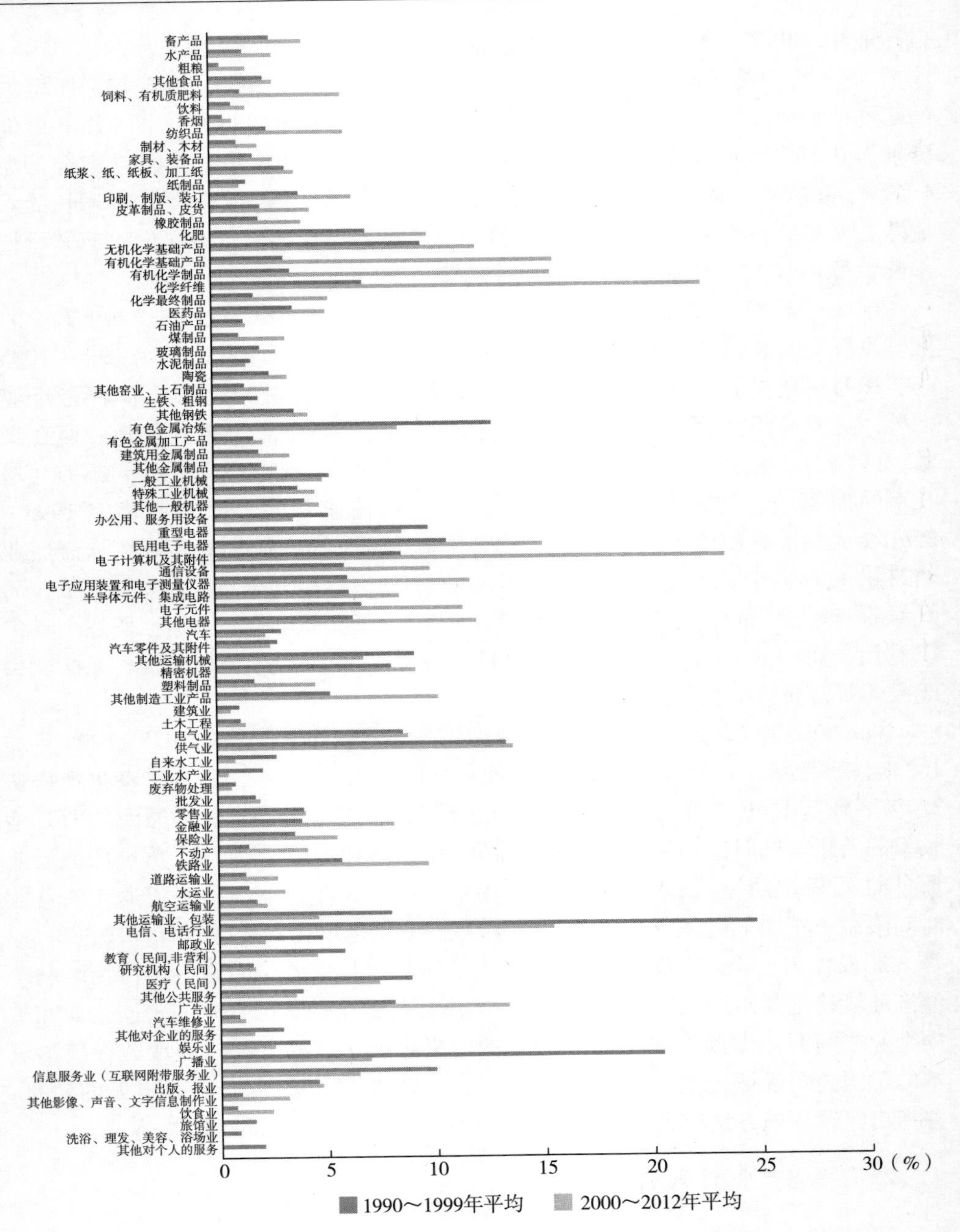

图 12-2　按产业分类的 IT 投资、附加价值比率

资料来源：作者使用日本产业生产值（JIP）数据库 2015 年数据制作。

在制造业中，电子计算机及其附件的IT投资、附加价值比率最高，并且2000~2012年的平均值超过了1990~1999年的平均值。接下来是化学纤维，从1990~1999年的平均6.9%大幅增加到2000~2012年的平均22.6%，IT投资的重要性提高。在化肥、无机化学基础产品、有机化学基础产品、有机化学产品和最终化学产品中也是如此，IT投资和附加价值比率2000~2012年的平均值超过了1990~1999年的平均值。

作为IT利用产业的金融业、保险业的IT投资和附加价值比率较低，2000~2012年其平均值分别为8.0%、5.5%。其他IT利用产业的零售业、批发业、道路运输业的IT投资、附加值比率较低，同期平均分别为4.0%、2.0%、2.7%，低于所有产业的平均值。

图12-3显示了按产业分类的IT投资、附加价值比率与全要素生产率（TFP）增长率在2000~2012年的关系。两者之间呈较为平缓的正相关关系。高于两者关系的产业平均值的是半导体元件、集成电路，电子计算机同附属产品，民用电子电器等IT制造产业。另外，IT利用产业，如金融业、保险业、零售业、批发业、交通运输业在2000~2012年TFP增长率较低，大大低于产业平均值，在日本，IT利用产业对TFP的提高没有贡献。在化学工业（化肥、无机化学基本产品、有机化学基本产品、有机化学产品、化学纤维、最终化学产品）中情况类似，与2000~2012年相比，它是制造业中使用IT的行业，1990~1999年，尽管IT投资和增加值的比率有所增加，但TFP的增长率却为负。

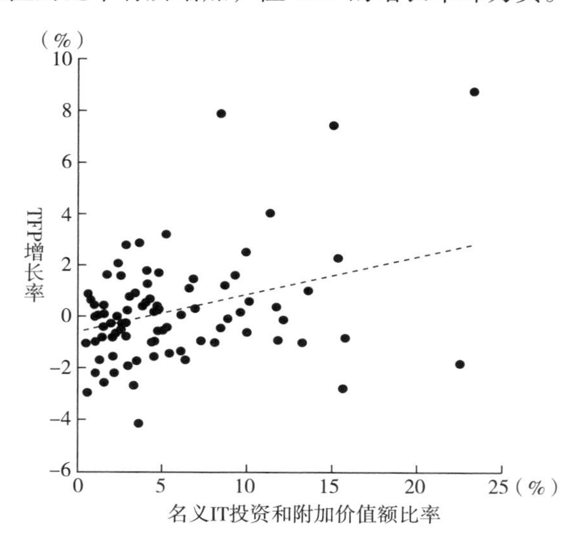

图12-3　各产业IT投资、附加价值比率与TFP增长率的关系（2000~2012年）

资料来源：作者使用日本产业生产值（JIP）数据库2015年数据制作。

三、关于日本引入IT延迟的研究现状

关于日本的IT引进为何比其他发达国家落后，有一个很明显的研究，这里主要引用Fukao等（2016）的研究进行讨论。他们指出，日本由于全球IT的普及而导致生产性革命延迟的原因正在调查中，在日本经济中，生产率上升和IT投资低迷同时存在于利用IT的流通产业部门。IT生产部门的生产率上升率与美国相比也不逊色，与此相对，利用IT提高生产率的部门，特别是非制造业生产率的增长，IT投资的进展都不顺利。

那么，为什么日本企业引进IT的时间延迟了呢？在传统研究中，包括引进IT在内的新技术导入机制主要有以下四种效果[①]：①等级效应：企业规模、企业年龄等企业固有特征决定了引进新技术的利润；②股票效应：引进新技术的利润随着先行引进企业数量的增加而减少；③顺序效应：引进新技术的利润取决于引进的顺序；④传染效应：引进新技术受企业所属的产业、地区、经济圈等特点（例如竞争程度、技术知识传播程度）的影响。关于各自的影响有很多理论和实证的研究，但是在Battisti和Stoneman（2005）、Haller和Siedschlag（2011）等的研究中，通过使用英国和瑞士的企业数据的实证分析，强调企业固有特征的Rank effect和关注产业与地区影响的Epidemic effect得到了支持。

Fukao等（2016）在企业固有的特征中，特别关注企业规模和企业年龄。正如Pilat（2004）、Dunne（1994）、Luque（2000）等研究发现的那样，企业规模越大，引入IT的可能性越高，但与美国相比，日本的中小企业更多。例如，日本雇用千人以上的企业的比例为28%，而美国则为45%。在零售业、运输、通信业中，这个比率的差距更加明显。

就企业年龄分布而言，日本经济也有不利之处。Dunne（1994）和Luque（2000）的研究表明，年龄较小的企业比年龄较大的企业更可能采用IT。但是，正如Fukao等（2012）所指出的，日本大部分产业中，企业年龄超过35年的企业占产业产出的一半以上，加之日本企业的进入—退出率（企业流动率）大约是美国的一半，日本可能会降低IT的采用率。

IT引进费用高也有可能推迟引进。投资费用的降低促进了IT的引进（Stoneman，2001）。根据日本经济产业省进行的“面向产业的商品、服务的内外价格

---

① 详细内容请参考Karshenas和Stone man（1993）、Battisti等（2007）、Haller和Siedschlag（2011）等。

调查”[①]，日本的信息通信服务的价格从购买力平价来看，大大超过了美国。

同时，管理层对IT意识的差异存在很大的问题。根据日本电子信息技术产业协会的《日美企业对利用IT进行经营的不同分析》，回答IT和信息系统投资“极其重要”的企业比例在美国为75%，而在日本为16%。对于IT最期待的事情，在美国是“强化产品和服务开发”和“商业模式变革”，而在日本则是“业务效率化”和“成本削减”。

Fukao等（2016）指出，IT和补充无形资产的投资低迷。正如Bresnahan等（2002）、Basu等（2003）、Crespi等（2007）指出的那样，IT在对生产的贡献上需要其他无形资产的补充。但是，Fukao等（2009）指出，日本企业在20世纪90年代以后减少了对无形资产的投资。

四、企业级IT投资
——使用“企业活动基本调查”的研究

本节将从企业层面考察日本企业IT投资的现状和企业性能，特别是与生产率的关系。为此，根据日本经济产业省每年以制造业和服务业的各个企业为对象进行的《企业活动基本调查》的数据进行分析[②]。

1. IT投资的现状

在企业层面上，IT相关的费用和投资在概念上可以大致分为三类。第一类是计算机和计算机等用于信息处理的硬件，是传统的IT投资对象。第二类是软件，用于移动IT进行信息处理的程序。软件也可以大致分为两类，一类是从外部购买的软件，另一类是以自身使用为目的的自主开发软件。但是，对于企业自身开发的软件，由于无法从《企业活动基本调查》中获取，所以本研究只对从外部购买的软件进行分析[③]。第三类是IT相关服务。这被视为为了进行信息处理而接受的服务的等价支付的购买金额。这里不仅有用于互联网连接的费用，还包括近年来企业频繁采用的云计算服务和IT相关咨询等。近年来如云计算之类的在线

---

① 参见：http：/www. meti. go. jp/statistics/san/kaku/index（最终访问日期为2017年11月13日）。

② 《企业活动基本调查》是从1992年（1991年实际成绩）开始的，2007年（2006年实际成绩）以后，对信息化投资和软件等相关的主要项目进行了调查。

③ 另外，也有使用从事《企业活动基本调查》的信息处理部门的员工数来推算本公司开发软件的方法。但是，其脱离本章的宗旨，本章不使用该方法。关于这点，请参照宫川努等（2013）。

服务的发展可能会减少对硬件的需求，如计算机和存储。根据金荣悫和権赫旭（2015）的研究，日本公司以硬件为中心的 IT 投入正转向以软件和服务为中心的采购。图 12-4 是调查对象企业有形固定资本投资中信息化投资的份额，在上述 IT 概念中，是接近于硬件的 IT 投资。

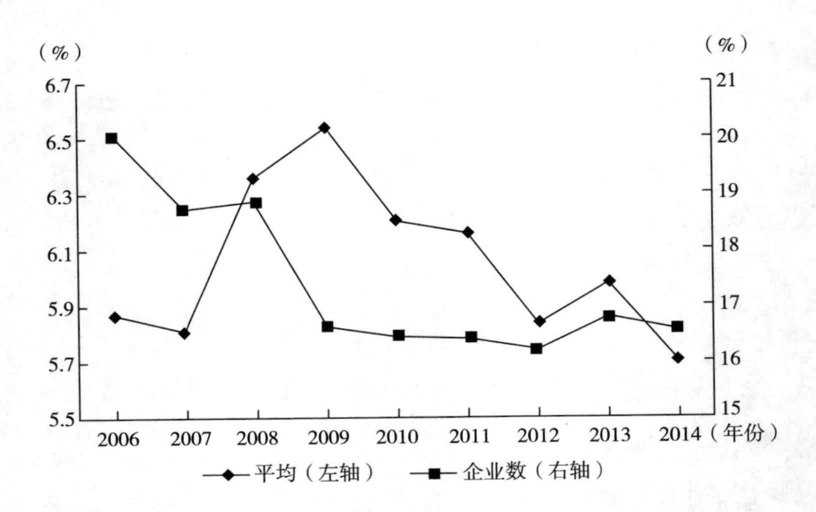

图 12-4　有形固定资产投资中信息化投资的份额（所有产业）

注：①有形固定资产投资中信息化投资的比例=信息化投资/有形固定资产的本期取得额；②信息化投资企业数的比例=信息化投资实施企业数/整体企业数。

资料来源：作者根据《企业活动基本调查》制作。

有形固定资产投资中信息化投资份额平均值在 2009 年达到顶峰，2012 年下降至 6%①。在调查对象企业中，进行信息化投资的企业份额自 2009 年以来也大幅减少。截至 2008 年，不足 20%的企业进行了信息化投资，但经过雷曼危机后，2009 年以后减少到 17%以下，且之后并未恢复到之前的水平。这有两种可能性：一种是由于雷曼危机引起了经济衰退，企业对 IT 投资变得消极；另一种是 IT 投资从硬件变成以软件和服务为中心的形态。

图 12-5 描绘了企业固定资产中软件资产的份额和占营业费用（=销售成本+销售费及一般管理费）的信息处理、通信费用的份额的平均推移②。可以看出软

---

① 虽然对固定资本的投资本身可能会有很大的变动，但《企业活动基本调查》的调查对象企业的投资率在 14%~18%稳定推移，除去 2009 年的冲击，没有出现异常的变动。

② 如果分布偏上方，则平均值会被高值观测值拉伸，大大超过中央值，两个值的运动可能会有很大差异，软件资产的份额和信息通信费用的份额平均值也将大幅超过中央值。然而，由于在时间序列方向上的运动非常相似，所以这里只显示平均值。

件资产的份额整体呈上升趋势。2009年以后，由于其市场占有率的提高，可以推测硬件投资减少的部分原因是软件资产的增加。

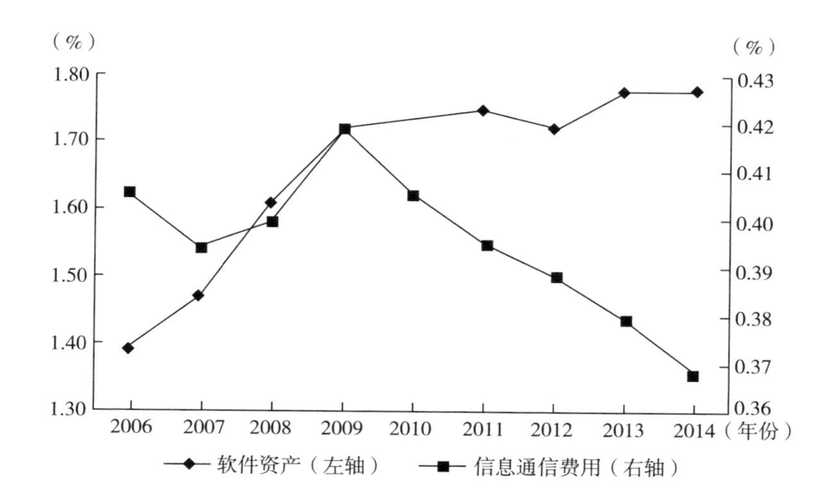

图12-5　软件资产的份额和信息通信费用的份额（所有产业）

资料来源：作者根据《企业活动基本调查》制作。

营业费用中信息通信费用的份额有整体减少的倾向。虽然2009年达到了顶峰，但这并不是由于信息通信费用的增加，而是由于经济危机导致的营业费用急剧下降，整体上和对硬件的投资一样有减少的倾向。

以上是《企业活动基本调查》的所有对象企业的平均动向。虽然硬件和IT相关服务的支出呈减少趋势，但可以确认软件投资的份额呈增加趋势。但是，正如Fukao等（2016）指出的那样，日本IT制造部门的制造业在生产性成长方面与美国相比并不逊色。据他们说，赶不上引进IT的部门的代表性行业是零售业、批发业。

图12-6和图12-7针对零售业、批发业描绘了与上述所有产业相同的内容。根据图12-6可知，零售业、批发业有形固定资产中IT投资的份额与所有产业相比，平均低0.7%左右，而且与其他产业相比也没有提高份额的倾向。

虽然零售业、批发业的软件资产份额也基本呈增加趋势，但与所有样品相比，仅为0.3%左右。信息处理费用的份额也和所有产业的情况大体一致，呈现下降趋势①。在软件方面，可以确认零售业、批发业的IT投资与其他产业相比并没有加速。

① 另外，确认了IT制造部门的情况也基本上与零售业、批发业相同。

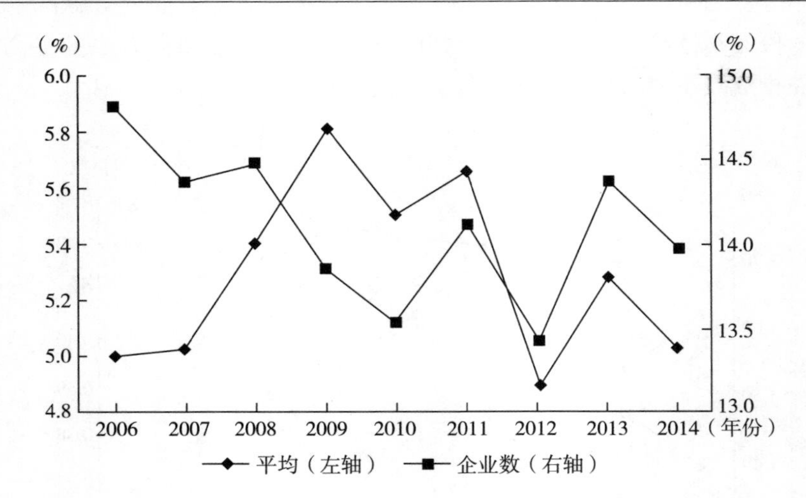

图 12-6 有形固定资产投资中信息化投资的份额（零售业、批发业）

注：①有形固定资产投资中信息化投资的比例=信息化投资/有形固定资产的本期取得额；②信息化投资企业数的比例=信息化投资实施企业数/零售业、批发业的整体企业数。

资料来源：作者根据《企业活动基本调查》制作。

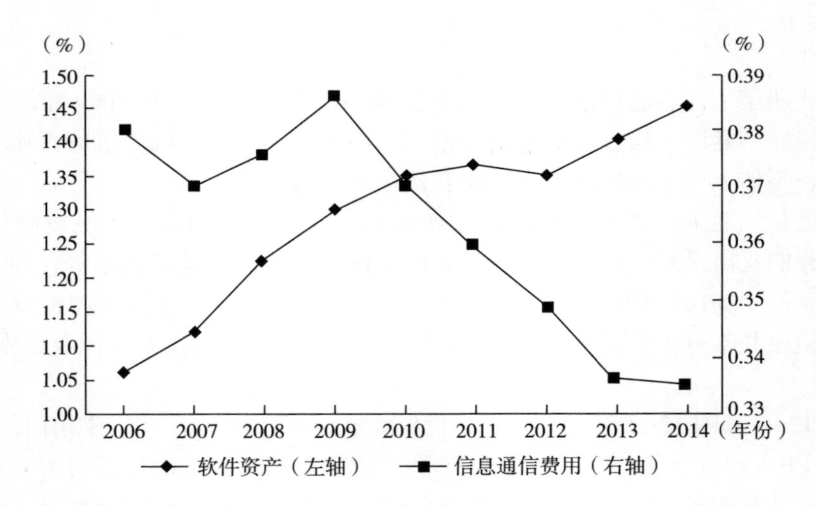

图 12-7 软件资产的份额和信息通信费用的份额（零售业、批发业）

资料来源：作者根据《企业活动基本调查》制作。

鉴于上述情况，日本企业的 IT 投资在 2008 年雷曼危机后，在硬件和 IT 服务方面基本呈减少趋势，而软件投资则呈现缓慢上升趋势。

2. IT 投资和企业的生产性

IT 投资会给企业的表现带来什么样的影响呢？代表企业性能的指标为企业的TFP。这是从企业的输出中除去资本、劳动、中间投入的贡献部分，表示企业的技术水平和效率性等。

具体而言，企业的 TFP 水平是各企业相对于各产业的产业平均值计算出相对的 TFP。与 Good 等（1997）相同，将 t 时间点的企业 f 的 TFP 水准对数值与初始时间点（t=0；本章为 2000 年）的该产业的代表性企业的 TFP 水准对数值进行比较，定义如下：

$$\ln TFP_{f,t} = (\ln Q_{f,t} - \overline{\ln Q_t}) - \sum_{i=1}^{n} \frac{1}{2}(S_{i,f,t} + \overline{S_{i,t}})(\ln X_{i,f,t} - \overline{\ln X_{i,t}}) \quad (12-1)$$

t≥1

$$\ln TFP_{f,t} = (\ln Q_{f,t} - \overline{\ln Q_t}) - \sum_{i=1}^{n} \frac{1}{2}(S_{i,f,t} + \overline{S_{i,t}})(\ln X_{i,f,t} - \overline{\ln X_{i,t}}) + \sum_{s=1}^{t}(\overline{\ln Q_s} - \overline{\ln Q_{s-1}}) - \sum_{s=1}^{t}\sum_{i=1}^{n} \frac{1}{2}(\overline{S_{i,s}} - \overline{S_{i,s-1}})(\overline{\ln X_{i,s}} - \overline{\ln X_{i,s-1}}) \quad (12-2)$$

其中，$Q_{f,t}$ 是 t 时间点企业 f 的产值，$S_{i,f,t}$ 是 t 时间点企业 f 的生产要素 i 的成本份额，$X_{i,f,t}$ 是 t 时间点企业 f 的生产要素 i 的投入量。另外，各变量上的线表示该变量的产业平均值。生产要素考虑资本、劳动、实际中间投入额。劳动时间用各个产业的平均值来代替。

在这里，将具有产业平均产值、中间投入额和生产要素成本份额的企业作为代表性企业。式（12-2）右边的第一、第二项表示 t 时间点的企业 f 与当时的代表性企业之间的 TFP 水平与数值的背离；第三、第四项表示 t 时间点代表性企业与初期代表性企业之间的 TFP 水平与数值的背离。这样测量的 TFP 指数不仅可以捕捉横向的生产率分布，而且可以捕捉时间上生产率分布的变化。另外，与根据生产函数的推算的生产率测量不同，这样测量有能够考虑企业间不同要素投入的优点。

表 12-1 的 Panel A 是将企业级别的 TFP 水平回归上述三个 IT 投资相关变量的结果。但是，有必要研究一些企业固有的因素，这在通常的 TFP 测量中是不考虑的。

第一个因素是通常观察不到的企业固有的生产率。为了考虑这一点，Panel A 的回归式中将一期前的生产性水平作为控制变量。第二个因素是对企业生产性产生巨大影响的研究开发活动（Research & Development，R&D）。在上述 TFP 的

表 12-1　IT 和生产性

时间：2006~2014 年	面板 A 被解释变量：ln TFP（OLS）				面板 B 被解释变量：ΔlnTFP（OLS）			
	(1)	(2)	(3)	(4)	(5)	(6)	(7)	(8)
企业生产率水平（t-1）	0.672*** (0.006)	0.669*** (0.006)	0.674*** (0.006)	0.670*** (0.006)	-0.131*** (0.002)	-0.132*** (0.002)	-0.128*** (0.002)	-0.132*** (0.002)
R&D 支出（t-1）	0.008*** (0.001)	0.008*** (0.001)	0.008*** (0.001)	0.008*** (0.001)	0.003*** (0.001)	0.003*** (0.001)	0.003*** (0.001)	0.003*** (0.001)
R&D 支出/销售（t-1）	0.113*** (0.026)	0.095*** (0.026)	0.112*** (0.025)	0.101*** (0.027)	0.095*** (0.018)	0.088*** (0.018)	0.082*** (0.017)	0.084*** (0.018)
（新增取得固定资本/一期前的固定资本额）（t-1）	0.019*** (0.001)	0.017*** (0.001)	0.020*** (0.001)	0.017*** (0.002)	0.010*** (0.001)	0.009*** (0.001)	0.010*** (0.001)	0.009*** (0.001)
（IT 相关固定资产投资/固定资产投资）（t-1）	0.016*** (0.002)			0.013*** (0.002)	0.006*** (0.001)			0.005*** (0.002)
（软件资产/固定资产）（t-1）		0.146*** (0.009)		0.139*** (0.010)		0.058*** (0.006)		0.055*** (0.007)
（信息处理费用/总费用）（t-1）			0.287*** (0.084)	0.159* (0.090)			0.126** (0.055)	0.150** (0.061)
样本数	140754	145939	154263	130808	133263	138159	145618	123826
R^2	0.836	0.834	0.828	0.838	0.097	0.097	0.092	0.098

注：①推算包括虚设和工业虚设变量。②括号内的数值表示标准偏差。③以企业为单位进行推算。④*表示 $p<0.10$，**表示 $p<0.05$，***表示 $p<0.01$。

测量方法中，R&D 活动只是作为费用的一部分来计算的，但是考虑到其不是“费用”，有可能使企业的“生产性”上升。几乎所有的制造业企业都在实施 R&D

活动，而非制造业则很少有企业进行R&D活动，因此在推算式上加上R&D作为虚拟变量。第三个因素是外部人员无法观测到的每一个企业的每一期的生产率冲击。Olley和Pakes（1996）通过投资捕捉企业固有的生产率冲击，但在此也将固定资本投资率（=对固定资本的投资/固定资产额）视为企业固有的生产率冲击①。

从面板A的模型（1）至模型（3）可以看出，上述所有要素都与企业的TFP密切相关。即使控制了这些要素，也可以看出三种类型的IT投资与TFP有很强的关联。将三种IT投入变量全部放入的模型（4）也基本上是同样的结果，但是信息处理费用的系数失去了其有效性。

面板B是将被解释变量设为TFP增长率的推算结果。将面板A的推算式中前一期的解释变量企业生产率水平移到公式左边，而后观察各变量对全要素生产率增大的影响。这里也可以看出各种IT变量与TFP增长率呈正相关。

把样本分成制造业和非制造业进行了同样的推算。如表12-2所示，样本仅限于制造业时，在模型（8）中未观察到硬件和信息处理费用对TFP增长率的影响。然而，对于软件，可以推测出正的和有效的系数。换言之，通过增加软件投资，可以促进TFP的上升。

表12-2 IT和生产率（制造业）

时间：2006~2014年	面板C 被解释变量：ln TFP（OLS）				面板D 被解释变量：ΔlnTFP（OLS）			
	（5）	（6）	（7）	（8）	（9）	（10）	（11）	（12）
企业生产率水平（t-1）	0.495*** （0.009）	0.490*** （0.009）	0.501*** （0.009）	0.489*** （0.009）	-0.204*** （0.003）	-0.206*** （0.003）	-0.195*** （0.003）	-0.208*** （0.004）
R&D支出（t-1）	0.013*** （0.001）	0.013*** （0.001）	0.012*** （0.001）	0.012*** （0.001）	0.005*** （0.001）	0.005*** （0.001）	0.005*** （0.001）	0.005*** （0.001）
R&D支出/销售（t-1）	0.224*** （0.028）	0.198*** （0.028）	0.236*** （0.028）	0.208*** （0.029）	0.133*** （0.019）	0.124*** （0.019）	0.127*** （0.018）	0.125*** （0.020）
（新增取得固定资本/一期前的固定资本额）（t-1）	0.017*** （0.002）	0.015*** （0.002）	0.019*** （0.002）	0.015*** （0.002）	0.007*** （0.001）	0.006*** （0.001）	0.008*** （0.001）	0.006*** （0.001）

① 在捕捉企业固有生产性冲击的投资率方面，一期前的值和本期的值都可以采用。这里采用了一期前的数值。

续表

时间：2006~2014年	面板C被解释变量：ln TFP（OLS）				面板D被解释变量：ΔlnTFP（OLS）			
	(5)	(6)	(7)	(8)	(9)	(10)	(11)	(12)
(IT相关固定资产投资/固定资产投资)(t-1)	0.009*** (0.004)			0.004 (0.004)	0.001 (0.003)			0 (0.003)
(软件资产/固定资产)(t-1)		0.260*** (0.019)		0.255*** (0.019)		0.112*** (0.011)		0.109*** (0.011)
(信息处理费用/总费用)(t-1)			0.140 (0.126)	0.062 (0.136)			0.017 (0.083)	0.113 (0.092)
样本数	71468	73336	78217	67492	67248	68987	73347	63509
R^2	0.878	0.878	0.873	0.880	0.197	0.197	0.184	0.199

注：①推算包括虚设和工业虚设变量。②括号内的数值表示标准偏差。③以企业为单位进行推算。④*表示p<0.10，**表示p<0.05，***表示p<0.01。

如表12-3所示，根据非制造业企业的情况，可以确认硬件和软件两者对TFP的上升作用。即使是将解释变量设为TFP增长率的模型，也得到了几乎相同的结果，这表明对IT的投资和投入越多，TFP的增长率越高。最后，企业的生产率很可能受到企业网络的很大影响，特别是属于商业集团的企业，生产率越高，成长的可能性越高。

表12-3 IT和生产率（非制造业）

时间：2006~2014年	面板E被解释变量：ln TFP（OLS）				面板F被解释变量：ΔlnTFP（OLS）			
	(13)	(14)	(15)	(16)	(17)	(18)	(19)	(20)
企业生产率水平(t-1)	0.738*** (0.007)	0.735*** (0.007)	0.739*** (0.007)	0.739*** (0.007)	-0.109*** (0.002)	-0.111*** (0.002)	-0.108*** (0.002)	-0.109*** (0.003)
R&D支出(t-1)	0.008*** (0.002)	0.008*** (0.002)	0.007*** (0.002)	0.008*** (0.002)	0.003** (0.001)	0.003** (0.001)	0.002** (0.001)	0.003** (0.001)
R&D支出/销售(t-1)	-0.181* (0.109)	-0.237** (0.112)	-0.225** (0.108)	-0.240** (0.118)	0.043 (0.067)	0.005 (0.067)	-0.011 (0.069)	-0.024 (0.073)

续表

时间：2006~2014年	面板E被解释变量：ln TFP（OLS）				面板F被解释变量：ΔlnTFP（OLS）			
	（13）	（14）	（15）	（16）	（17）	（18）	（19）	（20）
（新增取得固定资本/一期前的固定资本额）（t-1）	0.020*** （0.002）	0.018*** （0.002）	0.020*** （0.002）	0.018*** （0.002）	0.012*** （0.001）	0.011*** （0.001）	0.012*** （0.001）	0.011*** （0.001）
（IT相关固定资产投资/固定资产投资）（t-1）	0.015*** （0.002）			0.012*** （0.002）	0.005*** （0.002）			0.005*** （0.002）
（软件资产/固定资产）（t-1）		0.115*** （0.010）		0.108*** （0.011）		0.045*** （0.007）		0.042*** （0.008）
（信息处理费用/总费用）（t-1）			0.200* （0.104）	0.074 （0.111）			0.111 （0.070）	0.108 （0.077）
样本数	69286	72603	76046	63316	66015	69172	72271	60317
R^2	0.808	0.806	0.799	0.811	0.064	0.064	0.062	0.064

注：①推算包括虚设和工业虚设变量。②括号内的数值表示标准偏差。③以企业为单位进行推算。④*表示 p<0.10，**表示 p<0.05，***表示 p<0.01。

因此，除上述内容外，还尝试将各企业子公司的数量作为解释变量进行追加测算。表12-4将国内外的子公司的数量作为解释变量进行追加。其结果是，在海外发展并拥有海外子公司的企业在生产性和成长率方面取得了较好的结果。考虑到海外发展的主要原因，IT投资对TFP增长率也会产生正面影响。

表12-4　IT和生产率（考虑到企业网络影响的情况）

时间：2006~2014年	面板A被解释变量：ln TFP（OLS）				面板B被解释变量：ΔlnTFP（OLS）			
	（1）	（2）	（3）	（4）	（5）	（6）	（7）	（8）
企业生产率水平（t-1）	0.670*** （0.006）	0.666*** （0.006）	0.672*** （0.006）	0.667*** （0.006）	-0.132*** （0.002）	-0.133*** （0.002）	-0.130*** （0.002）	-0.133*** （0.002）
R&D支出（t-1）	0.007*** （0.001）	0.006*** （0.001）	0.006*** （0.001）	0.006*** （0.001）	0.003*** （0.001）	0.002*** （0.001）	0.002*** （0.001）	0.002*** （0.001）

续表

时间：2006~2014年	面板A被解释变量：ln TFP（OLS）				面板B被解释变量：ΔlnTFP（OLS）			
	(1)	(2)	(3)	(4)	(5)	(6)	(7)	(8)
R&D支出/销售（t-1）	0.011 (0.028)	-0.009 (0.028)	0.010 (0.027)	-0.004 (0.029)	0.057*** (0.019)	0.049*** (0.019)	0.038** (0.018)	0.044** (0.020)
(新增取得固定资本/一期前的固定资本额)（t-1）	0.020*** (0.001)	0.017*** (0.001)	0.020*** (0.001)	0.017*** (0.002)	0.010*** (0.001)	0.009*** (0.001)	0.010*** (0.001)	0.009*** (0.001)
(IT相关固定资产投资/固定资产投资)（t-1）	0.017*** (0.002)			0.013*** (0.002)	0.006*** (0.001)			0.005*** (0.002)
(软件资产/固定资产)（t-1）		0.147*** (0.009)		0.142*** (0.010)		0.058*** (0.006)		0.056*** (0.007)
(信息处理费用/总费用)（t-1）			0.271*** (0.085)	0.137 (0.090)			0.120** (0.056)	0.142** (0.061)
国内事业单位数（对数）	0.001* (0.000)	0.001** (0.000)	0.001 (0.000)	0.001*** (0.000)	0 (0.000)	0 (0.000)	0 (0.000)	0 (0.000)
海外子公司数量（对数）	0.007*** (0.001)	0.007*** (0.001)	0.007*** (0.001)	0.007*** (0.001)	0.003*** (0.000)	0.003*** (0.000)	0.003*** (0.000)	0.003*** (0.000)
样本数	140754	145939	154263	130808	133263	138159	145618	123826
R^2	0.836	0.835	0.829	0.839	0.097	0.097	0.093	0.099

注：①推算包括虚设和工业虚设变量。②括号内的数值表示标准偏差。③以企业为单位进行推算。④*表示 $p<0.10$，**表示 $p<0.05$，***表示 $p<0.01$。

Bloom等（2012）比较了美国企业与西欧企业在IT投资及其软件应用方面的差异。表12-5显示了控制产业和企业年龄的差异时，本章中美国、西欧企业子公司与日本企业的特征。美国、西欧企业的子公司与日本企业在同一个经济环境下，积极进行IT投资，享受着较高的生产性。

表 12-5 美国、西欧企业子公司的特征

时间：2006~2014 年	lnTFP	ΔlnTFP	IT 投资/固定资产投资	软件资产/固定资产	信息处理、通信费/营业费用	固定资产投资/固定资产	R&D/销售
美国企业的子公司	0.170*** (0.011)	-0.002 (0.003)	0.041*** (0.013)	0.009** (0.004)	0.002*** (0.000)	0.065*** (0.015)	0 (0.001)
西欧公司的子公司	0.138*** (0.010)	0.002 (0.002)	0.013 (0.009)	0.012*** (0.002)	0.002*** (0.000)	0.097*** (0.012)	0.001 (0.001)
样本数	252340	225245	199879	263560	237116	188570	264940
R^2	0.59	0.031	0.195	0.148	0.151	0.047	0.189

注：①推算包括虚设和工业虚设变量。②括号内的数值表示标准偏差。③以企业为单位进行推算。④*表示 $p<0.10$，**表示 $p<0.05$，***表示 $p<0.01$。

五、IT 投资使日本企业的生产率上升

综上可知，日本劳动生产率提高缓慢的主要原因是全要素生产率（TFP）增长率和资本装备率停滞。美国通过活跃的 IT 投资，实现了全要素生产率（TFP）和资本装备率的提高。比较日本和美国的 IT 投资情况，在 IT 制造产业中两国 IT 投资都很旺盛，但在 IT 应用产业上却有很大差异。在日本，IT 应用产业中的 IT 投资并不一定活跃，全要素生产率（TFP）的增长也很低。

通过《企业活动基本调查》来看，2006 年后企业级 IT 投资停滞不前，2008 年金融危机后，硬件和 IT 服务投资呈现减少趋势。作为 IT 应用产业代表性的零售业、批发业，其情况也无法确认 IT 化比其他产业加速。

通过验证 IT 投资对生产率的效果，可以发现其对全要素生产率（TFP）增长率有很大的正面贡献。由此可以推测，尽管 IT 投资对企业的成长有很大贡献，但日本企业却对其投资犹豫不决。其主要原因是经营组织。在近年的研究中，经营资源和 IT 投资被认为起到了补充作用，如果没有 IT 导入的经营资源，IT 投资就无法发挥作用。通过对美国、西欧企业的日本子公司 IT 投资动向进行验证，确认了其与日本企业不同的是 IT 投资已经充分实施。综上所述，促进 AI 的引进来改善生产率是很重要的，但是日本企业需要引进 AI 和完善组织结构。

今后的课题是验证 IT 投资在怎样的机制下提高生产率。也就是说，需要验证 IT 投资是通过引发新产品开发和经营组织的改善来提高全要素生产率（TFP），还是通过来自其他公司 IT 投资的溢出效应来提高全要素生产率（TFP）。

• 参考文献

Basu, S., J. G. Fernald, N. Oulton, and S. Srinivasan (2003) "The Case of the Missing Productivity Growth: Or, Does Information Technology Explain Why Productivity Accelerated in the United States but not in the United Kingdom?", NBER Macroeconomics Annual, 9-63.

Battisti, G., and P. Stoneman (2005) "The intra-firm diffusion of new process technologies", International Journal of Industrial Organization, 23 (1), 1-22.

Battisti, G., H. Hollenstein, P. Stoneman, and M. Woerter (2007) "Inter and intra firm diffusion of ICT in the United Kingdom (UK) and Switzerland (CH) an internationally comparative study based on firm-level data", Economics of Innovation and New technology, 16 (8), 669-687.

Bloom, N., R. Sadun, and J. Van Reenen (2012) "Americans Do IT Better: US Multinationals and the Productivity Miracle", American Economic Review, 102 (1), 167-201.

Bresnahan, T., E. Brynjolfsson, and L. M. Hitt (2002) "Information Technology, Workplace Organization and the Demand for Skilled Labor: Firm-Level Evidence", Quarterly Journal of Economics, 117, 339-376.

Crespi, G., C. Criscuolo, and J. Haskel (2007) "Information Technology, Organizational Change and Productivity Growth: Evidence from UK Firms", Centre for Economic Performance Discussion Paper, 783.

Dunne, T. (1994) "Plant Age and Technology Use in US Manufacturing Industries", Rand Journal of Economics, 25 (3), 488-499.

Fukao, K., T. Miyagawa, K. Mukai, Y. Shinoda, and K. Tonogi (2009) "Intangible Investment in Japan: Measurement and Contribution to Economic Growth", Review of Income and Wealth, 55, 717-736.

Fukao, K., T. Miyagawa, H. K. Pyo and K. H. Rhee (2012) "Estimates of Total Factor Productivity, the Contribution of ICT, and Resource Reallocation Effect in Japan and Korea", In M. Mas and R. Stehrer, eds., Industrial Productivity in Europe: Growth and Crisis, Edward Elgar, 264-304.

Fukao, K., K. Ikeuchi, Y. Kim, and H. Kwon (2016) "Why was Japan left behind in the ICT revolution?" Telecommunications Policy, 40 (5), 432-449.

Good, D. H., M. I. Nadiri and R. C. Sickles (1997) "Index Number and Factor Demand Approaches to the Estimation of Productivity", In M. H. Pesaran and

P. Schmidt（eds.），Handbook of Applied Econometrics：Vol. 2. Microeconomics，Oxford，England：Basil Blackwell，14-80.

Haller，S. A.，and I. Siedschlag（2011）"Determinants of ICT adoption：Evidence from firm-level data"，Applied Economics，43（26），3775-3788.

Jorgenson，D. W.，M. S. Ho，and K. J. Stiroh（2008）"A Retrospective Look at the US Productivity Resurgence"，Journal of Economic Perspectives，22（1），3-24.

Karshenas，M.，and P. L. Stoneman（1993）"Rank，stock，order，and epidemic effects in the diffusion of new process technologies：An empirical model"，RAND Journal of Economics，503-528.

Luque，A.（2000）"An Option-Value Approach to Technology Adoption in US Manufacturing：Evidence from Plant-Level Data"，CES WP-00-12，Center for Economic Studies，Washington，DC.

Olley，G. S.，and A. Pakes（1996）"The dynamics of productivity in the telecommuni cations equipment industry"，Econometrica，64（6），1263-1297.

Pilat，D.（2004）"The ICT Productivity Paradox：Insights from Micro Data"，OECD Economic Studies，No. 38，37-65.

Stoneman，P.（2001）"The Economics of Technological Diffusion"，Wiley-Blackwell.

Van Ark，B. M. O'Mahony，and M. P. Timmer（2008）"The Productivity Gap between Europe and the United States：Trends and Causes"，Journal of Economic Perspectives，22（1），25-44.

金榮愨，権赫旭（2015）「日本企業のクラウドサービス導入とその経済効果」RIETI Discussion Paper Series 15-J-027。

経済産業省（2016）産業向け財・サービスの内外価格調査，http：//www. meti. go. jp/statistics/san/kakaku/index. html。

電子情報技術産業協会（2013）「IT を活用した経営に対する日米企業の相違分析」http：//home. jelTa. or. jp/cgi-bin/page/detAIl. cgi？n=608。

宮川努，滝澤美帆，枝村一磨（2013）企業別無形資産の計測と無形資産が企業価値に与える影響の分析，NISTEP discussion paper No. 88。

第十三章　信息化投资和法制的影响

——通过劳动限制对资本投资和信息化投资的影响分析

田中健太　古村圣　马奈木俊介

一、劳动限制对资本投资的影响

随着信息化技术和人工智能的快速发展，经济结构和我们的生活将发生巨大变化。如何应对经济、社会的巨大变化，加快新技术的投资，是今后日本政策调整所面临的重大课题。特别是以搭载自动运转系统的自动车为代表，使我们的社会结构发生巨大变化的新技术已经开始了社会实验。而且，为了应对新技术的变化，有关信息化的投资尤为重要。例如，开发人工智能需要大量数据，为了收集数据，捕捉人们行动的实时观测系统以及将观测系统整合的社会信息化网络不可或缺。因此，如何促进信息化投资，积极地构建接受新技术引进的 IT 网络成为值得研究的课题。

从全球视角来看，日本的信息化投资并没有得到充分的发展。图 13-1 显示了 OECD 主要国家中整个社会的资本股中信息化投资的比例。从图中可以看出，日本在 OECD 成员国的主要国家中，相对没有信息化投资的倾向。为了推进人工智能的开发和普及，必须首先厘清日本无法充分进行信息化投资的原因。

迄今为止，在信息化投资方面，很多研究都是从企业层面来展开的。但是，这些研究还没有对劳动限制对信息化投资的影响进行充分的分析。在引进新技术时，一定会产生与劳动力关系的问题。由于引进新的技术，资本与劳动形成替代，失业问题成为每次革新性技术产生时所争论的焦点。因此，着眼于信息化投资引起的劳动需求变化的研究有很多。此外，Acemoglu（2003）、Autor 等（1998）

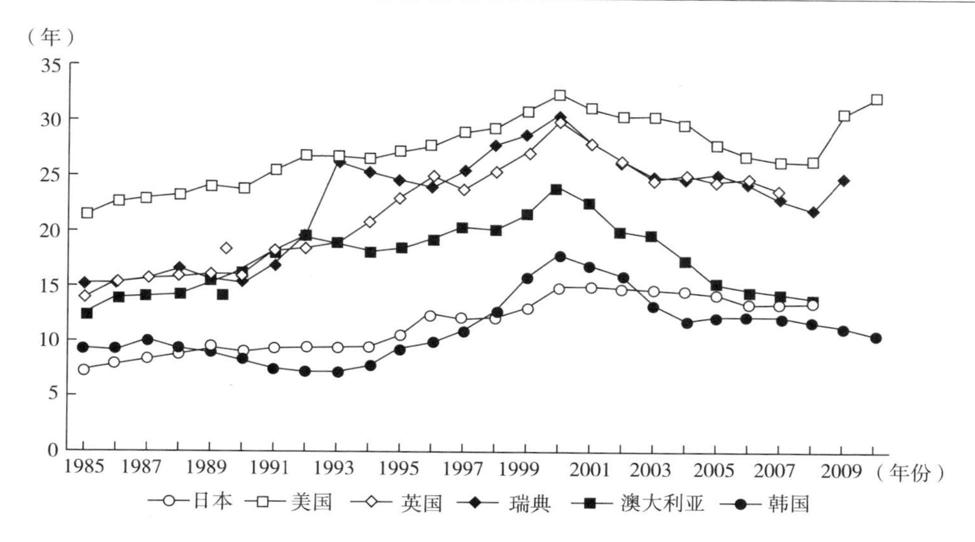

图 13-1 OECD 成员国各国资本储备信息化投资的比例

资料来源：根据 OECD 数据库的数据制作。

等认为劳动限制本身可能影响资本投资，实际上在近年的研究中，已经验证了劳动限制对企业资本投资的影响（Autor et al.，2007；Janiak and Wasmer，2014；Cingano et al.，2016）。但是，对于日本的劳动限制对企业资本投资的影响没有进行充分的研究，特别是对信息化投资的影响没有进行分析。

另外，关于资本投资的先行研究主要基于欧洲的雇佣惯例进行分析。在欧美的雇佣惯例中，具有实用性的熟练劳动者（Senior worker：高级劳动者）和非熟练劳动者（Junior worker：初级劳动者）之间，劳动限制的影响不同。因此，以往的研究着眼于基于这种现象的劳动者雇佣特性的差异分析。但是，在日本，劳动法规定了正规劳动者和非正规劳动者（派遣劳动者等）之间明确的划分界限，这与欧美的雇佣惯例大不相同。因此，欧美的分析结果不能直接适用于日本的状况。

本章将明确日本劳动限制对资本投资和信息化投资的影响，分析劳动与技术的关系。特别地，本章将根据日本的雇佣惯例以及以派遣劳动者为中心的非正规劳动者的法律制度的变化进行分析。具体来说，在先行研究的基础上，利用作为国际劳动限制指标的雇佣保护法律（Employment Protection Legislation，EPL）和能够更好地把握日本法律制度变化的虚拟变量等，从根本上分析日本的劳动限制与资本投资和信息化投资的关系。

二、先行研究中劳动法规对资本投资和信息化投资的影响

根据先行研究的理论分析，劳动限制对资本投资和信息化投资都有正面效果和负面效果，因此最终结果并不明确。首先，假设劳动力市场和金融市场没有摩擦，强化劳动限制短期内可以通过增加劳动调整的费用来引起对资本的替代效果（Autor et al.，2007）。此外，从长期来看，企业将采用资本集约技术，预计资本需求会增加（Caballerro and Hammour，1998；Alesina and Zeira，2006；Koeniger and Leonardi，2007）。这些变化会歪曲在没有限制的情况下所选择的与原企业生产活动相关的各种需求行为，可能会损害效率。

另外，在劳动力市场存在摩擦、需要进行工资谈判的经济中，强化劳动限制会使企业和雇佣者之间的保持问题恶化，从而达到减少人均资本的效果（Bentolila and Dolado，1994；Garibaldi and Violante，2005）。产生这种效果的机制如下：为了扩大企业和劳动者之间的雇佣合同产生的租约，企业和劳动者都要进行事前投资。这种情况下的事前投资，对于劳动者来说是为了学习该企业所需要的技能而进行的投资，对企业来说是对资本（技术）的投资。在完成事前投资后，企业和工人进行谈判，决定如何分配由雇佣关系产生的租约。由于劳动限制的强化，在劳动者谈判立场有利的情况下，交涉前企业的资本等事前投资，很有可能只让劳动者享受。由于个别的事前投资是以谈判后的增益为基础而进行的，因此如果得知充分的事前投资会损害利润，企业预计将控制资本投资。

但是，即使劳动力市场有摩擦，如果企业的特殊人力资本和物力资本的互补性较强的话，劳动限制和资本集约性也能取得正向的关系。在这种情况下，强化劳动限制不仅能引发物性资本投资，还能提高持有企业特殊人力资本的老年劳动者的雇佣比例。Janiak 和 Wasmer（2014）通过内在化资本和企业特殊人力资本的补充完整性，发现劳动限制和劳动资本比率的关系变成了倒“U”形的关系。基本上，劳动限制会歪曲企业的生产活动，损害工人的生产积极性，减少劳动者的人均资本。另外，劳动法规为了保护老年劳动者的就业，增加了老年劳动者的技能和补充性的资本需求。然而，这种正效果的大小取决于劳动限制的强度。当劳动限制水平低时，这种效果增大，当劳动限制水平高时，这种效果变小。雇佣限制强的情况下雇佣了很多老年劳动者，他们的人力资本通过企业方面的追加资本投资来提高生产率，因而效果也会变弱。

正如以上经济理论所预测的那样，在现有的实证分析结果中，也观察到对劳动规章制度的资本投资会带来正面效果和负面效果。Autor 等（2007）试图阐明从 20 世纪 70 年代后期到 20 世纪 90 年代美国非法解雇限制的解雇费用与其他变量的关系。根据企业数据分析结果，我们观察到雇佣限制会增加资本劳动比率。在 Cinganno 等（2016）的研究中，利用意大利的劳动改革事件分析了小企业的劳动限制很弱，观察到由于解雇费用的增加，资本劳动比例增加了。在意大利的劳动规定中，直到 1990 年为止，不正当解雇只存在于小企业中，并且没有对向劳动者支付的工资进行规定。因此，Cinegano 等（2016）通过使用 DID（Difference In Difference）法和 RDD（Regression Discontinuity Design）法来明确以该小企业为对象的劳动限制的强化对资本投资的影响。结果表明，加强劳动限制促进了资本投资，促进了资本的深化。另外，在日本的分析事例中，奥平宽子（2007）将表示解雇判决倾向的变量视为劳动限制的强度，进而分析其对资本劳动比率的影响效果。然而，在推算结果中，该变量的系数的符号显示为正，但并不显著。

综上可知，先行研究分析了国内外劳动限制对资本投资的影响。但是，对于劳动限制与信息化投资的关系性还没有十分明确。在为数不多的先行研究中，Amin（2009）对印度小企业的劳动限制的变化和计算机的利用进行了分析。分析结果显示，在劳动限制强化的情况下，引入计算机的结果有所进展。这样的结果表明，在信息化投资方面，随着劳动限制的强化，投资也有增加的可能性。但是，Amin（2009）仅以小企业为对象进行分析，并没有充分分析更一般的劳动限制和信息化投资之间的关系。

如之前的先行研究所示，劳动限制和资本投资以及信息化投资之间有一定的关系。但是在考虑到日本的雇佣惯例的基础上所进行的劳动限制和资本投资方面的研究很少。另外，还没有研究劳动限制对信息化投资的影响。

三、日本劳动规则的变化

日本的劳动限制与欧美的契约文化不同，基于劳动法规定的劳动管理被重视，关于雇佣和解雇的限制比较强。实际上，对于日本的正规劳动者而言解雇的限制非常严格，即使在各种规章制度缓解这一现象的过程中，也基本上没有减弱这一限制的法律规定。

但是，从 20 世纪 90 年代开始，就弹性劳动的现状进行了讨论，20 世纪 90

年代到21世纪初，关于派遣劳动者的雇佣问题，规定有所缓和。1996年、1999年、2004年的劳动者派遣法的修改可以说是发生了很大的变化。1996年的法律修订中，派遣劳动者可派遣的行业扩大到了26个。在该法修订之前，可以派遣的行业限定为13个，特别是只限于专业的职业。此外，在1999年的修订中，可派遣行业一定程度实现了自由化。但是，在1999年的劳动者派遣法的修改中，制造业、建设业、医疗相关业务、警备业、港口运输业以外的可派遣行业扩大，未成为放宽限制对象的行业和产业乃不允许派遣劳动者。然而，在2004年的修订中，制造业也允许派遣自由化；在2006年的修订中，部分医疗相关业务也解禁了派遣。

之后，以2008年的雷曼危机为契机，有关派遣劳动的解雇和雇佣的限制再次强化。特别是在2012年的法律修订中，规定了派遣劳动者在所有常用劳动者中的比例（集团企业派遣的计划）、无期雇佣的转换推进措施、禁止日工派遣的原则等。

四、用于分析的数据和模型

1. 用于分析的数据

本章使用企业活动基本调查的问卷数据（经济产业省，各年）进行分析。分析时间在各模型中有所不同，最长使用1995~2015年的数据，以1995年开始存在的企业为基础进行面板数据分析。但是，作为分析对象的通常的资本库存数据和关于信息化投资的数据在企业活动基本调查中能取得的期间不同。关于资本库存，根据各企业的有形固定资产的数据，可以在1995~2015年的整个期间内取得。另外，对于表示信息化投资以及信息化程度的提问项目，不能在整个期间内使用。关于信息化投资额，由于从2007年才开始增加到调查项目中，亏损值也比较多，因此很难计算信息化投资的存货。因而，本章以信息化投资额为分析对象，将对象缩小到劳动限制对信息化投资流动水平的影响上。除此之外，在企业活动基本调查中，2001年起增加了与信息化相关的问题，2009年为止还包括了该问题。在本章中，关于信息化的进展状况，通过观察与劳动限制的关系，可以补充地分析信息化投资和劳动限制的关系性。因此，作为分析对象的各变量的可获得时间段各不相同，有必要充分把握各个分析对象在分析期间内的劳动限制变化。因此，本章将通过多个模型对劳动限制对资本投资以及信息化投资和信息化发展的影响进行研究。

2. 模型

第一，在这项研究中，为了把握劳动限制对技术投资的影响，基于式（13-1），通过面板数据分析明确了劳动限制的影响。

$$Capital_{i,t}/Labor_{i,t} = EPL-R_t + EPL-T_t + \sum_{k=1}^{n} x_{i,n,t} + c + \mu_i + \varepsilon \quad (13-1)$$

式中，i 表示各企业，t 表示时间。被解释变量使用资本劳动比来表示。Capital 表示资本库存①，Labor 表示总员工数。另外，作为另一个模型，对解释变量中只存资本的模型也同时进行了推算。EPL-R 和 EPL-T 从 OECD 的就业保护指数（OECD，各年）开始，使用了日本关于雇佣、解雇限制的指标。该指标包括正规劳动者的规定指标（EPL-R）和非正规劳动者的规定指标（EPL-T），因此将这两个指标分别添加到模型中。x 是控制企业特性的变量，本章将销售额（Sale）作为捕捉各企业规模的变量纳入解释变量。除此之外还加入了产业分类虚拟变量，即日本标准产业分类中的大分类代码中的分类。

第二，为了更详细地分析日本的规章制度变化情况，分析雇佣限制相关法律制度变化的三个时期的变量对资本劳动比率和资本库存的影响。模型如式（13-2）所示。

$$\begin{aligned} Capital_{i,t}/Labor_{i,t} = {} & r1999 + r2004 + r2012 + r1999 \times Manufacture + \\ & r2004 \times Manufacture + r2012 \times Manufacture + \\ & r1999 \times Constraction + r2004 \times Constraction + \\ & r2012 \times Constraction + \sum_{k=1}^{n} x_{i,n,t} + c + \mu_i + \varepsilon \quad (13-2) \end{aligned}$$

式中，r1999 是从 1999 年到 2003 年期间的虚拟变量（限制第 1 期的虚拟变量），r2004 是从 2004 年到 2011 年期间的虚拟变量（限制第 2 期的虚拟变量），r2012 是从 2012 年到 2015 年期间的虚拟变量（限制第 3 期的虚拟变量）。1999~2003 年扩大了派遣劳动者的可派遣行业，可以说是劳动雇佣限制与以前相比有缓和倾向的时期。2004~2011 年是制造业派遣劳动者的缓和时期。但是，2012 年以后由于对派遣劳动者的雇佣限制反过来加强了，所以被认为是强化了限制的时期。本章根据这些日本雇佣限制的变化，从不同时期的虚拟变量分析日本的雇佣限制变化给资本劳动比率和资本库存带来了怎样的变化。但是，如上所述，制造业和建筑业与其他产业和行业不同，其派遣劳动者的派遣时间与其他产业和行业不同。因此，关于制造业和建筑业，考虑到与其他产业的劳动者派遣法的变化

① 根据西村等（2003）推算资本库存，并用于分析。

的影响不同，在推算模型中，加入期间虚拟变量与制造业虚拟变量的交叉项。同样在建筑业方面，各期间与虚拟变量的交叉项也加入模型中。另外，为了进行更详细的分析，不仅要分析资本，还要分析劳动规则的变化所导致的劳动变化，用同样的模式分析被解释变量对正式员工数、派遣劳动者数、临时工数这三个就业形式的劳动者数量的影响①。

第三，为了分析信息化投资和劳动限制的关系，根据式（13-3）进行推算。

$$Info_{i,\ t} = r2004 + r2004 \times Manufacture + r2004 \times Constraction + \sum_{k=1}^{n} x_{i,\ n,\ t} + c + \mu_i + \varepsilon \tag{13-3}$$

该模型使用“有形固定资产中的信息化投资（额）”作为解释变量。但是，由于信息化投资的数据是 2007 年以后追加到调查中的项目，关于信息化投资（额）的分析，2012 年以后期间的虚拟变量（r2012）代替 r2004 使用。

另外，如上所述，企业活动基本调查中包含了与信息化进展情况相关的问题项目，对于该问题项目的回答结果，也使用与式（13-3）相同的解释变量进行分析。也就是说，对被解释变量将各问题的回答结果进行虚拟变量化，作为被解释变量的随机面板进行专家分析。在实际的问题项目中，我们询问了各企业在企业经营上的哪个阶段采用了电子商务，并就销售、生产管理、库存管理、设计监理、采购、物流管理、会计管理、成本管理、人事和工资管理这 9 个阶段是否有电子商务进行提问。在各阶段中，回答采用电子商务的为 1，回答没有采用的为 0，进而分析各阶段是否进行了信息化。

五、劳动限制的影响分析结果

1. EPL 的变化和对资本投资的影响

表 13-1 列示了 EPL 与资本投资指标（资本劳动比率、资本库存）之间的关系性的结果。分析结果表明，EPL-R 在统计学上与资本劳动比率和资本库存呈显著正相关关系，而 EPL-T 则表现出显著负相关关系。抓住企业规模特性的销售量只显示了与资本库存的真正意义上的关系，而与资本劳动比率没有显著的关系。从这个结果可以说，正规劳动者的限制增加使得资本库存增加、资本劳动比

① 关于各企业就业形态不同的劳动者数，根据企业活动基本调查发现 2009 年以后才被包含在调查项目中。因此，对正规劳动者、派遣劳动者和临时工的分析只进行与 2009 年以后的限制变化的关系性分析。

率增加。也就是说，显示了通过强化正规劳动者的规章制度来促进资本投资的结果。另外，如果加强了非正规劳动者雇佣和解雇的相关规定，则资本库存会减少，资本劳动比率也会减少。从这个结果出发分析 EPL 规定的变化和资本投资的关系性的话，可知正规劳动者与资本库存互补，而非正规劳动者与资本库存有替代关系。因此，加强非正规劳动者的规章制度有可能降低新的技术投资。

表 13-1　EPL 与资本投资的关系性分析

	资本劳动比率	资本库存
EPL-R	2.883*** (19.55)	1457.189*** (11.14)
EPL-T	-2.300*** (-29.87)	-464.8256*** (-6.81)
Sale	-2.11e-06 (-6.53)	0.024*** (83.66)
Con	8.787*** (38.57)	4079.697*** (20.18)

注：() 内显示标准误差，*、**、*** 分别表示在 10%、5%、1%水平上显著。

在之前的先行研究中，有研究将 EPL 用作限制指标（Autor，2007）。但是近年来，考虑到各国劳动限制的变化，有学者通过虚拟变量等分析了各劳动限制的影响（Cinganno et al.，2016）。实际上，如上所述，日本从 1996 年到 2011 年放宽了对非正规劳动者的限制，但之后又进行了强化管制的法律修订。另外，对于正规劳动者，雇佣、解雇相关的法律制度几乎没有变化。此外，从 EPL 的变化来看，在 2006 年以后对非正规劳动者表现出放宽限制的倾向，之后即使强化了限制，指标也没有变化（见图 13-2）。1999~2000 年对于正规劳动者出现了急剧放宽限制的倾向，但实际上法律制度没有发生变化。从这一背景来看，不仅需要 EPL，也需要捕捉到日本法律制度的变化。

2. 日本的规则变化虚拟变量与资本投资的关系性分析

如上所述，由于对 EPL 的限制变化把握得不够充分，需要基于更现实的法律制度的变化来捕捉限制变化的变量。因此，为了更明确资本投资与劳动限制的关系，将资本劳动比率、资本库存以及各劳动者数分别作为被解释变量，分析基于日本劳动者派遣法的变化与劳动限制变化的关系。另外，为了更详细地说明劳动者派遣法与变化的关系，将劳动者分为正规劳动者、限制对象的非正规劳动者的派遣劳动者、企业直接雇佣的非正规劳动者的打工者三个部分来分析劳动者数

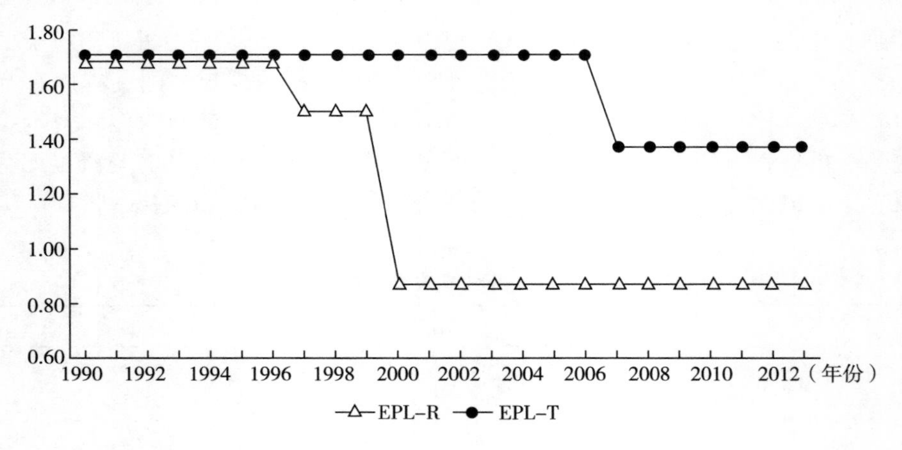

图 13-2　日本 EPL 变化的推移

的变化。通过这一分析，可以明确资本、正规劳动者、非正规劳动者与各自的规章制度之间的关系，可以更详细地分析劳动规章制度影响资本投资的机制。表 13-2 表示根据式（13-2）变更了解释变量的各个模型推算的结果。

由表 13-2 可以看出，对资本劳动比率和资本库存实施了放宽限制的第 1 期、第 2 期的虚拟变量显示出明显的正相关。也就是说，缓和了与派遣劳动相关的雇佣限制，资本投资增加、资本劳动比率提高的可能性很大。另外，在第 3 期派遣劳动者的劳动限制强化的情况下，正规劳动者数、临时工数有所增加。这样的结果表明，在劳动需求本身提高的情况下，通过加强非正规劳动者的规章制度，有可能发生对正规劳动者和非全日制劳动者的替代。从这个结果可以看出，在日本，即使是非正规劳动者中，对派遣劳动者的限制变化也可能影响到资本投资。

表 13-2　关于资本和劳动的各变量与限制的关系性分析

	资本劳动比率	资本	正规劳动者	派遣	part
1999~2003 年（第 1 期）	1.566*** (16.78)	582.050*** (6.92)			
2004~2011 年（第 2 期）	1.143*** (12.34)	495.116*** (5.93)			
2012~2015 年（第 3 期）	−0.080 (−0.77)	289.097*** (3.06)	10.469*** (9.95)	−0.652 (−0.77)	75.326*** (29.00)
第 1 期 制造业交叉项	−0.201 (−1.62)	−270.628** (−2.43)			

续表

	资本劳动比率	资本	正规劳动者	派遣	part
第 2 期 制造业交叉项	0.287** (2.34)	-691.246*** (-6.27)			
第 3 期 制造业交叉项	0.724*** (5.29)	-1087.728*** (-8.59)	-11.063*** (-7.21)	-10.692*** (-9.30)	-68.086*** (-18.46)
第 1 期 建筑业交叉项	-0.157 (-0.32)	-864.33* (-1.93)			
第 2 期 建筑业交叉项	1.367*** (3.85)	-784.760** (-2.45)			
第 3 期 建筑业交叉项	3.567*** (7.93)	-157.610 (-0.39)	-16.462*** (-2.72)	-1.617 (-0.34)	-57.855*** (-3.72)
Sale	-2.14e-06** (-7.01)	0.023*** (83.05)	0.001*** (55.69)	0.000*** (45.88)	0.001*** (34.03)
con	9.727*** (81.53)	6052.042*** (76.30)	303.203*** (146.89)	31.328*** (30.29)	99.556*** (40.32)

注：() 内表示 t 值，*、**、*** 分别表示在 10%、5%、1%水平上显著。

另外，从限制变化不同的制造业、建筑业的各期间虚拟变量和各变量之间的关系来看，制造业、建筑业的第 2 期、第 3 期的虚拟变量和资本劳动比率都是非常有意义的。在第 3 期，尽管制造业也加强了限制，但相对来说，资本劳动比例在上升；建筑业尽管没有劳动限制的变化，但相对其他行业，资本劳动比例却呈上升趋势。虽然这个结果是矛盾的，但是在第 3 期的正式职员数、派遣劳动者数、临时工数中，从限制变量和行业的交叉项的推算结果中看出，制造业全部表现出负向意义的关系，在建筑业中除了派遣劳动者数以外，也表现出负有意义的关系。比起因劳动限制变化而与资本产生的替代关系，雷曼事件后日元贬值导致的制造业向海外转移以及住宅销售不顺等其他因素的关系可能受到强烈影响。

3. 限制的变化和对信息化投资的影响分析

接下来分析人工智能今后的发展以及近年来对整个社会的生产结构有很大影响的信息化技术投资和限制之间的关系。基于式（13-3）的推算结果如表 13-3 所示。根据推算结果，第 3 期的限制制度对于信息化投资金额显示出显著的负向关系。在加强派遣劳动者限制的时期（限制第 3 期期间），信息化投资金额有减少的倾向。从这个结果可以看出，信息化技术和派遣劳动者数量之间有互补的关系。

表 13-3 信息化投资与劳动限制的关系性分析

	模型 1	模型 2
2012~2015 年（第 3 期）	-35.887*** (-4.06)	-20.484*** (-3.31)
第 3 期　制造业交叉项	30.328** (2.44)	
第 3 期　建筑业交叉项	48.839 (1.00)	31.941 (0.66)
Sale	0.004*** (4.07)	0.004*** (4.03)
Con	47.016*** (2.90)	53.484*** (3.35)

注：() 内表示 t 值，*、**、*** 分别表示在 10%、5%、1%水平上显著。

这是因为对于企业采用的正规劳动者、在企业内接受独自训练的人员来说，很难像信息化技术那样应对新技术。另外，这次的推算结果表明，像派遣劳动者那样，在引进新技术时，如果雇佣的弹性比较高，则可以迅速雇用到能够应对急剧技术变化的人才。

此外，在本章中，为了理解实际上在企业经营的哪些领域推进了信息化，对于导入电子商务的实际情况，将各领域导入的虚拟变量作为解释变量（“正在实施电子商务”）进行了回答，选择“正在进行电子商务交易”的经营活动领域为 1，未选择的领域为 0，通过面板数据进行分析。推算结果如表 13-4 所示。

由于用于分析的数据的可利用范围不同，因此对于数据期间内限制的变化的分析是以第 2 期（2004~2011 年）的限制变化为对象进行分析的。从推算结果来看，各领域的信息化的回答结果和限制第 2 期虚拟变量之间显示出了正相关关系。

表 13-4 信息化相关的各领域技术引进动向与限制的关系性分析

	销售	生产	库存管理	购买
2004~2011 年（第 2 期）	0.608*** (11.62)	0.827*** (20.73)	0.599*** (6.41)	0.800*** (19.97)
第 2 期　制造业交叉项	0.146*** (3.40)	0.092*** (2.69)	0.173*** (2.18)	0.099*** (2.92)
第 2 期　建筑业交叉项	-0.215* (-1.68)	-0.526*** (-3.50)	0.243 (1.48)	-0.940*** (-4.69)

续表

	销售	生产	库存管理	购买
Sale	6. 25e-07 *** (10. 22)	8. 08e-07 *** (12. 47)	7. 77e-07 *** (8. 89)	9. 34e-07 *** (14. 51)
con	-4. 005 *** (-95. 05)	-4. 330 *** (-102. 68)	-6. 370 *** (-88. 74)	-4. 390 *** (-100. 45)
	流通	会计	成本核算	人事—工资管理
2004~2011 年（第 2 期）	0. 978 *** (21. 74)	0. 980 *** (12. 95)	1. 011 *** (19. 72)	-0. 119 *** (-6. 58)
第 2 期　制造业交叉项	-0. 005 (-0. 13)	0. 122 * (1. 91)	-0. 035 (-0. 83)	0. 047 *** (2. 65)
第 2 期　建筑业交叉项	-0. 340 *** (-2. 65)	-0. 218 (-1. 02)	-0. 286 ** (-2. 02)	0. 104 * (1. 72)
Sale	6. 14e-07 (10. 17)	4. 84e-07 (5. 59)	4. 43e-07 (7. 21)	4. 26e-07 (7. 07)
con	-4. 408 *** (-94. 67)	-6. 506 *** (-81. 62)	-4. 467 *** (-79. 25)	0. 989 *** (63. 64)

注：() 内表示 t 值，*、**、*** 分别表示在 10%、5%、1%水平上显著。

也就是说，各领域引入电子商务在限制第 2 期有所增加。限制第 2 期是缓和了关于派遣劳动的雇佣限制的时期，可以认为派遣劳动者的雇佣成本相对降低。因此，尽管在这个时期利用派遣劳动者的实际费用下降了，但却加快了对信息化的投资，这意味着即使在生产投入物中，派遣劳动者和电子商务等信息化投资也可能是互补的。

六、对日本的雇佣限制和对新技术、信息化投资影响的考察

本章试图分析日本雇佣限制的变化对资本投资和信息化技术的投资产生了怎样的影响。迄今为止的现有研究是以欧美的雇佣惯例为基础的研究，特别是以高级工人（Senior Worker）和初级工人（Junior Worker）这两种类型的劳动者存在的情况为假设的分析。但本章以基于日本法律的雇佣惯例为对象，着眼于法律规定区分的正规劳动者和非正规劳动者，特别是派遣劳动者的法律规定的变化进行了分析。分析结果表明，考虑到整个资本投资，资本和对派遣劳动者的劳动限制

强度之间可能存在替代关系。另外，揭示了信息化投资和信息化的进展情况与对派遣劳动者的劳动限制强度之间存在互补关系的结果。这样的结果在考虑今后的劳动限制方式和技术普及、投资的关系上是有用的。

在日本企业中，一般在企业内培养企业所必要技能的倾向很强。例如，日本政策投资银行对属于制造业的503家公司进行的问卷调查中，对于“为了事业成长而进行的优先度高的投资”这一问题，企业回答最多的答案是“进行人力资本投资”（日本政策投资银行，2016）。考虑到日本的企业特性，根据各企业特有的情况，拥有特殊人力资本的正规劳动者在各个企业中存在的可能性很高。也就是说，日本企业为获取能够有效利用现有资本和技术的正规劳动者人才，在生产结构与企业长期形成的技术资本之间存在着互补的关系。

另外，关于派遣劳动者，本章的推算结果表明其与资本有替代关系。然而，在信息化投资中，派遣劳动者有可能存在互补关系。在现有技术的情况下，由于非正规劳动者在各企业没有必要的技能，与资本的亲和力相对较低，通过强化派遣劳动者的限制，雇佣费用增加的情况下，很容易被资本替代。但是，像IT这样新颖性高，不需要企业特有的技能，为了短期内能收集到对应技术的人才，最好由派遣劳动者来对应，因此在生产结构上，派遣劳动者和信息化技术之间存在着互补的关系。

根据本章的研究结果，考虑到今后基于ICT和IT的AI发展对新技术的投资，有必要完善能够灵活应对这些技术人才的劳动力市场。当然，稳定雇佣劳动政策和应对失业措施是必要的，但是在引进新技术和加速新技术应用的同时，新的社会经济结构也需要劳动力市场必要的流动性。

但是，本章中涉及的限制变量是简单地划分了限制期间的虚拟变量，不能对在该期间同时发生的事件的影响进行控制。特别是在制造业等受经济变动和汇率变化等影响较大的行业中，伴随着海外转移和外包的变化等也需要控制。因此，作为劳动限制的变量，不能说是获得了非常稳健的结果。然而，我们可以比较模型，并获得一致性的结果，所以具有一定的借鉴意义。今后，为了获得更稳健的结果，有必要制作更准确地把握劳动限制强度变化的变量。实际上，在先行研究中，有学者通过使用各企业工会的加入率等变量把握劳动规章制度变化对各企业影响程度的不同。

另外，本章的研究是以理解限制的变化会对资本投资、信息化投资产生怎样的影响为目的而进行分析的，只关注企业行为（投资要素的选择）对限制变化的响应。此外，政策的含义不仅着眼于由于劳动限制的变化而引起的企业行动的变化，而且作为其机制的结果，明确了各企业的生产性会带来怎样的影响。因此，详细分析劳动规章制度对资本投资、信息化投资以及今后需要引进的AI等各种技术的投资有着怎样的影响愈加重要。最后，通过对劳动、现有技术、新技术的使用和组合，明确对整个社会的生产带来怎样的冲击，对于日本的产业、经济结构的大规模变化，则有必要讨论劳动限制应有的状态。

● 参考文献

Acemoglu, D. (2003) "Cross-country inequality trends", The Economic Journal, 113 (485), 121-149.

Alesina, A. and J. Zeira (2006) "Technology and labor regulations", Harvard Institute of Economic Research Discussion Paper, 2123.

Amin, M. (2009) "Are labor regulations driving computer usage in India's retail stores", Economic Letters, 102, 45-48.

Autor, D. H., F. L. Katz., and B. A. Krueger (1998) "Computing inequality: have computers changed the labor market?", The Quarterly Journal of Economics, 113 (4), 1169-1213.

Autor, H. D., R. W. Kerr., and D. A. Kugler (2007) "Does employment protection reduce productivity? Evidence from US states", The Economic Journal, 117, 189-217.

Bentolila, S. and Dolado, J. J. (1994) "Labour flexibility and wages: lessons from Spain", Economic Policy, 9 (18), 53-99.

Caballero, R. J., & Hammour, M. L. (1998) "Jobless growth: appropriability, factor substitution, and unemployment", In Carnegie-Rochester Conference Series on Public Policy, 48, 51-94.

Cingano, F., M. Leonardi., J. Messina. and G. Pica (2010) "The effects of employment protection legislation and financial market imperfections on investment: evidence from a firm-level panel of EU countries", Economic Policy, 25, 117-163.

Cingano, F., M. Leonardi., J. Messina. and G. Pica. (2016) "Employment protection legislation, capital investment and access to credit: evidence from Italy", The Economic Journal, 126, 1798-1822.

Garibaldi, P. and L. G. Violante (2005) "The employment effects of severance payments with wage rigidities", The Economic Journal, 115, 799-832.

Janiak, A. and E. Wasmer (2014) "Employment protection and capital-labor ratios" IZA Discussion Paper, No. 8362.

Koeniger, W. and M. Leonardi (2007) "Capital deepening and wage differentials: Germany versus US", Economic Policy, 22, 72-116.

OECD（各年）「OECD statistics」，http：//stats. oecd. org（2016年10月19日アクセス）。

OECD（各年）「OECD Indicators of Employment Protection」，http：//www. oecd. org/els/emp/oecdindicatorsofemploymentprotection. htm（2016年10月19日アクセス）。

奥平寛子・滝澤美帆・鶴光太郎（2007）「雇用保護は生産性を下げるのか——『企業活動基本調査』個票データを用いた分析」『RIETIディスカッションペーパーシリーズ』08-J-017。

経済産業省（各年）「企業活動基本調査」個票。

西村清彦・中島隆信・清田耕造（2003）「失われた1990年代，日本産業に何が起こったのか？——企業の参入退出と全要素生産性」『RIETIディスカッションペーパーシリーズ』03-J-002。

日本政策投資銀行（2016）「企業行動に関する意識調査結果（大企業）」，http：//www. dbj. jp/investigate/equip/national/pdf/201608_SPinvest_02. pdf。

第十四章　人工智能技术的研究开发战略
——专利分析的研究

藤井秀道　马奈木俊介

一、关于人工智能技术的研究开发

人工智能技术在提高可持续发展的便利性、改善环境保护和资源利用效率方面发挥着重要作用（Parks and Wellman，2015）。灵活运用人工智能技术，可以构建安心、安全的社会，进行健康管理、有效地开展教育等，提高人们的幸福度（Stone et al.，2016）。

在这种情况下，为了构建富裕便捷的社会，全世界都在推进人工智能技术的开发（National Science and Technology Council，2016）。例如，美国“The 2015 Strategy for American Innovation Established Nine High Priority Research Areas”中包含以人工智能研究为目的“脑计划”，并优先推进其研究开发（Insel et al.，2013）。另外，作为日本的技术开发方针，《第五期科学技术基本计划（2016—2020）》中，为了实现“超智能社会”的人工智能技术的研究备受瞩目。如上所述，各国正在推进对人工智能技术的分类，以获得国际市场的竞争优势。

人工智能技术是多种多样的。表 14-1 显示了有关人工智能技术的分类。大体上来说，可以分为生物学模型、知识基础模型、特定数学模型和其他模型四种。

表 14-1　人工智能技术的分类

国际特许分类	技术分类	主要技术
G06N3	生物学模型	神经网络遗传算法
G06N5	知识基础模型	专家系统

续表

国际特许分类	技术分类	主要技术
G06N7	特定数学模型	模糊理论、混沌模型
G06N99	其他模型	量子计算机

资料来源：①美国 PT0706 级数据处理：人工智能。②2014 财年专利申请技术趋势调查报告：人工智能（2016）。

生物学模型包括将人类大脑的学习方法应用于机械的神经网络模型和应用遗传算法的技术等。这种技术是人工智能推进学习的重要的运算模型。基于知识的模型是一种依据大规模的数据找到最佳解决方案的方法，并被用于专家系统。

在不同特性的人工智能技术混合在一起的情况下，可以说技术开发的优先度由于技术应用的商业机会和利益的不同而不同（Fujii and Managi，2016）。因此，在存在不同研究开发动机的情况下，为了构建有效促进研究开发的政策，有必要明确考虑个别技术的特性。基于这一点，本章根据技术、国别（组织/地区）、申请者，按年份分别收集了与人工技术相关的专利取得数，并分析了各技术专利取得数增减的原因。通过将要因分解分析框架应用于专利取得数数据，通过个别技术的开发优先度、人工智能技术整体的开发优先度、研究开发规模三个因素定量地明确了人工智能技术的专利取得数是受什么样的因素影响而变化的。

本章从世界知识产权组织（WIPO）的 PATENTSCOPE 数据库中收集了 2000~2016 年世界各国的人工智能专利取得数数据，即 2000~2016 年世界各国获得的人工智能技术专利为 1.3567 万件。图 14-1 将 2000~2016 年的人工智能技术专利取得数按申请国的国别、加入的组织、地区和技术分别表示。从图 14-1 中可以看出，2013 年以后人工智能技术专利取得量大幅增加。按国别来看，美国和中国的人工智能技术专利获得数有增加的倾向；按技术来看，四种技术的专利取得数都有大幅增加的倾向。

为了更详细地理解这种变化，下文从专利的取得者、专利申请的机构、专利取得的时期、专利技术的分类这四个方面，对如何在各国推进人工智能技术的开发进行了阐释，并对各国获得人工智能技术专利数量的变化进行了原因分析。

二、什么时候，在哪里，开发了怎样的技术

表 14-2 反映了各个国家人工智能技术专利获得数 2000~2016 年的变化情况。从表 14-2 可以看出，国家不同，取得人工智能技术专利的份额也不同。在

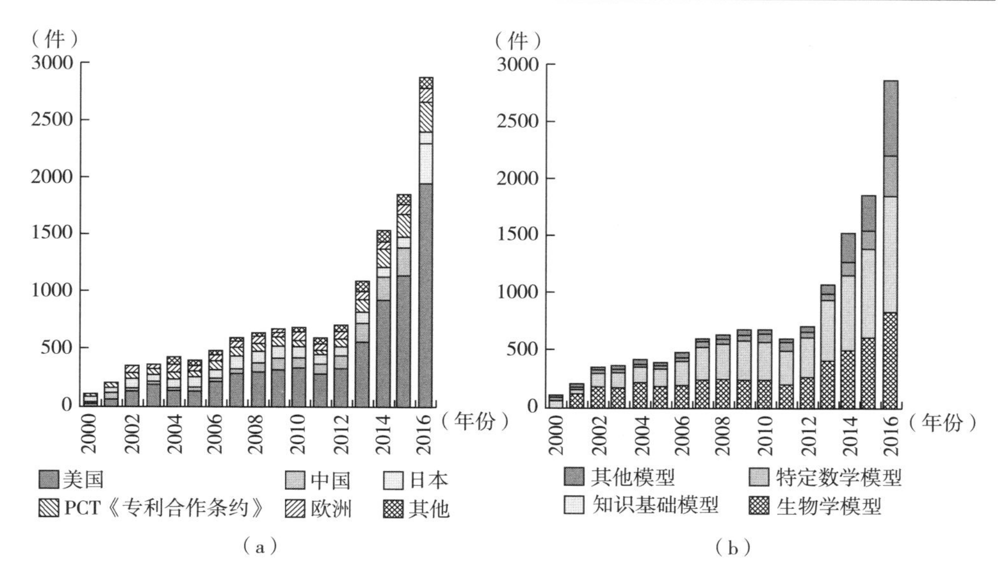

图 14-1　人工智能技术专利取得数的推移

资料来源：作者利用 PATENTSCOPE 数据库中的数据制作。

美国，知识基础模型专利占了半数以上，而在中国和日本，生物学模型的专利占了很高的份额，特别是在中国，高达 73.7%。另外，在日本，与特定数学模型相关的技术专利的占有率极低。与这三个国家相比，《专利合作条约》（PCT）、欧洲专利局（EPO）以及其他国家的人工智能技术专利取得数的变化有相似的趋势。

表 14-2　各申请对象的专利取得数的推移

申请对象	人工智能技术分类	2000~2016 年（件）	细则（%）	各期间的专利取得数的平均值（件）			
				2000~2004 年	2005~2009 年	2010~2014 年	2015~2016 年
美国专利商标局（USPTO）	生物学模型	1455	19.9	44	63	80	259
	知识基础模型	4152	56.9	50	166	320	738
	特定数学模型	672	9.2	9	18	30	194
	其他模型	1019	14.0	1	3	57	359
中国国家知识产权局（SIPO）	生物学模型	1184	73.7	9	32	103	232
	知识基础模型	219	13.6	1	9	16	45
	特定数学模型	114	7.1	4	6	8	14
	其他模型	90	5.6	1	7	4	15

续表

申请对象	人工智能技术分类	2000~2016年（件）	细则（%）	各期间的专利取得数的平均值（件）			
				2000~2004年	2005~2009年	2010~2014年	2015~2016年
日本专利厅（JPO）	生物学模型	679	56.4	12	62	46	40
	知识基础模型	410	34.1	4	31	37	25
	特定数学模型	21	1.7	1	1	1	5
	其他模型	94	7.8	1	4	3	26
《专利合作条约》（PCT）	生物学模型	723	46.3	35	30	38	104
	知识基础模型	480	30.7	18	26	29	58
	特定数学模型	114	7.3	2	5	9	16
	其他模型	244	15.6	7	8	12	56
欧洲专利局（EPO）	生物学模型	452	44.0	26	24	24	42
	知识基础模型	306	29.8	8	22	20	26
	特定数学模型	106	10.3	2	5	10	12
	其他模型	164	16.0	7	8	10	22
其他申请对象	生物学模型	434	49.9	25	13	31	45
	知识基础模型	220	25.3	10	8	17	23
	特定数学模型	135	15.5	4	3	13	16
	其他模型	80	9.2	3	4	5	9

资料来源：作者利用 PATENTSCOPE 数据库中的数据进行推算。

就时间变化进行考察，除日本以外，其他国家和组织 2015~2016 年的人工智能技术专利取得数的平均值高于其他年份。日本的生物学模型专利在 2005~2009 年、知识基础模型专利在 2010~2014 年平均专利获得数最大。得到这样的结果原因有以下两点：

第一点是企业研究开发受到 2008 年雷曼事件以及 2011 年“3·11”日本大地震的影响。

第二点是日本的人工智能市场缺乏吸引力。许多人工智能服务通过利用人工智能技术进行大数据的分析来提供高效、快速的服务。同时，日本人对于个人的购买行为和乘车记录等大数据的收集和运用有强烈的抵触情绪（Kawasaki，2015）。从这一点来看，日本市场并不容易应用大数据，因此获得人工智能技术专利的动力较低。

另外，美国很早就开始了面向人工智能技术应用的国家项目，而且在大数据

的应用上障碍也较小，美国企业和国外企业在竞争中获取人工智能技术专利的市场发展较好（Hardy and Maurushat，2017；Manyika et al.，2011）。

三、申请人在开发什么技术

表 14-3 针对 2000~2016 年人工智能技术专利申请数前 30 位的申请人，按人工智能技术分别表示专利取得数。此外，表 14-3 还记载了美国、中国、日本的大学申请人工智能技术专利的数量。表 14-3 可以反映出 IBM 在人工智能技术专利申请方面领先的地位，同时在人工智能技术专利申请数前 30 名的申请者中美国企业最多，有 18 家，其次是日本企业，有 8 家，其他国家的企业 4 家。

接着，考察各申请人取得专利的技术组合。表 14-3 显示，各企业取得专利的技术组合有很大不同。对生物学模型技术进行集中研究开发的企业，有 Qualcomm 和 Brain Corporation，对知识基础模型技术研发投入很大的企业，包括 SAP 和 Cognitive Scale。

表 14-3　2000~2016 年申请人获得技术专利的数量

排序	申请者	公司所在地	专利取得数（件）	技术分类的取得数细目			
				生物学模型（%）	知识基础模型（%）	特定数学模型（%）	其他模型（%）
1	IBM	美国	1057	22	56	8	14
2	Microsoft	美国	466	22	44	9	24
3	Qualcomm	美国	450	83	7	3	7
4	NEC	日本	255	23	49	8	20
5	Sony	日本	212	51	33	6	10
6	Google	美国	195	41	36	7	17
7	Siemens	德国	192	54	31	10	5
8	Fujitsu	日本	154	27	60	9	4
9	Samsung	韩国	119	56	28	3	13
10	NTT	日本	94	35	49	0	16
11	Hewlett-Packard	美国	93	22	44	4	30
12	Yahoo	美国	88	14	57	16	14
13	Toshiba	日本	86	22	57	7	14

续表

排序	申请者	公司所在地	专利取得数（件）	技术分类的取得数细目			
				生物学模型（%）	知识基础模型（%）	特定数学模型（%）	其他模型（%）
14	D-wave	加拿大	77	1	4	3	92
15	Hitachi	日本	69	20	38	12	30
15	SAP	德国	69	23	70	6	1
17	Canon	日本	68	59	28	3	10
18	Xerox	美国	62	15	45	18	23
19	GE	美国	59	14	59	22	5
20	Mitsubishi Electric	日本	53	49	43	2	6
21	Honey well	美国	49	24	51	22	2
22	Boeing	美国	48	31	60	4	4
23	Cisco	美国	47	15	38	0	47
23	Oracle	美国	47	17	55	9	19
25	British Telecomm	英国	44	41	57	2	0
26	Intel	美国	43	35	51	5	9
27	Amazon	美国	41	15	39	2	44
28	Brain Corporation	美国	40	80	15	3	3
28	Cognitive Scale	美国	40	0	88	0	13
28	Facebook	美国	40	0	40	13	48
University Total			1177	68	19	6	6
U. S. University		美国	241	40	39	7	14
Chinese University		中国	725	82	10	5	3
Japanese University		日本	93	83	15	1	1

资料来源：作者利用 PATENTSCOPE 数据库中的数据进行推算。

另外，D-wave 公司其他模型专利的数量占人工智能专利总数的 92%，表明其正在推进与其他企业不同的技术开发战略。D-wave 公司作为进行量子计算开发的企业，取得的专利也大多与量子计算相关。IBM、Microsoft 等人工智能技术专利申请量名列前茅的企业，并不侧重于获得某个领域的技术专利，而是倾向于在广泛领域取得专利。

最后，考察大学的技术组合。表 14-3 显示，在中国和日本的大学中，生物学模型专利的市场占有率分别高达 82%、83%，与美国的 40%有较大差异。美国知识基础模型的专利的取得率较高。在此背景下，美国的大学与美国企业共同推进大数据分析，应用大数据的机会比日本等国要多（Gu et al.，2017）。另外，在美国的大学中，其他模型的专利取得比例高达14%。

四、申请人在哪里取得专利

本部分将对不同申请人的人工智能技术专利的申请地点进行考察。表14-4列出了2000~2016年人工智能技术专利申请地的分布。从表14-4可以看出，很多美国企业向本国专利申请机构申请专利的比例较高，在日本和中国这一申请比例较低。

就美国的企业来看，NTT以外的所有企业在美国的人工智能技术专利申请数占总申请数的比例都在16%以上，特别是Samsung，有61%的人工智能技术专利在美国专利及商标局申请。这个结果证实了上述结论，即美国利用大数据的机会更多，利用人工智能的市场规模更大，并优先进行专利申请。

接着，对大学的专利申请地进行考察。表14-4显示，美国和日本的大学除了在本国的专利申请机构申请专利，还通过PCT进行国际专利申请，在国外取得专利权。

表14-4　2000~2016年申请人的申请地

排序	申请人	公司所在地	专利申请方					
			PCT	欧洲	美国	日本	中国	其他
1	IBM	美国	4	1	90	4	0	1
2	Microsoft	美国	14	7	74	4	1	1
3	Qualcomm	美国	30	10	32	8	8	13
4	NEC	日本	25	5	36	33	0	1
5	Sony	日本	11	10	32	36	9	1
6	Google	美国	14	8	75	0	0	3
7	Siemens	德国	29	24	28	4	3	13
8	Fujitsu	日本	15	10	42	31	1	1
9	Samsung	韩国	0	16	61	3	6	14

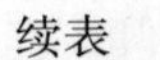
续表

排序	申请人	公司所在地	专利申请方					
			PCT	欧洲	美国	日本	中国	其他
10	NTT	日本	0	1	0	99	0	0
11	Hewlett-Packard	美国	20	4	71	3	0	1
12	Yahoo	美国	1	0	86	13	0	0
13	Toshiba	日本	14	3	45	35	2	0
14	D-wave	加拿大	35	0	39	0	5	21
15	Hitachi	日本	29	13	30	28	0	0
16	SAP	德国	1	20	74	4	0	0
17	Canon	日本	10	4	47	37	1	0
18	Xerox	美国	0	8	89	2	0	2
19	GE	美国	7	0	85	2	0	7
20	Mitsubishi Electric	日本	8	11	25	57	0	0
21	Honey well	美国	10	33	39	2	10	6
22	Boeing	美国	15	19	60	4	2	0
23	Cisco	美国	9	6	85	0	0	0
24	Oracle	美国	0	0	100	0	0	0
25	British Telecomm	英国	25	41	16	0	0	18
26	Intel	美国	19	9	67	2	0	2
27	Amazon	美国	12	7	80	0	0	0
28	Brain Corporation	美国	20	0	80	0	0	0
28	Cognitive Scale	美国	0	0	100	0	0	0
28	Facebook	美国	0	0	100	0	0	0
University Total			9	0	21	7	61	3
U. S. University		美国	20	0	72	0	1	6
Chinese University		中国	1	0	1	0	98	0
Japanese University		日本	16	0	3	78	2	0

资料来源：作者利用 PATENTSCOPE 数据库中的数据进行推算。

五、人工智能技术开发的研究战略变化

本部分运用专利取得数数据研究人工智能技术开发战略的变化，主要采用被称为对数平均除数指数（Log Mean Divisia Index）的因素分解法。详细的分析方法请参照 Fujii 和 Managi（2017），这里仅介绍分析结果。图 14-2 以 PATENTSCOPE 数据库中的可用数据为对象，以 2000~2012 年为第一期，2012~2016 年为第二期，展示了专利取得的趋势变化。

评价研究战略的指标包括：开发优先度（个别技术）是根据在人工智能技术专利中的个别技术的专利取得数计算的指标，表示相对的开发优先度。例如，在知识基础模型的开发优先度（个别技术）为正的情况下，知识基础模型的专利取得数的增长率比人工智能技术整体的增长率更大。开发优先度（人工智能）是以人工智能技术专利占所有专利取得数的比例计算的指标，表示人工智能技术的相对开发优先度。研究开发规模是用所有专利取得数来评价的指标，表示研究开发的规模。图 14-2 的圆形标记表示专利取得数的变化数，与各指标的和值相同。

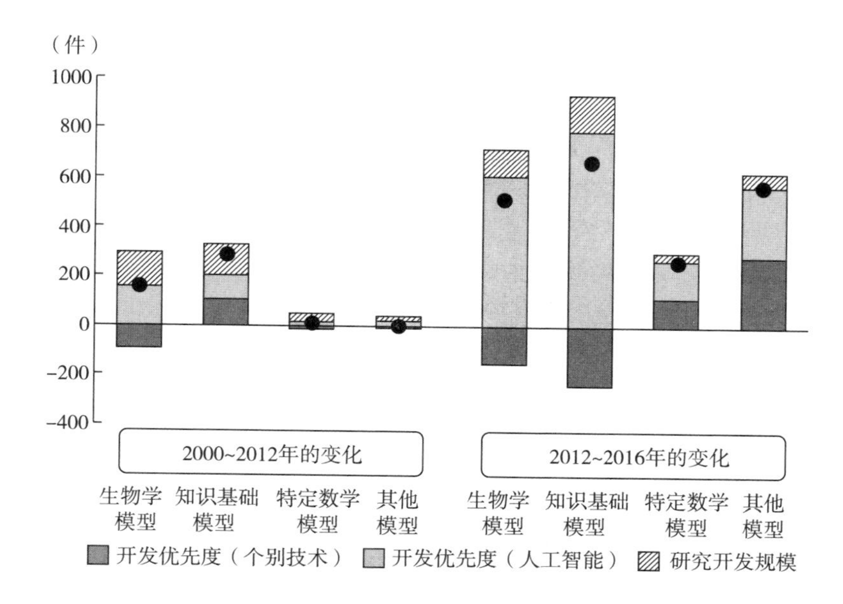

图 14-2　专利取得数的要因分解分析结果

注：圆点是专利取得数的变化数，柱状图各项指标数值的合计为圆点的数值。

资料来源：作者利用 PATENTSCOPE 数据库中的数据进行推算。

由图 14-2 可知，在第一期，生物学模型和知识基础模型的专利数大幅上升。上升的原因是不同的，生物学模型是由于技术的相对优先度下降，所以开发优先度（个别技术）向负方向靠近，但是知识基础模型向正方向靠近。这个结果表明，与 2000 年时相比，人工智能技术专利的开发优先度在 2012 年从生物学模型向知识基础模型转移。另外，在第一期，特定数学模型和其他模型的专利数没有大的变化，可以推测出作为研究开发对象的优先度有降低的倾向。

从第二期的分析结果可以看出，四种个别技术的专利取得数大幅增加，2012~2016 年的开发优先度（个别技术）从生物学模型和知识基础模型向特定数学模型和其他模型转移。特别是其他模型在第二期获得了 624 项专利，超过了生物学模型 565 项，接近知识基础模型的 693 项。其他模型在第二期的专利取得数大幅增加的背景包括以下两个方面：

第一，利用大数据的知识基础模型开始受到关注，数据分析对具有较高信息处理能力的运算设备的需求增加。在这样的背景下，D-wave 公司专门开发了有望大幅提高运算速度的量子计算机，并取得了其他机型的许多专利（Lloyd et al.，2016）。另外，IBM 还向普通市民提供量子计算机，推进用户界面和程序设计的开发。

第二，与人工智能相关的技术范围不断扩大。传统的生物学模型和知识基础模型无法覆盖的领域的技术不断被开发出来，并作为其他模型进行专利申请。随着社交网络的普及和传感器技术的提高，庞大的数据积累成为可能，利用人工智能技术进行计算的需求增加了。但是，由于目前的 IPC 专利分类无法明确这些技术分类，只能认为是其他模型的专利申请。

本章介绍的内容的基础是 Fujii 和 Managi（2017）。世界贸易组织发布的《2017 年世界贸易报告——贸易、技术和就业》引用了 Fujii 和 Managi（2017）的观点，其使用专利数据评估人工智能技术的方法得到了高度评价。

• 参考文献

Fujii，H.，S. Managi（2016）“Research and development strategy for environmental technology in Japan：A comparative study of the private and public sectors”，Technological Forecasting and Social Change，112，293-302.

Fujii，H.，S. Managi（2017）“Trends and Priority Shifts in Artificial Intelligence Technology Invention：A global patent analysis”，RIETI Discussion Paper Series 17-E-066. http：//www. rieti. go. jp/jp/publications/summary/17050002. html.

Gu，D.，J. Li，X. Li，C. Liang（2017）“Visualizing the knowledge structure and evolution of big data research in healthcare informatics”，International Journal of

Medical Informatics, 98, 22-32.

Hardy, K., A. Maurushat (2017) "Opening up government data for Big Data analysis and public benefit", Computer Law and Security Review, 33, 30-37.

Insel, T. R., S. C. Landis, F. S. Collins (2013) "The NIH brain initiative", Science, 340, 687-688.

Kawasaki, S. (2015) "The challenges of transportation/traffic statistics in Japan and directions for the future", IATSS Research, 39, 1-8.

Lloyd, S., S. Garnerone, P. Zanardi (2016) "Quantum algorithms for topological and geometric analysis of data", Nature Communications, 7, 10138.

Manyika, J., M. Chui, B. Brown, J. Bughin, R. Dobbs, C. Roxburgh, A. H. Byers, McKinsey Global Institute (2011) "Big Data: The Next Frontier for Innovation, Competition, and Productivity", McKinsey, Incorporated.

National Science and Technology Council (2016) "The National Artificial Intelligence Research and Development Strategic Plan", CreateSpace Independent Publishing Platform, Washington, D. C.

Parkes, D. C., M. P. Wellman (2015) "Economic reasoning and artificial intelligence", Science, 349, 267.

Stone, P., R. Brooks, E. Brynjolfsson, R. Calo, O. Etzioni, G. Hager, J. Hirschberg, S. Kalyanakrishnan, E. Kamar, S. Kraus, K. Leyton - Brown, D. Parkes, W. Press, A. Saxenian, J. Shah, M. Tambe, A. Teller (2016) "Artificial intelligence and life in 2030", one hundred year study on artificial intelligence: Report of the 2015-2016 Study Panel. Stanford University, Stanford, CA.

执笔者简介

（按写作顺序）

马奈木俊介（まなぎ・しゅんすけ）：序章，第三章，第七章，第八章，第十章，第十一章，第十三章，第十四章

田中健太（たなか・けんた）：序章，第十三章

1984 年出生。

东北大学大学院环境科学研究科博士后期课程结业，博士（环境科学）。

现任武藏大学经济学部副教授。

主要成果：(with S. Managi) "Measuring Productivity Gains from Deregulation of the Japanese Urban Gas Industry", Energy Journal, 34 (4), 181-198, 2013.

(with K. Higashida and S. Managi) "A Laboratory Assessment of the Choice of Vessel Size under Individual Transferable Quota Regimes", The Australian Journal of Agricultural and Resource Economics, 58 (3), 353-373, 2014.

(with S. Managi) "Impact of a Disaster on Land Price: Evidence from Fukushima Nuclear Power Plant Accident", The Singapore Economic Review, Vol. 61, 1, 1640003, 2016.

岩本晃一（いわもと・こういち）：第一章

1958 年出生。

京都大学大学院工学研究科电子工学专业毕业。

现任独立行政法人经济产业研究所首席研究员（特任）/公益财团法人日本生产性本部。

主要成果：《海上风力发电——下一代能源的王牌》，日刊工业新闻社，2012 年。

《产业 4.0——德国第四次产业革命带来的冲击》，日刊工业新闻社，2015 年。

波多野文（はたの・あや）：第一章

1985 年出生。

名古屋大学大学院环境学研究科博士课程结业，博士（心理学）。

现任高知工科大学特邀研究员/日本学术振兴会特别研究员（PD）。

松田尚子（まつだ・なおこ）：第二章

1975 年出生。

东京大学大学院工学系研究科博士学位。

现任经济产业省产业资金课课长助理。

主要成果：（with Y. Matsuo）"Impact of MBA on Entrepreneurial Success：Do Entrepreneurs Acquire Capacity Through The Program Or Does MBA Only Signal Gifted Talent and Experience?"，Journal of Entrepreneurship and Organization Management，Volume 6，211，2017.

（With Y. Matsuo）"Governing Board Interlocks：As AN Indicator of An IPO"，Corporat Board：Role，Duties & Composition，12（3），14-24，2016.

（池内健太、土屋隆一郎、冈室博之的合著）《关于开业希望和开业准备因素的计量分析》，经济产业研究所讨论论文 16J009，经济产业研究所，2015 年。

小仓博行（おぐら・ひろゆき）：第三章

1954 年出生。

九州大学大学院工学部硕士课程（电气工学专业）结业。

现任职于三菱电机株式会社战略事业开发室。九州大学研究生院工学府博士后期课程（都市环境系统工学专业）在读。

主要成果：（与马奈木俊介、石野正彦合著）《人、IT 与企业共同创造的可持续智能实装评价方法》《经营信息学会志》25（4），2017 年。

（合著）一般社团法人电子信息技术产业协会（JEITA），智能社会软件专业委员会《IoT，AI 的活用"超智能社会"走向实现之路——世界各国政策和社会基础技术的最新动向》，2017 年。

IEC White Paper，"Orchestrating infrastructure for sustainable Smart Cities"，project team member，2014.

森田果（もりた・はつる）：第四章，第五章

1974 年出生。

毕业于东京大学法学部。

现任东北大学大学院法学研究科教授。

主要成果：《实证分析入门——从数据中解读“因果关系”的方法》，日本评论社，2014 年。

（与小冢庄一郎合著）《支付结算法——从支票到电子货币》，商事法务（第 3 版），2018 年。

《金融交易信息与法》，商事法务，2009 年。

佐藤智晶（さとう・ちあき）：第六章

1981 年出生。

东京大学博士（法学）。

现任青山学院大学法学部副教授。

主要成果：《美国制造物责任法》“弘文堂，2011 年个人信息泄露和损害赔偿责任——参考欧美的事例”，《判例时报》2336 号，133-141 页，2017 年。

（with D. B. Kramer，Y. T. Tan and A. S. Kesselheim） “Postmarket Surveillance of Medical Devices：A Comparison of Strategies in the US，EU，Japan，and China”，PLoS Med 10（9）：e1001519. doi：10. 1371/journal. pmed. 1001519，2013.

森田玉雪（もりた・たまき）：第七章

1966 年出生。

国际基督教大学大学院行政学研究科博士前期课程（行政学硕士）结业。

现任山梨县立大学国际政策学部综合政策学科准教授。

主要成果：（with S. Managi） “Consumers’ Willingness to Pay for Electricity after the Great East Japan Earthquake”，Economic Analysis and Policy，Vol. 48，82-105. http：//dx. doi. org/10. 1016/j. eap. 2015. 09. 004，2015.

（with R. Sato） “Quantity or Quality：The Impact of Labor-Saving Innovation on US and Japanese Growth Rates，1960-2004”，The Japanese Economic Review，60（4），407-434，2009. ［Revised in Ryuzo Sato and Rama V. Ramachandran（2014） Symmetry and Economic Invariance，2nd enhanced ed.，177-208，Springer.］

岩田和之（いわた・かずゆき）：第八章

1979 年出生。

上智大学大学院博士后期课程经济学研究科结业。

现任松山大学经济学部副教授。

主要成果：(with T. Arimura) An Evaluation of Japanese Environmental Regulations: Quantitative Approaches from Environmental Economics, Springer, 2015.

(与有村俊秀合著)《环境限制政策评价——环境经济学的方法》, SUP 上智大学出版, 2011 年。

松川勇（まつかわ・いさむ）：第九章

1961 年出生。

筑波大学大学院修士课程经营政策科学研究科结业，博士（社会经济）。

现任武藏大学经济学部教授。

主要成果：(with Y. Fujii) "Customer Preferences for Reliable Power Supply: Using Data on Actual Choices of Back-Up Equipment", Review of Economics and Statistics 76, 434-446, 1994. Consumer Energy Conservation Behavior After Fukushima: Evidence from Field Experiments, Springer, 2016.

"Information Acquisition and Residential Electricity Consumption: Evidence from a Field Experiment", Resource and Energy Economics (in press), DOI: 10. 1016/j. reseneeco. 2018. 02. 001, 2018.

深井大干（ふかい・ひろき）：第十章

1986 年出生。

美国宾夕法尼亚州立大学经济学研究科博士课程结业。

现任九州大学大学研究院工学研究院环境社部门都市系统工学讲座特任助教。

主要成果：(with Y. Awaya) A Note on "Money Is Memory", A Counterexample Macroeconomic Dynamics, 21 (2), pp. 545-553, 2018.

野泽亘（のざわ・わたる）：第十章

1983 年出生。

美国宾夕法尼亚州立大学经济学研究科博士课程结业。

现任九州大学工学研究院环境都市部门都市系统工学讲座特任助教。

主要成果：(with T. Tamaki and S. Managi) "On Analytical Models of Optimal Mixture of Adaptation and Mitigation Investments", Journal of Cleaner Production, 186 (10), 57-67, 2018.

"Failure of the First-Order Approach in an Insurance Problem with No Commitment and Hidden Savings", Economics Bulletin, 36 (4), 2422-2429, 2016.

(with H. Nakamura and A. Takahashi) "Macroeconomic Implications of Term Structures of Interest Rates under Stochastic Differential Utility with Non-Unitary IES", AsiaPacific Financial Markets, 16 (3), 231-263, 2009.

鹤见哲也（つるみ・てつや）：第十一章

1981 年出生。

横滨国立大学大学院国际社会科学研究科博士后期课程结业。

现任南山大学综合政策学部副教授。

主要成果：(with A. Imauji and S. Managi) "Greenery and well-being: Assessing the monetary value of greenery by type", Ecological Economics, 148, 152-169, 2018.

(with S. Managi) "Monetary Valuations of Life Conditions in a Consistent Framework: the Life Satisfaction Approach", Journal of Happiness Studies, 18 (5): 1275-1303, 2017.

(with S. Managi) "Environmental Value of Green Spaces in Japan: An Application of the Life Satisfaction Approach", Ecological Economics, 120, 1-12, 2015.

今氏笃志（いまうじ・あつし）：第十一章

1990 年出生。

南山大学大学院社会科学研究科博士前期课程结业。

南山大学大学院社会科学研究科博士后期课程在读。

主要成果：(with T. Tsurumi and S. Managi) "Greenery and well-being: Assessing the monetary value of greenery by type", Ecological Economics, 148, 152-169, 2018.

乾友彦（いぬい・ともひこ）：第十二章

1962 年出生。

一桥大学大学研究院经济学研究科博士课程结业。

现任学习院大学国际社会科学部教授。

主要成果：(with Ito, K. and Miyakawa, D.) "Export Experience, Product Differentiation and Firm Survival in Export Market", The Japanese Economic Review, 68 (2), 217-231, 2017.

(with R. Kneller, D. McGowan and T. Matsuura) "Globalisation, Multinationals and Productivity in Japan's Lost Decade", Journal of the Japanese and International Economices, 26 (1), 110-128, 2012.

(with A. Hijizen and Y. Todo) "Does Offshoring Pay? Firm-Level Evidence from Japan", Economic Inquiry, 48 (4), 880-895, 2010.

金榮慤（きむ・よんがく）：第十二章

1969年出生。

一桥大学大学院经济学研究科博士课程结业，博士（经济学）。

现任专修大学经济学部教授。

主要成果：(with K. Fukao, K. Ikeuchi, and H. Ug Kwon) "Innovation and Employment Growth in Japan: Analysis Based on Microdata from the Basic Survey of Japanese Business Structure and Activities", The Japanese Economic Review, 68 (2), 200-216, 2017.

(with H. Ug Kwon) "Aggregate and Firm-level Volatility in the Japanese Economy", The Japanese Economic Review, 68 (2), pp. 158-172 (2017).

(with K. Fukao, K. Ikeuchi and H. Ug Kwon) "Why was Japan left behind in the ICT revolution?", Telecommunications Policy, 40 (5), 432-449, 2016.

古村圣（こむら・みづき）：第十三章

1986年出生。

名古屋大学大学院经济学研究科博士课程后期课程结业。

现任武藏大学经济学部副教授。

主要成果：(with A. Cigno, and A. Luporini) "Self-enforcing family rules, marriage and the (non) neutrality of public intervention", Journal of Population Economics 30, 805-834, 2017.

"Fertility and endogenous gender bargaining power", Journal of Population Economics 26, 943-961, 2013.

"Tax reform and endogenous gender bargaining power", Review of Economics of the Household 11, 175-192, 2013.

藤井秀道（ふじい・ひでみち）：第十四章

1982年出生。

广岛大学大学院国际协力研究科博士课程后期结业。

现任九州大学研究院经济学研究院准教授。

主要成果：(with S. Managi) "Trends and priority shifts in artificial intelligence technology invention: A global patent analysis", Economic Analysis and Policy vol. 58, 60-69, 2018.

(with A. G. Assaf, S. Managi and R. Matousek) "Did the financial crisis affect environmental efficiency? Evidence from the Japanese manufacturing sector", Environmental Economics and Policy Studies, 18 (2), 159-168, 2016.

(with S. Managi) "Trends in corporate environmental management studies and databases", Environmental Economics and Policy Studies, 18 (2), 265-272, 2016.